河北大学中西部高校提升综合实力工程项目资助

2015 年主题出版重点出版物

海上丝绸之路与中国海洋强国战略丛书

总主编／苏文菁

明清海盗（海商）的兴衰

—— 基于全球经济发展的视角

王 涛 著

社会科学文献出版社
SOCIAL SCIENCES ACADEMIC PRESS (CHINA)

"海上丝绸之路与中国海洋强国战略丛书"
编委会

编委会主任 高　明

编委会副主任 苏文菁

编委会成员 （按姓氏笔画排序）

丁国民　　王　涛　甘满堂　叶先宝　　庄　穆

刘　淼　〔新西兰〕约翰·特纳　　苏文菁

杨宏云　　杨艳群　〔新西兰〕李海蓉　吴兴南

张良强　　张相君　〔马〕陈耀宗　　林志强

周小亮　　胡舒扬　〔新加坡〕柯木林　骆昭东

高　明　　唐振鹏　陶　菁　黄清海　　黄　辉

〔马〕黄裕端　　　赖正维　潘　红

丛书主编 苏文菁

"海上丝绸之路与中国海洋强国战略丛书"总序

中国是欧亚大陆上的重要国家，也是向太平洋开放的海洋大国。长期以来，中国以灿烂的内陆农耕文化对世界文明产生了巨大的影响。近百年来，由于崛起于海洋的欧洲文明对世界秩序的强烈影响，来自黑格尔的"中国没有海洋文明""中国与海不发生关系"的论调在学术界应者甚众。这种来自西方权威的论断加上历史上农耕文化的强大，聚焦"中原"而忽略"沿海"已是中国学术界的常态。在教育体系与学科建设领域，更是形成了一个"中""外"壁垒森严、"中国"在世界之外的封闭体系。十八大提出了包括建设海洋强国在内的中华民族全面复兴的宏伟目标。2013 年以来，习总书记提出以建设"一带一路"作为实现该宏伟目标的现阶段任务的重要战略构想。国家战略的转移需要新的理论、新的知识体系与新的话语体系，对于农业文明高度发达的中国而言，建设富有中国气质的、与海洋强国相适应的新知识体系、新话语体系、新理论更是刻不容缓。

从地球的角度看，海洋占据了其表面的约 70.8%，而陆地面积占比不到 30%，陆域成了被海洋分割、包围的岛屿。从人类发展的角度看，突破海洋对陆域的分割、探索海洋那一边的世界、把生产生活活动延伸至海洋，是人类亘古不变的追求。而人类对海洋的探索主要经历了四个不同的阶段。

第一阶段是远古至公元 8 世纪，滨海族群主要在近海区域活动。受生产力，特别是造船能力的影响，滨海人民只能进行小范围的梯度航行，进行近海的捕捞活动。除了无潮汐与季风的地中海之外，其他滨海区域的人民尚无法进行远程的跨文化交换与贸易。目前的知识体系还不足以让我们准确了解该阶段的发展状况，但我们仍然可以从各学科的发现与研究中大致确定海洋文化较为发达的区域，它们是环中国海区域、环印度洋区域、环北冰洋区域，当然也包括环地中海区域。在这一阶段，滨海区域开始出现与其地理环境相应的航海工具与技术，这是各地滨海族群为即将到来的大规模航海储备力量的阶段。

第二阶段是 8 世纪至 15 世纪，滨海族群逐渐拓展自己的海洋活动空间。随着技术的不断发展，他们由近海走向远洋，串联起数个"海"而进入"洋"。海上交通由断断续续的"点"链接成为区域性、规模化的"路"。环中国海的"点"逐渐向西扩展，与印度洋进行连接；印度洋西部阿拉伯海区域的"点"向地中海及其周边水域渗透。由此，海上丝绸之路"水陆兼程"地与地中海地区连接在一起，形成了跨越中国海、南洋、印度洋、红海、地中海的贸易与交通的海洋通道。从中国的历史看，该阶段的起点就是唐代中叶，其中，市舶司的设立是中国政府开始对海洋贸易实施管理的代表性事件。这一阶段，是中国人与阿拉伯人共同主导亚洲海洋的时代，中国的瓷器、丝绸以及南洋的各种物产是主要的贸易产品。

第三阶段是 15 世纪至 19 世纪中叶，东西方的海洋族群在太平洋上实现了汇合。这是海上丝绸之路由欧亚板块边缘海域向全球绝大部分海域拓展的时代。在这一阶段，欧洲的海洋族群积极开拓新航线，葡萄牙人沿非洲大陆南下，绕过好望角进入印度洋；西班牙人向西跨越大西洋，踏上美洲大陆。葡萄牙人过印度洋，据马六甲城，进入季风地带，融入亚洲海洋的核心区域；西班牙人以美洲的黄金白银为后发优势，从太平洋东岸跨海而来，占据东亚海域重要的交通与贸易"点"——吕宋。"大航海"初期，葡萄牙、西班牙的海商是第一波赶赴亚洲海洋最为繁忙的贸易圈的欧洲人，紧接着是荷兰人、英国人、法国人。环中国海以及东南亚海域成为海洋贸易与交通最重要的地区。但遗憾的是，中国海洋族群的海洋活动正受到内在制度的限制。

第四阶段是 19 世纪下半叶至当代，欧洲的工业革命使得人类不再只能依靠自然的力量航海；人类依靠木质帆船和自然力航海的海洋活动也即将走到尽头；中国的海洋族群逐渐走向没落。"鸦片战争"之后，中国海关系统被英国等控制，世界上以东方物产为主要贸易物品的历史终结了，包括中国在内的广大东方区域沦为欧洲工业品的消费市场。

由上述分析，我们能够充分感受到海上丝绸之路的全球属性。在逾千年的历史过程中，海上丝绸之路唯一不变的就是"变化"：航线与滨海区域港口城市在变化；交换的物产在变化；人民及政府对海洋贸易的态度在变化……但是，由海上丝绸之路带来的物产交换与文化交融的大趋势从未改变。因此，对于不同的区域、不同的时间、不同的族群而言，海上丝绸之路的故事是不同的。对于非西方国家而言，对海上丝绸之路进行研究，特别是梳理前工业时代东方文明的影响力，是一种回击欧洲文明优越论的文化策略。从中国的历史发展来看，传统海上丝绸之路是以农耕时代中国物产为中心的世界文化大交流，从其相关历史文化中可汲取支撑我们继续前行的力量。

福州大学"21 世纪海上丝绸之路核心区建设研究院"在多年研究中国海洋文化的基础上，依托中国著名的出版机构——社会科学文献出版社，策划设计了本丛书。本丛书在全球化的视野下，通过挖掘本民族海洋文化基因，探索中国与海上丝绸之路沿线国家历史、经济、文化的关联，建设具有中国气质的海洋文化理论知识体系。丛书第一批于 2015 年获批为"2015 年主题出版重点出版物"。

丛书第一批共十三本，研究从四个方面展开。

第一，以三本专著从人类新文化、新知识的角度，对海洋金融网、海底沉船进行研究，全景式地展现了人类的海洋文化发展。《海洋与人类文明的生产》从全球的角度理解人类从陆域进入海域之后的文明变化。《海洋移民、贸易与金融网络——以侨批业为中心》以 2013 年入选世界记忆遗产的侨批档案为中心，对中国海洋族群在海洋移民、贸易中形成的国际金融网络进行分析。如果说侨批是由跨海成功的海洋族群编织起来的"货币"与"情感"的网络的话，那么，人类在海洋上"未完成"的航行也同样留下了证物，《沉船、瓷器与海上丝绸之路》为我们整理出一条"水下"的海上丝绸之路。

第二，早在欧洲人还被大西洋阻隔的时代，亚洲的海洋族群就编织起亚洲的"海洋网络"。由中国滨海区域向东海、南海延伸的海洋通道逐步形成。从中国沿海出发，有到琉球、日本、菲律宾、印度尼西亚、中南半岛、新加坡、环苏门答腊岛区域、新西兰等的航线。中国南海由此有了"亚洲地中海"之称，成为海上丝绸之路的核心区域，而我国东南沿海的海洋族群一直是这些海洋交通网络中贸易的主体。本丛书有五本专著从不同的方面讨论了"亚洲地中海"这一世界海洋贸易核心区的不同专题。《东海海域移民与汉文化的传播——以琉球闽人三十六姓为中心》以明清近六百年的"琉球闽人三十六姓"为研究对象，"三十六姓"及其后裔在向琉球人传播中国文化与生产技术的同时，也在逐渐地琉球化，最终完全融入琉球社会，从而实现了与琉球社会的互动与融合。《从龙牙门到新加坡：东西海洋文化交汇点》、《环苏门答腊岛的海洋贸易与华商网络》和《19 世纪槟城华商五大姓的崛起与没落》三本著作从不同的时间与空间来讨论印度洋、太平洋交汇海域的移民、文化与贸易。《历史影像中的新西兰华人》（中英文对照）则以图文并茂的方式呈现更加丰厚的内涵，100 余幅来自新西兰的新老照片，让我们在不同历史的瞬间串连起新西兰华侨华人长达 175 年的历史。

第三，以三部专著从海洋的角度"审视"中国。《海上看中国》以 12 个专题展现以海洋为视角的"陌生"中国。在人类文明发展的进程中，传统文化、外来文化与民间亚文化一直是必不可少的资源。就中国的海洋文化知识体系建设来说，这三种资源有着不同的意义。中国的传统文化历来就有重中原、轻边疆的特点，只在唐代中叶之后，才对东南沿海区域有了关注。然而，在此期间形成了海洋个性的东南沿海人民，在明朝的海禁政策下陷入茫然、挣扎以至于反抗之中；同时，欧洲人将海洋贸易推进到中国沿海区域，无疑强化了东南沿海区域的海洋个性。明清交替之际，清廷的海禁政策更为严苛；清末，中国东南沿海的人民汇流于 17 世纪以来的全球移民浪潮之中。由此可见，对明清保守的海洋政策的反思以及批判是我们继承传统的现实需求。而《朝贡贸易与仗剑经商：全球经济视角下的明清外贸政策》与《明清海盗（海商）的兴衰：基于全球经济发展的视角》就从两个不同的层面来审视传统中华主流文化中保守的海洋政策与民间海商阶层对此的应对，从中可以看出，当时国家海洋政策的失误及其造成的严重后果；此外，在对中西海商（海盗）进行对比的同时，为中国海商翻案，指出对待海商（海盗）的态度或许是中国走向衰落而西方超越的原因。

第四，主要是战略与对策研究。我们知道，今天的国际法源于欧洲人对海洋的经略，那么，这种国际法就有了学理上的缺陷：其仅仅是解决欧洲人纷争的法规，只是欧洲区域的经验，并不具备国际化与全球化的资质。东方国家有权力在 21 世纪努力建设国际法新命题，而中国主权货币的区域化同理。《国际法新命题：基于 21 世纪海上丝绸之路建设的背景》与《人民币区域化法律问题研究——基于海上丝绸之路建设的背景》就对此展开了研究。

从全球的视野看，海上丝绸之路是人类在突破海洋的限制后，以海洋为通道进行物产的交流、思想的碰撞、文化的融合进而产生新的文明的重要平台。我们相信，围绕海上丝绸之路，世界不同文化背景的学者都有言说的兴趣。而对中国而言，传统海上丝绸之路是以农耕时代中国物产为中心的世界文化大交流，源于汉唐乃至先秦时期，繁荣于唐宋元时期，衰落于明清时期，并终结于 1840 年。今天，"21 世纪海上丝绸之路"建设是重返世界舞台中心的中国寻找话语权的努力，在相同的文化语境之中，不同的学科与专业都有融入海洋话语时代的责任。欢迎不同领域与学科的专家继续关注我们的讨论、加入我们的航船：齐心协力、各抒其才。海洋足够辽阔，容得下多元的话语。

苏文菁

2016 年 12 月

明清海盗（海商）的兴衰：基于全球经济发展的视角

序 言

"海盗"问题，一直是一个让明清两代王朝头疼的问题，它不仅消耗了明清两代王朝多位皇帝的大量精力、政府的大量财力，影响了大批官员的命运，而且在明清时期社会、政治、经济、军事发展历史上留下了重重的一笔。然而遗憾的是，在经济史的研究中，一直到20世纪80年代，专门对明清海盗（海商）进行的研究一直比较少。这也许是由于时代的局限性，也许是深受明清正史的影响，也许如王涛所说因"中国对海盗素来持有敌意"。自20世纪80年代开始，对明清"海盗"的研究明显增加，尤其是关于嘉靖时期倭患的研究更是数目可观、成果斐然。近年来，随着海洋史研究热潮的高涨，关注和研究明清"海盗"的学者更是越来越多。新的研究视角、研究方法和研究观点也在不断涌现，王涛的这部著作无疑是其中颇有新意的一部。

我很高兴为王涛的这本书写序，不仅因为我曾是他的导师，也不仅因为这本书的研究主题有很大的可以颠覆一些传统观点的创新空间，而且因为我非常欣赏王涛在这项研究中所做出的努力，喜欢他的努力使这本著作绽放出来的光彩。无论是在视角上、方法上，还是在观点上，王涛的研究都有他独特的创新之处。

这部著作名为《明清海盗（海商）的兴衰：基于全球经济发展的视角》。作者在"海盗"二字后面用括号括入"海商"二字，标记虽小，却寓意深远，已表现出作品的新意，以及作者在区分"商""盗"方面的努力。在明清时期，凡违禁出海贸易者均被称为"贼""寇""盗"，而朝廷对海外贸易的严格禁止，又使得民间几乎不可能有合法的海外贸易。故此，明清正史中没有"海商"，只有"海贼""海寇"。明清正史的这种观点深深地影响了后人对明清"违禁出海贸易者"的定义和评价，以至于长期以来"商""盗"不分，很多海商也被冠名为"海盗"。

王涛在这本著作中首先对中国的海商、海盗进行区分，并将他们与西方的海商、海盗进行对比。王涛把以贸易为目的，但为了对抗外国武装商船攻击和明清政府追剿，而不得不武装自己的中国海商贸易群体称为"海商武装贸易集团"，如王直海商武装贸易集团、郑芝龙海商武装贸易集团等；把不以贸易为目的，而主要靠海上抢劫为生的群体称为海盗，如被王直剿灭的陈思盼、卢七等，还有后来在欧洲武装商船打击、殖民政权屠杀和中国政府军队剿杀下，不得不退出海上贸易而沦落为专在中国沿海抢劫的人。这基本上采用了大航海时代欧洲海商和海盗的划分标准，因为自 15 世纪初欧洲大航海运动开始，到 18 世纪下半叶英国称霸全球海洋，所有欧洲商船都是武装商船，且全都仗剑经商和亦商亦盗，包括后来那些冠名贸易公司的各国的东印度公司。那时候的欧洲，只有在海上专门从事抢劫的私人武装船才被称为海盗（pirate），而且各国政府常常也只对抢劫本国船只的海盗予以惩罚，对抢劫外国船只，特别是拿着政府私掠证抢劫敌国船只的则称为 privateer（私人武装船、私掠船或皇家海盗），不但不予追究，而且予以鼓励，并掺金入股。王涛对明清的海商、海盗进行区分，一是有利于和国外有关大航海时期欧洲海商、海盗的研究站在同一个话语平台上对话，二是为明清海商正名，有助于我们重新看待明清海商、海盗问题和对明清海商、海盗进行进一步研究。这一努力看似微小，却很有必要，且意义深远。

王涛虽然参考大航海时代欧洲海商、海盗的标准对明清海商、海盗进行区分，但并没有简单地将中国的海商、海盗和欧洲的海商、海盗等同起来，而是非常关注和强调二者之间的不同，特别是其背后中西方不同的对外贸易政策和官商关系。根据王涛的研究，明清海商、海盗与欧洲海商、海盗的最大区别就是前者与政府完全没有关系，是纯粹私人性质的非官方个体，而后者则多是国家武装商船和持有政府私掠证的国家海盗。明清海商武装集团和海盗完全是国家政权体系之外的异己力量。他们大多来自商人、贩夫、游民和渔民等草根阶层，与士人出身的朝廷官员完全分属两个互不交叉的社会阶层。而在欧洲，官员和商人两个社会阶层相互交叉。一些商人原本就是庄园主、贵族，还有一些商人后来被授予贵族头衔。议会里商人济济，政府的利益和商人的利益趋同，合二为一。王室贵族和政府要员不但掺金入股海商、海盗的贸易和抢劫活动，而且在对外政策上和国家经济发展策略上积极予以配合。海商、海盗是国家扩张的剑戟，国家则是他们的坚强后盾。从迪亚士到哥伦布，到达·伽马，到麦哲伦，到霍金斯和德雷克等，他们的航海、抢劫和贸易活动代表的都是国家；而后来西北欧各国纷纷成立的各种贸易垄断公司，如东印度公司和西印度公司等，则更是国家力量的代表和象征。

相比之下，明清的海商、海盗，无论是贸易活动还是海上抢劫行为都是他们的私人行为，既不代表国家，也没有国家的财政和军事支持，更没有皇帝和朝廷官员的掺金入股。相反，由于明清政府在很多时候实行的是严格的海禁或有限的开关政策，朝廷对出海贸易者的政策也多是剿杀、约束和限制。在这种情况下，在海洋上和亚洲贸易港口与欧洲海商、海盗竞争的明清海商、海盗其实是在以个体对国家——以私人武装商船对抗欧洲国家武装商船，以私人武装力量对抗朝廷军队武装力量。在这种境遇中，中国武装海商集团的衰落和覆灭是必然的。王涛在这部著作中指出"明清海商完全是在明清政府与西方殖民者的双重打压下失败的。如果仅有明清政府，中国海商经过斗争，仍可能有继续繁荣的海外贸易；如果仅有西方殖民者，中西之间的斗争，鹿死谁手还难以预料"。我认为这个结论是令人信服的。

这部著作有很多亮点，其中最大的亮点就是作者的"全球视野"和"中西对比"，著作中很多颇为新颖、深刻、令人深思的观点也多衍生于此。这种研究视角和研究方法使其研究不仅从中国内部的政治经济发展以及中国周边国家政治经济发展的角度探讨明清海商、海盗的兴起和衰落，而且从全球经济发展、全球海洋贸易扩张和贸易垄断权争夺的角度探讨明清海商、海盗300余年的兴起、运作、转变、衰落和消亡，不仅在空间上跳出了从中国内部和亚洲贸易地区范围内寻找兴衰因素的传统研究范式，而且在研究维度上跳出了着重用单一因素——或政治，或经济，或文化等解释明清海商、海盗兴衰的局限。

16～18世纪常常被誉为欧洲商业革命的时代，其实这也是一个前所未有的全球海盗时代。欧洲商业革命包含的不仅是新航线的开辟、贸易规模的扩大、贸易商品种类的增加，而且还有传统"地中海式"军事武装贸易方式向全球的扩展。正是在这样一个全球海上贸易急剧扩张、群雄争霸、百舸争流的时代背景下，中国明清海商、海盗集团应运而生，蓬勃发展，但最后又在内外夹击下与历史失之交臂，失败消亡。王涛无疑紧紧地抓住了这一时代历史背景。

仗剑经商和亦商亦盗是那个时代的主流贸易方式。它一方面表现为国家层面上的仗剑经商和海盗行为，另一方面表现为私人层面上的仗剑经商和海盗行为。前者从15世纪初葡萄牙掀起欧洲大航海运动之始就是如此，并贯穿整个大航海运动始末，如葡萄牙对非洲西海岸的攻击和抢劫，达·伽马进入印度洋后对阿拉伯商人的烧杀抢劫，哥伦布和麦哲伦对土著人的侵犯和奴役，葡萄牙国家武装商船进入亚洲海洋贸易体系之后对亚洲商人和贸易港口的袭击和占领，还有后来欧洲列强在海上的相互攻击，各国东印度公司的亦商亦盗、亦军亦政，以及为争夺海上贸易垄断权和殖民地在欧洲列强之间发生的战争。私人层面上的仗剑经商和海盗行为则可分为两种，一种是受到国家鼓励和纵容的海上私掠行为，如英、法、荷等国为了挑战和打击西班牙、葡萄牙的海上势力，鼓励和纵容对西、葡船只的私掠；另一种则是独立于政府之外的私人武装贸易集团和海盗，明清时期中国的海商武装集团和海盗便属于此列。

王涛把明清时期中国海商、海盗放到全球海洋贸易发展的历史大画面中进行定位，并自始至终围绕着全球海洋贸易扩张和竞争时期中国以及中国政府和民间对海外贸易扩张的反应和表现这一宏观历史背景，展开对明清时期中国海商、海盗兴衰的讨论，这符合当时的历史真实情景，也突破了过去很多研究试图从中国内部或从贸易范围地区内寻找明清时期中国海商、海盗兴衰原因的研究范式。

从1511年葡萄牙占领马六甲，到18世纪末英国胜出垄断亚洲海洋贸易，中国东南海域同印度洋和大西洋一样，也是风云激荡，各种势力不断争夺海上贸易垄断权。其间，从明嘉靖年间中国武装海商集团大规模兴起，到18世纪中叶中国海商基本退出海上贸易，中国海商始终是这一时期亚洲海洋贸易竞争中的一支重要力量，并曾经在王直时代和郑芝龙时代两度垄断中国和日本之间以及中国南海的贸易。跟以往很多关于明清海商、海盗研究或集中在某一个事件、某一个人物、某一个政策或某一个时间段上不同，王涛的研究是把明清海商、海盗作为一个整体，对这个群体自明嘉靖年间大规模兴起到清鸦片战争前基本消亡，前后跨越约300年的历史加以系统地考察和分析。

然而，把明清时期中国海商、海盗的兴衰纳入全球经济发展的历史框架中去探讨并不是一件易事。那时候，全球海上风云变幻，各种力量交织，贸易与抢劫共存，群雄争霸，此消彼长，同时，那也是一个孕育着中西大分流的时代。在对海上贸易垄断权和殖民地的争夺中，欧洲各国拥有坚船利炮，各种革命（宗教革命、价格革命、商业革命、科学革命、工业革命和政治革命等）在欧洲大陆也是纷至沓来；技术的革新创新和制度的革新创新层出不穷；社会、政治、文化、经济飞速发展；欧洲在全球脱颖而出。要在这样一个复杂宏大的历史背景下，把明清海商、海盗的发展衰落与全球经济的发展联系起来，把影响明清海商、海盗兴衰的内部和外部因素梳理清楚，实非一件易事。但是，王涛在研究中基本做到了。

面对 16～18 世纪中日贸易、欧亚贸易的大规模扩张，马尼拉大帆船贸易横空出世，一方面欧洲国家武力进入亚洲海洋贸易体系，仗剑经商，全力追求贸易扩张和海上贸易垄断权；另一方面明清政府依旧只是情系中原逐鹿，限制海外贸易，剿杀武装海商。对这一错综复杂的宏大历史画面，王涛基本做到了全局把握、统筹兼顾、循序渐进，能够从各种纷杂的线头中，理出头绪和主线，再从主线导出支线，而且每条线路的脉络也比较清晰。具体包括：一是把 16～18 世纪中国海商、海盗的兴起与国际市场（欧洲、日本、美洲）对中国货物的大量需求，欧洲以军事武装暴力贸易方式进入亚洲以及明清政府的海禁政策联系起来；二是进行中西对比，把中国海商、海盗和欧洲海商、海盗在海洋贸易竞争中的角色、活动和结局进行对比，进而寻找导致这些不同背后的中西对外贸易政策和官商关系的差异；三是把明清海商、海盗的衰落与欧洲势力的打击、屠杀、排挤，明清政府的限制、围剿以及与欧洲势力的联手攻击紧密联系起来；四是把明清政府与欧洲海洋强国在对外贸易政策和官商关系上的巨大差异与中国东南海域贸易角逐中的中败西胜和中西大分流联系起来。

在对明清时期中国海商、海盗这个群体兴起、运作、变化、衰落和消亡这一历史过程的整体考察中，王涛在许多问题的研究上都颇有建树，提出了不少独特、新颖、颇有启发和令人深思的观点。

针对欧洲国家进入亚洲海洋贸易体系后的仗剑经商和武力开

拓，以及明清政府的海禁和对中国海商武装集团的剿杀，王涛并没有停留在把它们只当作一种既成历史事实而作为讨论的起点，而是溯本求源，从中世纪地中海仗剑经商的贸易战争中寻找前者的历史传承，从明朝的朝贡贸易体系中寻找后者的历史成因。前者追求扩张和贸易利润，鼓励、支持和参与商人的海外贸易；后者追求守成和稳定，限制和禁止国人出海贸易。王涛敏锐地指出，明朝的朝贡贸易不过是鼓励外国商人携货到中国来，而不是让中国商人携货到外国去。朝廷一方面对贡使厚往薄来，要各地政府设馆盛待，负责贡使们一路的吃喝住行；另一方面又实行海禁，卡断自己商人其实也是国家的财路。王涛认为这种经济上劳民伤财、得不偿失的行为逻辑，显然不是为了促进贸易和经济增长。正是在中西政府两种不同的理念下，郑和和葡萄牙亨利王子的航海结果截然不同。前者劳民伤财，入不敷出，无果而终，既没有带来大规模的贸易扩张，也没有拓土开疆；后者则一发而不可收拾，最后引致了全球贸易体系和经济体系的建立以及西方的崛起。

对于明清政府对贸易的时开时禁，王涛认为二者在本质上并没有多大区别，都是为了维护王朝的权力和稳定。"禁"是宗旨，"开"是权宜之计；开禁并不是为了促进贸易，而是不得不对已经控制不了的走私贸易发展做出的让步，以减轻反抗的压力。

在对明清政府"禁"与"开"的讨论中，王涛敏锐地注意到了明清时期中国与欧洲国家差异极大的海防、海军与贸易之间的关系。无论是在明清时期的中国还是在当时的欧洲，贸易的扩大和发展都带来了国家海防力量的加强。然而，在中国，建立海防主要是为了禁止海外贸易，而欧洲建立海防和海军则是为了保护和发展海外贸易。在明清时期的中国，当违禁出海贸易者众多、海外贸易规模扩大时，政府的海防力量也会随之加强，但政府加大海防力量不是为了支持和保护本国的海上贸易，而是为了限制、禁止和打击海上贸易。由于海防是为了"禁止海外贸易，那么随着海外贸易的衰落，海防自身也必然出现退化"，这与欧洲国家在贸易扩张中建立强大的海军，用海军为商人开辟和保护市场，用贸易收入支持海军建设的逻辑非常不同。王涛认为"明清海防的衰败是在压制海外贸易的情况下的必然结果。海外贸易与海上力量的增长有着密切的联系，一个国家如果没有发达的海上贸易，则很难建立起真正强大的海防体系，即使连国内的海盗叛乱也无法镇压"。

另外，王涛还提出了"贸易和贸易主导权"的问题。王涛认为贸易与贸易主导权完全是两回事：没有贸易主导权的贸易不过是一种被动地满足市场、仰人鼻息的贸易，而掌握了贸易主导权的贸易才是一种可以主导和垄断市场的贸易；贸易规模的扩大未必能带来贸易主导权，但贸易主导权一定会带来贸易的扩张和超额的贸易利润；而强大的海上武装力量则是贸易主导权的坚强后盾，葡、西、荷、英等国都是凭借其强大的海上武装力量得以主导和垄断一段时间的海上贸易航线和贸易市场的；中国的王直武装贸易集团和郑氏集团也是凭借武力得以在一段时间内垄断中国东海和南海的贸易。

王涛认为在明清开关、闭关的合法贸易和非法贸易中，中国虽然有海外贸易却没有海军，特别是在中国海商武装集团被一个个消灭之后，更是只有贸易，而没有海上武装和贸易主导权。朝廷对出海商船规格上的严格限制，如"只允许载重500料以下的船只出海贸易，并且严格禁止建造双桅帆船"，如若发现500料以上大船出海贸易，则严加治罪，不仅使中国的造船技术日益衰落，逐渐落后于西人，更是置中国商人于危险之中，使他们在海洋贸易竞争中处于弱势地位，任西人宰割屠杀。而明清政府对海外华商在海洋贸易竞争中惨遭外人屠杀（如马尼拉大屠杀和红溪事件）的无动于衷甚至拍手称快，以及不惜与欧洲海洋强国联手，合力剿杀本国海商武装贸易集团的行为，更是让人痛心疾首、唏嘘不已。

因此，当欧洲海洋强国在仗剑经商中，海盗最终演变成海军，海军在贸易扩张中成长壮大，并凭借强大的海军获得贸易主导权

明清海盗（海商）的兴衰：基于全球经济发展的视角

时，中国则在海外贸易量在国际市场对中国产品的大量需求中大幅度增加的过程中，逐渐丧失了贸易主导权；特别是在郑氏集团被彻底消灭之后，中国再也没有出现过足以与欧洲列强在中国东海和南海抗衡的强大海上武装力量，有的只是数量众多的散落商贩和一些小股的海商武装集团或海盗。他们驾着违规建造的小型双桅帆船，在欧洲列强主导和博弈的海洋贸易缝隙中贩货苟存，直到被彻底地排挤出海洋贸易。而明清政府也没有从对海商、海盗的剿杀中获得长远利益，不仅失去了本可以从通关互市中获得的大量海关税收收入，影响了沿海居民的生活，而且使中国失去了海上力量，并最终将国门直接裸露在欧洲强大的武力之下。

当中国海商、海盗在本国政府和欧洲列强的夹击下不断失去海上贸易航线和贸易市场的时候，清政府也在逐渐失去一道海洋屏障。没有了可以与欧洲海上武装力量在海洋上抗衡的中国海商、海盗，也就没有了海洋的阻止和缓冲，以致欧洲海上武装力量可以长驱直入，直抵国门，停舰中国海岸。明清政府恐怕完全没有想到，当它们把眼光聚焦在逐鹿中原上，从而禁海和千方百计打击中国海商武装集团时，最后却是英国海军从海上登陆广州，进攻帝国，造成了帝国的风雨飘摇。

王涛在这部著作中对海防、海军与贸易之间的关系的讨论表明贸易中也有权利等级结构，市场也不是一个人人可以平等进入的平台。无论是葡萄牙、西班牙以王室的名义，还是荷兰、英国以及法国等国家以公司的名义展开的海上贸易活动，其目的均在于垄断海上贸易航线和霸占产品供应市场。为了达到这个目的，除了采用价格竞争的和平手段外，还采取了一系列的军事暴力手段。葡、西、荷、英、法等国间的很多战争都是因争夺海洋贸易航线、货物供应地市场和殖民地资源而起。这些国家也都是凭借着其强大的海上武装力量得以在某一段时间内，垄断着某些海上贸易航线和贸易市场。中国的王直武装贸易集团和郑氏集团也是凭借武力得以在一段时间内垄断中国东海和南海的贸易。王涛的这些论证和观点显然是对只把贸易当成一种和平、平等、自由、双赢共享的商业活动，把市场当作一种人人可以自由进入的公平贸易平台的主流经济学观点的挑战。

此外，我还必须要对这本著作的学术规范说几句赞美之言。王涛在这部著作中做了很多分析论证，但并不是做孤立的研究，而是在深入研究前人研究成果的前提下，以之为基础披荆斩棘、开拓创新。翻开著作，我们会发现几乎在对每一个问题展开讨论之前，王涛都是先对有关这一问题的研究现状和成果予以介绍、归纳、分析和评价，然后再针对以往研究中的空白和不同意见提出自己的见解和观点，继之附以论证。这种严谨的学术写作方式不仅体现了王涛对其所研究问题的深入了解和整体把握，而且把一种鸟瞰式的观察和一个非常清晰的研究脉络呈现给读者，是非常值得赞扬和提倡的。

近年来，"中西大分流"是国际经济史学界研究的一大热题。在对中国海商、海盗和欧洲海商、海盗的比较中，王涛并没有忽视明清时期中国和欧洲海洋强国之间迥然不同的对外贸易政策和官商关系，并把二者与后来的中西大分流紧密联系起来。王涛认为中西海商、海盗不同命运的背后是中西间截然不同的对外贸易政策和官商关系。欧洲海洋强国全力追求贸易扩张的政策和政府与商人紧密合作的官商关系是它们得以在全球海洋竞争中获胜，主导全球海洋贸易体系的一个重要因素，这一点尤其体现在英国的异军突起和后来的独占鳌头上。相比之下，明清政府不仅不追求海上控制权，而且对与欧洲列强竞争的中国武装海商贸易集团进行剿杀。海商衰落的后果在军事上表现为中国海洋防御体系完全衰败，在商业上则表现为中国出口产品的销售渠道完全为西方国家把控；西方国家利用自己控制的销售渠道阻止中国产品对西方本国产业造成的冲击，并且逐步建立起与中国相抗衡的产业，中国曾经的主要出口产品丝、瓷、茶纷纷衰败，中国也从一个制造业国家彻底沦为一个生产土地、劳动密集型产品的外围国家。中国和西方发生大分流。

　　当然，王涛的这部著作也有它的不足之处。著作虽然提出了不少独特的创新观点，但在一些论证上仍显得不够丰满，给人一种余兴未尽的感觉。不少观点颇为深刻，作者却轻描淡写一带而过，没有将这些观点放到学术领域中进行充分的学术定位和提升；对有些问题的讨论则不够深入或忽视了其中的一些现象。例如，明清政府虽然实行海禁，但朝廷上下并非铁板一块，更不要说还有很多地方士族和退隐官员为了海外贸易的巨大利润而卷入走私贸易中。禁海、开海之中有很多利益的博弈，尤其是在吏治腐败的情况下，有些官员和地方士族为了获得更大的商业利益，愿意朝廷禁海，因为只有当政府将合法变为非法时，有势力和有钱财的人才可以将大多数人排斥于贸易之外，在违法的走私贸易中获得高额利润。王涛的著作对此并未论及，如果能对此现象加以讨论，对海禁的研究可能会更加全面和深刻。

　　当然，作为一位年轻学者，王涛的这部著作仍是非常值得肯定的。虽然著作并非完美，也还有不少可完善的空间，但它无疑是清新的、醒目的、引人深思的。全书旁征博引，引用了大量的历史资料，东西跨越，古今纵横。一页一页读下来，很有一种乘风驰骋的感觉，景象万千，却并不凌乱。年轻学者能做到这点并不容易。

　　中西对比是其著作的一道美丽的风景线。最后，我想以王涛书中的一段话来结束我的序言："如果能够从空中一直观察这段历史，一幅奇特的场景便展现在我们面前：当明朝统治者正在打压东南沿海的王直等走私贸易集团的时候，英国正在支持霍金斯与德雷克的走私与海盗活动；当清王朝以海禁这样的滑稽政策对付郑氏集团的时候，英国与荷兰都在积极发展自己的海上力量，进行三次英荷战争；当乾隆帝醉心于东南沿海太平无事的时候，英国与法国已经展开了全球范围内的海上角逐；当嘉庆帝最后以收买的办法平息了东南沿海海盗的时候，英、法、荷几个海洋大国则在巴黎签订了条约，宣布海盗为非法并给予武力打击。此时的清朝连沿海海盗都已经无法以武力平定，就更不要提几十年后更加强大的英国舰队了。打击商人不仅使中国海商衰落，也使中国的海防衰落，在与西方的对抗中变得不堪一击。"

张　丽

2016 年 6 月于北京

明清海盗（海商）的兴衰：基于全球经济发展的视角

内容提要

　　新航线的开辟以及新大陆的发现开启了经济全球化的时代，这个效应波及中国是明朝中期以后，私人海外贸易出现了明显的扩张。但是私人海外贸易与明朝海禁制度形成了冲突，尤其当西方的葡萄牙与荷兰挤入中国的私人海外贸易时，冲突便无可避免地发生了。葡萄牙与荷兰奉行的是西方"仗剑经商"的模式，不惜动用武力排挤中国海商，这使中国海商也必须投入暴力，以组织化的方式对抗西方商人，王直、郑芝龙的海商集团都是在这个背景下产生的。

　　虽然借助本土优势，中国海商集团在与西方商人的对抗中取得了优势，但是这些海商集团的存在明显违反了明廷、清廷的海禁令，对其统治造成了威胁，明廷、清廷不是支持这些海商对抗西方商人，而是与西方国家联合起来镇压本国海商。虽然中国海商拥有强大的生命力，能够与西方海商和朝廷展开斗争，但是一个没有本国产品可供贸易的海商集团就像"无源之水、无根之木"，不能长久存在，所以虽然曾轰轰烈烈，但是不论是王直集团还是郑氏集团，最终都难逃被消灭的命运。

　　与明廷、清廷极力镇压本国海商并将其诬蔑为海盗不同，西方国家在这个时期却利用海盗扩展本国的商业力量。葡萄牙几乎是以海盗的模式进入亚洲内部贸易；与王直同时代的海盗德雷克、霍金斯，在本国被视为民族英雄，正是他们打击了西班牙海盗势力，开拓了英国的贸易范围，奠定了英国海军的基础；荷兰、法国也无不是利用海盗方式打破了西班牙与葡萄牙在海上的垄断。抢劫别国的商船就不是海盗，只有抢劫本国商船的才是海盗，这就是西方国家对待海盗的态度。

对待海盗（海商）的不同态度导致了不同的结局。西方利用海盗扩展了自己的海上力量，而中国海商则不断收缩自己的贸易范围，只能经营西方商人不愿意经营的贸易。在全球贸易迅速扩张的过程中，中国海商所占的份额越来越低，甚至出现了贸易额的绝对下降。18世纪中叶以后，中国海商彻底衰落了。海商的衰败引起了诸如海防的衰败、内陆很多涉及出口贸易的商帮的衰落等一系列消极后果。这也是中国最终走向衰败的原因之一。

目　录

前　言

　　经济全球化是近年来人们津津乐道的话题，中国的改革开放便是一个自身不断融入全球经济发展的过程，同时也是对经济全球化不断推动的过程。但是经济全球化果真如主流经济学所宣扬的那样让每一个国家和每一个人受益，造就了普遍的富裕和繁荣吗？自由贸易确实是使一个贫穷的国家摆脱贫穷、走向富裕的根本途径吗？那些当今的发达国家，又是否像它们所提出的理论那样始终坚持自由贸易呢？我们不必探寻更远的例子，只从近年我国收购外国公司尤其是欧美发达国家的例子上便可见一斑。2005 年，中国海洋石油有限公司并购美国尤尼科石油公司事件在美国引起了轩然大波，最后以收购失败结束。如果这仅仅是一个个案还情有可原，可是此后发生的一连串并购失败的事件使中国的企业家、经济学家和政治家意识到中国企业"走出去"的障碍并不完全是资金和技术的问题。欧美国家虽然总将自由贸易口号喊得十分响亮，但是他们才是真正的贸易保护主义大师，对自己有利时就将自由贸易挂在口边，对自己不利时便抬出"经济爱国主义"。既然现实如此，那么历史上是否存在过真正的自由贸易？欧美国家是否依靠自由贸易取得了今天的成就呢？作为一个经济史研究者，笔者并不打算给出一个逻辑的证明，只是希望从历史的角度追寻自由贸易在历史上是否真实存在过，国家是否完全放任企业自由经营而不加以干涉。

众所周知，新航线的开辟以及新大陆的发现带来了全球贸易的迅速扩张，旧有的欧亚贸易因为美洲白银的加入而大幅度扩张，美洲则因为大量人口的涌入和出生而成为重要的原材料来源地和市场，非洲则为不断扩张的世界贸易提供了大量劳动力。伴随着贸易扩张而来的是商人群体的扩大，他们奔走于世界各地，建立了全球性的贸易网络。但是在这个贸易网络的构建中，欧洲商人显然更好地抓住了机遇，逐渐控制了海洋和贸易，而原本强大的亚洲商人不但没有扩大自己的贸易范围，而且在自家门口被排挤出了贸易行列。那么造成这种状况的原因是什么呢？是西方商人经常标榜的自由贸易吗？如果熟悉历史，很快就可以回答这不是事实。欧洲商人并不是在经商技巧和效率上高于亚洲商人，而是他们有着坚船利炮。

西方商人扩张之初便是采用武装贸易的方法，一旦有可能，便采取赤裸裸的海盗手段。葡萄牙第二次亚洲之行便暴露了他们的海盗面目，肆无忌惮地在海洋上抢劫阿拉伯商船，并且以武力进攻卡利卡特。随后，在亚洲的武力扩张更成为葡萄牙的战略，通过近半个世纪对亚洲主要贸易中心的武力进攻，葡萄牙构筑了一个连接欧、亚、拉美的贸易网络。西班牙也不甘示弱，以武力摧毁了几乎整个美洲的印第安文明，占领了美洲大片的土地以及亚洲的菲律宾，同样建立了一个庞大的海陆帝国，并且授权本国商人垄断这个帝国的市场。作为后来者的英国、法国与荷兰等国，在与西班牙和葡萄牙两个先行者竞争时表现出了更高的效率，这些国家的各个阶层都卷入了海外贸易与海盗的活动当中，尤其是创立了将贵族与商人的利益紧密结合的军事贸易组织——特许公司与其他国家武力争夺市场和原料。所以伴随大航海时代而来的便是大海盗时代，袭击商船和沿海城镇、村庄以获取战利品只不过是海盗活动的表象，其背后则隐藏着对殖民地和贸易的国家间的竞争。正是这种武力竞争才使欧洲国家逐渐控制了海洋和贸易。

那么在欧洲商人武力扩张海上贸易之时，中国商人又在做什么呢？伴随着全球贸易的扩张，中国商品的海外需求也大幅度增加，随之而来的是进行海外贸易的中国商人也越来越多。但是他们不得不面临两个方面的压力：一方面是西方海商在海洋上的武力竞争，不论是最先来到中国沿海的葡萄牙还是随后而来的西班牙、荷兰、英国等国商人，都以武力排挤中国商人，希望以此获得中国海外贸易的垄断权；另一方面更大的压力则来自本国政府禁止或限制出海贸易。中国的统治者并无扩张海上贸易的野心，相反时刻都在防范海上带来的威胁，因此，对本国商民出海贸易持怀疑态度，明朝前中期更是实行了严格的海禁政策，禁止本国商民出海贸易。然而在海外贸易扩张的背景下，私人海外贸易还是广泛发展起来。尤其是在葡萄牙来到以后以及日本白银发现之后，海外贸易更进一步扩张。然而欧洲国家来到亚洲海域之后，原来存在的亚洲贸易模式受到了极大挑战。欧洲武装商船劫掠在海上见到的每一艘亚洲商船。中国商船当然也成为欧洲武装贸易的牺牲品。这使亚洲海商受到极大打击，选择只有两个，要么束手投降，在西方商船的庇护下苟延残喘，要么以武力对抗武力。从事贸易的中国商人首先选择了武力。但是中国海商一使用武力对抗西方商人，便立刻引起了本国统治者的警觉。相对于欧洲国家寥寥数艘武装商船，本国统治者强大的力量无疑成为他们最大的威胁。结果本来海商之间的对抗便成为中国海商与本国统治者的冲突。由此不难看出，这些所谓的海盗不过是武装海商。然而统治者对任何平民武装化的倾向都十分担忧，恐怕会使他们的政权有被颠覆的危险，这使统治者不遗余力地对武装海商进行打压，王直集团、郑氏集团作为堪与西方商人竞争的武装贸易集团，均因受到本国政府的打压而失败。

喧闹的海盗时代在 17 世纪末期已经进入了尾声，各主要海洋国家相互之间签订了条约，制止海盗的随意活动。1856 年，各海洋强国甚至共同制定了《巴黎宣言》，宣布非战争期间在海洋上劫掠为非法，彻底宣告了海盗时代的终结。

如果能够从空中一直观察这段历史，一幅奇特的场景便展现在我们面前：当明朝统治者正在打压东南沿海的王直等走私贸易集团的时候，英国正在支持霍金斯与德雷克的走私与海盗活动；当清王朝以海禁这样的滑稽政策对付郑氏集团的时候，英国与荷兰都在积极发展自己的海上力量，进行三次英荷战争；当乾隆帝醉心于东南沿海太平无事的时候，英国与法国已经展开了全球范围内的海上角逐；当嘉庆帝最后以收买的办法平息了东南沿海海盗的时候，英、法、荷几个海洋大国则在巴黎签订了条约，宣布海盗为非法并给予武力打击。此时的清朝连沿海海盗都已经无法以武力平定，就更不要提几十年后更加强大的英国舰队了。打击商人不但使中国的海商衰落，也使中国的海防衰落，在与西方的对抗中变得不堪一击。

这段海洋上纷繁复杂的历史清楚地表明，西方先是利用海盗获得了海洋和贸易的垄断权力，然后确立了规则保护自己的权利，这使利润源源不断地流入西方国家，促进了西方国家逐步向资本、技术密集型产业发展。而中国则相反，在海商受到镇压后，贸易利润不断缩减，以致中国产品逐渐由技术密集型向土地资源密集型退化。从全球经济发展的视角重新审视这段历史，对我们重新理解在全球化过程中中败西胜以及自由贸易理论具有十分重要的启示作用，这也是本书选择海盗（海商）作为研究对象的原因所在。

一旦明确了研究对象，与本书相关的研究便骤然丰富起来，很多学者对明清时期的海外贸易与海商都进行过深入的研究，尤其是全汉升、傅衣凌、田汝康、林仁川等老一辈学者，对此问题做出了开拓性的贡献，使我们认识到随着全球经济联系的建立，中国海外贸易在明清时代规模越来越大，超越了历史上任何一个时代，中国在晚明时期已经成为世界市场的有机组成部分，东南沿海地区的商人也积极从事海外贸易活动。这些研究虽然对海外贸易以及海商的活动做了诸多的探讨，但是他们似乎忽视了在海外贸易扩张中一个特殊的群体，即武装海商群体的出现及其兴衰。这个问题似乎交给了另外的学者研究，他们更多的是从政治学、社会学的角度探讨明清海盗（海商）的兴起，在研究中更多采用的是微观史学的研究方法，这些研究虽然为读者提供了事件的细节，但是缺乏更广阔的视角，也没有把握问题的全貌。因此，本研究希望将海外贸易与海盗（武装海商）的研究整合，借助全球史学者倡导的整体主义方法，将明清海盗（武装海商）置于全球经济发展的背景下分析，这将有助于我们深化对以下几个问题的认识。

第一，海盗在中国历史上并不鲜见，他们打家劫舍，甚至进行大规模的起义，但是他们的性质不过是沿海渔民、农民，他们无以为生，进行了一系列反抗行为。那么明清海盗在性质上是不是仍然如此，抑或与以前的海盗性质完全不同呢？

第二，明清时代不但经历了海盗活动的高潮，从全球范围来看也是海盗活动的高潮时期，海洋成为一个弱肉强食的世界。但是到19世纪初期，包括中国在内的全球大规模海盗活动衰落了。那么中国与全球的海盗活动之间是否存在某种内在的关联，以及这种关联表明了什么呢？中国与欧洲各国对待海盗的态度又有什么差别呢？

第三，歌德曾经说过海盗、战争与贸易是三位一体的，这是基于欧洲经验的总结，但是也表明了海盗活动与贸易的密切关系。中国的海盗（海商）与中国的对外贸易存在何种关系呢？尤其是中国的海盗（海商）衰落以后，对中国的海外贸易造成了何种影响呢？对中国在全球化时代来临时的竞争又产生了多大影响呢？西方的大规模海盗活动在19世纪初期同样衰落了，但是西方为何主宰了全球的海洋和贸易活动？这种贸易活动对西方成为世界的中心产生了巨大的作用。

本书关于明清海盗（海商）的资料包括三个部分，一是官方史书，包括《明实录》《清实录》《明史》《清史稿》《大明律》《大明会典》《大清会典事例》《康熙起居注》等，也有辑录明清大臣的奏折、书信，包括《明经世文编》《清经世文编》《明清史料》等。二是明清时期大量的私人笔记、小说、文集、地方志、商人文书、海道针经等，如《筹海图编》《日本一鉴》《东西洋考》《天下郡国利病书》《东南纪事》《台湾外纪》《先王实录》《圣武记》等，这些私人笔记、小说记录了很多正史当中不曾记录的资料，对了解明清海盗（海商）起到了重要的补充作用。三是西方商人与殖民者来到东方以后，对中国商人行为的记录。中文资料致命的缺陷是缺乏对海外贸易的详细记述，私人笔记也大多语焉不详，从事走私贸易的商人为了躲避官府的盘查，也没有记录航海活动的习惯，不曾留下如西方那样丰富的航海资料。西方商人与殖民者虽然并不关心中国的命运，但是出于自身的利益以及习惯，还是留下了大量的有关中国商人的资料，这些资料有些是中文资料中所完全没有的，有些则可以与中文资料相互印证。然而由于语言能力，本书很难从浩如烟海的资料中详细地搜索这些资料，只能够更多借助已经翻译成中文的葡萄牙、西班牙、荷兰与英国文献，如《荷兰人在福尔摩萨》《热兰遮城日记》《巴达维亚日记》《中华大帝国史》等。对西方海盗的研究，则主要参考各国历史著作、一些英文著作和研究论文。

第 一 章

明清海盗研究的述评

海盗是海洋贸易发展的一个产物。虽然我们今天往往将海盗一词与抢劫、谋杀和人类公敌及骷髅旗联系在一起，1958 年《公海公约》也这样定义海盗："以下任一行为构成海盗行为：'（1）私有船舶或飞机的航员或乘客为私人目的，对下列人或物实施不法的强暴行为、扣留行为或掠夺行为：（a）公海上对另一船机，或其上之人或财产；（b）任何国家管辖范围外的船机、人员或财产。（2）明知使船舶或飞机成为海盗船或飞机的事实而自愿参加其活动者。（3）教唆或故意便利本条第一项或第二项所称的行为。'"① 然而这种观点不过是近代在海洋的争夺中才发展起来的概念，旧时的海盗行为并不尽是现代国际法论点下的违法行为，即使是《公海公约》也没有消除现代对海盗问题的诸多争论。鉴于对海盗的定义本身即发生过诸多变化，在此便不能不对本研究所涉及的海盗做一些说明。大航海时代的欧洲，只有在海上专门从事抢劫的私人船只才被称为海盗，而且各国政府常常只把抢劫本国船只的称为海盗（pirate）并予以惩罚，对抢劫外国船只，特别是持有政府私掠证抢劫敌国船只的则称之为 privateer（私有武装船或私掠船），不但不予追究，反而予以鼓励，并掺金入股。而在明清时代的中国，统治者并不区分从事海外贸易的商人与专门从事抢劫的海盗，而把他们笼统称为海盗或者是海贼。本书中所研究的对象仅为明清史籍中所说的从事海外贸易的海盗，因此为了便于对比，本书中更多地将他们称作武装海商集团，以区别于仅仅从事抢劫的海盗集团，他们的对比对象也

① Report of the International Law Commission to the General Assembly, U. N. Doc A 13159, in 2 Year Book of *the International Law Committee*, 8th Session, 1956, p. 253.

是欧洲的私掠船而不是抢劫本国船只的海盗。

与西方国家对海盗有极大的研究热情（单单是德雷克便有不下百种专著），其著作、论文可以用汗牛充栋来形容相比。中国因对海盗持有敌意，专门研究海盗的著作与论文就少而又少。近年来随着海洋史研究的热潮，对海盗的研究有所加强。据不完全统计，与明代倭寇相关的专著和论文就不下五百余部（篇）。虽然数量还在不断增加中，但是这样的数量显然仍然无法与西方相比，而且其中很多著作与论文只是偶尔提及海盗也便被归入其中。虽然如此，一一列举这些著作和文章也是不现实的，因此笔者试图采用分类的方法将这些研究加以归纳，并对每一类中的代表性观点加以评述。由于中国海盗受到明清政府镇压是一个事实，争论就集中在海盗爆发的原因和性质上，笔者即根据此种争论将研究划分为三种主要类别，即侵略论、生存压力论和贸易扩张论。

侵略论认为明清海盗是外国对中国的侵略，这在关于倭寇的研究中占有非常重要的地位。事实上，对明清海盗研究的兴趣首先起源于对倭寇的研究。20 世纪 30 年代，在日本企图灭亡中国的大背景下，对明代倭寇问题的研究很难真实地还原历史，它的目的更多的是激起中国人民的抗日情绪，因此这个时期虽然诞生了大量的研究，但是在后学看来，其鼓动价值要大于研究价值。新中国成立后，由于处在冷战的背景下，日本仍然是资本主义阵营中的重要一员，其对我国也仍然采取敌视态度，因此倭寇是日本侵略中国的学说在这个时期仍然占有主流位置，陈鸣钟、云川、王裕群[1]都持此态度，但是他们仅仅论述倭寇的发生过程，认为倭寇的猖獗是明王朝的腐败以及海防衰败造成的，倭寇最终被消灭也是沿海人民同仇敌忾的结果，对倭寇发生的原因以及组成成分、性质等问题都没有

---

① 陈鸣钟：《嘉靖时期东南沿海的倭寇》，《新史学通讯》1955 年第 2 期 ；云川：《明代东南沿海的倭乱》，《新史学通讯》1955 年第 6 期；王裕群：《明代的倭寇》，《新史学通讯》1956 年第 2 期。

做更为深入的探讨，可以说意识形态因素仍然占据着此时期倭寇研究的主流位置。

20 世纪 80 年代以后，随着国际学术交流的增加以及新的观点提出的挑战，持侵略论者也不得不深化对此问题的研究，寻找更多的证据支持自己的观点。陈学文[①]认为从嘉靖时期倭寇的成分上来看，虽然主要是中国人，但是中国人并没有控制权和主导权，主导这场战争的是日本大名和武士，对嘉靖时期倭患中的首领王直，因为他在日本十五年，已经变成了一个仰人鼻息的汉奸，代表了日本海商的利益。这个观点后来被张声振[②]进一步发扬光大，他认为如果古代存在国籍法，那么在日本长时间居住的王直已经算是日本人而不再是中国人了，因此王直、徐海等发动的战争完全是日本侵略中国的战争。持这种观点的人显然没有理解商业的原则，他们的思想与明清王朝统治者的思想完全一样，认为这些侨居海外的商人完全是天朝弃民。古代从事远距离贸易，由于路程遥远的缘故，总会有一些人居住在其他国家，他们收集与销售货物，并且与当地统治者沟通，尽量创造有利于自己的贸易环境，在社会学上一般将其称为"离散社群"，无论在文化上还是利益上，他们都更多与本国保持一致而不被寄主社会同化。王直在日本建立的居留地完全属于这样的贸易"离散社群"，尽管他们与日本官方联系密切，但他们仍然不是日本人。其他持侵略论的作者在论述倭寇组成成分时，与陈学文的逻辑基本类似，都认为应该从主从关系上去探讨，而且一些作者还列举史料证明在一些具体战役中，真倭占据了主要地位，此处不再一一列举这些著作。

关于嘉靖时期倭寇的猖獗，陈学文将其归因于发生在 1457 ～

---

① 陈学文：《论嘉靖时的倭寇问题》，《文史哲》1983 年第 5 期。

② 张声振：《论明嘉靖中期倭寇的性质》，《学术研究》1991 年第 4 期；张声振：《再论嘉靖中期的倭寇性质——兼与〈嘉隆倭寇刍议〉一文商榷》，《社会科学战线》2008 年第 1 期。

1477 年的"应仁之乱"和 1485～1487 年的"文明之乱",两次战争造成了大量农民破产,无以为生,同时国内工商业却因为失去了中央政权的统治不断地发展起来,国内对各种生活必需品的需求增加,而这些生活必需品都来自中国,因此各领主、大名为了对抗中央政权和其他大名,积极组织破产的武士和农民前来中国劫掠,此时又恰逢明朝处在政治腐败、海防虚弱的境地,造成倭寇大规模的爆发。以此推论,嘉靖时期御倭战争就是一场抗击外国侵略的战争,与国内资本主义萌芽没有任何关系。尽管作者针对反驳者对他的责难提出"应仁之乱"与"文明之乱"虽然在嘉靖时期倭患之前七八十年,本身需要一个演化的过程,但是这个演化的时间也未免过长,用来解释嘉靖中期突然爆发的倭乱实在是牵强。

除了论证倭患的起因与倭寇组成成分之外,关于海禁与倭患的关系也是争论的焦点之一,持侵略论者坚持认为正是倭寇的进攻引起了明朝实行更加严厉的海禁而不是相反。晓学、万明[①]都认为明朝前期虽然实行了海禁政策,但是其执行并不严格,因此才有明朝私人海外贸易的繁荣,正是日本侵略中国,才使明朝实行了更加严格的海禁措施。在消灭了倭寇以后,明王朝认识到海禁已经不可能再维持下去了,因此放开了私人海外贸易。所以明王朝的海外贸易政策仍然是开放的,海禁的目的是抵抗外国侵略者而不是限制本国商人出海贸易,完全肃清了侵略者之后,才更有利于海外贸易的发展。显然这种观点是颠倒了海外贸易与海禁的因果关系,无论如何明王朝的统治者也没有打算放开私人海外贸易,嘉靖帝在世时,大臣虽然屡次呈请开放私人海外贸易都被嘉靖帝坚决拒绝了,而当时倭患已经基本平息,所以很难说是倭寇导致了明朝的海禁突然严格。

---

① 晓学:《略论嘉靖倭患——与"反海禁"论者商榷》,《贵州民族学院学报》(哲学社会科学版)1983 年第 1 期;万明:《中国融入世界的步履:明与清前期海外政策比较研究》,社会科学文献出版社,2000。

对清嘉庆年间海盗问题的研究中，也同样存在着侵略论的影子，这便是穆黛安对广东海盗的研究。① 他的观点来自魏源对此问题的论述，认为在越南西山叛乱之前，虽然广东存在数量众多的海盗，但是海盗都是零星的、小规模的活动，难以形成巨大的集团，如果没有外力的压迫和促进，就不会发生嘉庆年间大规模的海盗问题。18 世纪 80 年代建立的西山政权，虽然一度统治了越南北部，但是因为受到了法国支持的阮氏政权的进攻，财政感到吃力，因此组织中国海盗到沿海劫掠，并给他们提供武器、训练和藏身之地。虽然穆黛安的研究是令人信服的，但是他只将越南西山叛乱作为广东海盗发生的原因而没有考虑到清朝华商经营的海外贸易的衰落，显得过于单一和简单。

一些学者则将明清时期海盗活动的爆发归因于一般人民难以生存情况下的反抗活动，笔者称之为生存压力论。国外社会史学者往往倾向于这种观点。美国学者安乐博将明清时代看作中国历史上海盗活动的黄金时期，无论在规模还是范围上，其他国家的海盗活动都无法比拟。② 明清时期明显兴起了三次海盗高潮，分别在明嘉靖时期、明末清初和清嘉庆时期。三次海盗高潮虽然各有不同的特点，但是海盗的爆发还是有很多共性，每次遇到饥荒、战争或者经济停滞，就会爆发大规模的海盗活动。饥荒使米价高涨，人民无以为生，纷纷下海为盗，然后由小变大，日益壮大，而此时政府往往应付内外部叛乱，如嘉靖时期的胡虏，明清易代的战争以及清中期内乱和安南叛乱，无暇顾及东南沿海，使海盗活动进一步发展壮大。虽然他也承认前两次海盗爆发与商业联系密切，政府严厉的海禁才使很多合法商人转变为海盗，但是他显然仍然将贸易看作改善生活的手段，而不是为了发展经济。总之，明清时期海盗的爆发是社会动乱的一部分，贸易在他的海盗爆发理论中并不占据最重要的地位。

---

① 〔美〕穆黛安：《华南海盗：1790－1810》，刘平译，中国社会科学出版社，1997。
② 〔美〕安乐博：《中国海盗的黄金时代（1520－1810）》，《东南学术》2002 年第 1 期。

美国学者穆黛安对清代广东海盗的研究中同样遵循了这种分析思路。虽然他认为在广东海盗的组织化过程中，越南西山叛军起到了十分重要的作用，但是海盗活动兴起的根本原因还是生存压力。清朝自康熙以后，社会稳定，经济发展，随之而来的是人口大幅度增长，至乾隆末年，中国人口压力已经十分之大，而广东相比较于全国，人口压力更甚，这就使广东人民面临更大的生存压力，加之广东海外贸易发达，可以藏身的港湾众多，就为海盗的兴起准备了得天独厚的条件。

中国学者郑广南显然也是持此意见的代表之一，[①] 他在对中国历史上的海盗全面考察以后，认为自宋代以来，海盗斗争的目的已经不同于以往，冲破官府的贸易垄断或者海禁是宋以后海盗活动的主要目标。但是从海盗的组成成分考察，可以发现海盗大多数是由破产的农民、手工业者以及不如意的书生等组成，这些人都属于社会的下层，他们参与海盗活动完全是为了改善自身的生活，海外贸易活动只不过是为这些人改善生活提供了条件。一旦海外贸易受到官府的阻碍，这些人为了生存便会反抗官府。很显然，尽管看到了海盗与海外贸易的密切关系，但是其思维仍然停留在阶级斗争的框架内，海盗只不过是"官逼民反"模式的海洋版本。

这些学者将海盗视为生存压力，虽然并不完全算错，但是显然他们对生存压力内涵的解释是极为模糊的。明清以来，东南沿海地区虽然面临巨大的人口压力，但是其经济发展程度一直高于北方，而且也很难通过人口密度等概念界定生存压力的大小，由于粮食产量、贸易手段的差别，一些地区可以集聚大量的人口而不至于产生动乱。同时，关于海盗组织化的问题，穆黛安本人的研究就表明海盗与内地的秘密会社之间不存在密切联系，所以才需要借助外部力量实现组织化。其他很多研究虽然也证明海盗与内地的匪徒等存在

① 郑广南：《中国海盗史》，华东理工大学出版社，1998。

明清海盗（海商）的兴衰：基于全球经济发展的视角

关联，但是他们并没有有意识地联合，所以完全的生存压力更可能酿成类似食物骚乱这样的事件，而很难形成大规模的海盗行动，更无法解释如何形成了郑氏集团这样庞大的组织。

与侵略论逐渐式微，生存压力从来没有成为研究明代海盗的主流不同，越来越多的学者倾向于将明清海盗与大规模的海外贸易联系，在此，笔者将之归结为贸易扩张论。贸易扩张论与中国对资本主义萌芽的探讨密切相关。早在 20 世纪 50 年代，吴晗、尚钺等学者即指出这是一场海禁与反海禁的斗争。[①] 中国 16 世纪前期的海外贸易，比历史上任何时候都要高涨，这就产生了一批从事海外贸易的地主，他们将资本转移到海外贸易上谋取利润，而身处内地的地主则仍然坚持传统的统治方式，顽固地禁止海外贸易发展。这就导致了利益对立的双方为是否要进行海外贸易的问题进行了激烈的斗争，陈九德与朱纨的冲突正是主张开放贸易的工商业人士与主张海禁的地主间的斗争。

在 20 世纪 80 年代兴起的资本主义萌芽探讨热潮中，对明朝海盗问题的贸易性质有了更清晰的认识。戴裔煊[②]通过对史料的分析，得出在"倭寇"中，中国人不但在人数上居多数，而且在作用上也居于主导地位。在组成"倭寇"的中国人中，其身份主要是沿海贫民、破产手工业者以及不得志的书生，这些人为生计所迫，不得不依赖捕鱼和沿海贸易。严格的海禁使他们无以为生，只好下海为寇。因此嘉靖时期倭患完全是一场沿海贫民反抗海禁的具有起义性质的斗争。到此，他仍然将倭患看作生存压力的结果，但是通过进一步对"倭寇"头目的分析，他发现其中徽州人占很大比例，而明

① 吴晗：《关于中国资本主义萌芽的一些问题——在北京大学历史系所作的报告》，《光明日报》1955 年 12 月 22 日，载田居俭、宋元强主编《中国资本主义萌芽》（上册），巴蜀书社，1987，第 243～245 页；尚钺：《中国资本主义生产因素的萌芽及其增长》，载田居俭、宋元强主编《中国资本主义萌芽》（上册），巴蜀书社，1987，第 301～302 页。

② 戴裔煊：《明代嘉隆间的倭寇海盗与中国资本主义的萌芽》，中国社会科学出版社，1982。

朝恰是徽商兴起的重要阶段，因此海外贸易显然是资本主义萌芽的表现形式。明王朝实行严厉的海禁政策，与资本主义萌芽产生了冲突，才导致了倭患的发生。

如果说戴裔煊仅仅是从倭寇头目的地域身份判断资本主义萌芽与海外贸易之间的关系还略嫌肤浅的话，那么林仁川对此问题的研究则要深入得多。[1] 他认为明朝的商品经济获得了空前的发展，进入流通领域的商品数量规模庞大，资本主义萌芽已经产生。按照马克思主义的理论，资本主义萌芽产生以后，自然有一个向外扩张的动力，需要寻求更广阔的市场，这就促进了明代海外贸易空前的发展，出现了诸如王直、洪迪珍、郑芝龙等规模庞大的海商集团。但是海外贸易的发展与明朝的海禁政策产生了冲突，导致了嘉靖时期倭患的发生。在其研究中，他更多地评价了倭患的发生对明朝政策调整的积极作用。对私人海外贸易不能迅速发展，形成类似西方的商业革命，他认为包括三点原因，分别是封建专制政权的摧残和打压、海商资本的脆弱和封建性以及西方殖民者的劫夺与破坏。在三个原因中，封建专制政权的打压显然占据主导地位，而西方殖民者虽然也劫掠中国商船和打击中国海商，但他们同时也是促进中国海外贸易的因素。尤其在解释郑氏集团的兴衰时，他更是将郑氏集团自身的弱点看成其衰败的主要原因，甚至连清政府对郑氏集团海禁造成的伤害也视而不见。

日本学者田中健夫也认为嘉靖时期倭患的起因在于走私贸易扩大，明朝打击新兴的走私贸易港以后，引发了从事海外贸易的商人反抗政府的海禁政策。[2] 台湾学者张彬村也试图从走私贸易的角度对此问题进行分析，[3] 他认为在走私贸易处在一定范围时，海上走

①　林仁川：《明末清初私人海上贸易》，华东师范大学出版社，1987。

②　〔日〕田中健夫：《倭寇——海上历史》，杨翰球译，武汉大学出版社，1987。

③　张彬村：《十六世纪舟山群岛的走私贸易》，载"中央"研究院主编《中国海洋发展史论文集》（一），台湾"中央"研究院，1984，第71~96页。

私商人、陆上走私商人和维持海禁的政府从业人员之间存在微妙的平衡，只要这个平衡不被打破，那么走私贸易就可以继续维持下去。但是在16世纪30~50年代，海外贸易的迅速发展使海上走私商人的势力急剧壮大，打破了三者之间的微妙平衡，于是海上走私商人和陆上走私商人之间的冲突演化成了海上走私商人和政府从业人员之间的冲突，导致倭患的产生。樊树志、晁中辰则从中日贸易扩张的角度解释，[①] 日本对中国商品存在大量需求，嘉靖时期宁波争贡事件致使两国朝贡贸易中断，使走私贸易能够获得特别高的利润，刺激了中国沿海地区的商人投入走私贸易，与明王朝的海禁政策发生了严重冲突。

　　贸易扩张论者虽然注意到了走私贸易是造成明代海盗的主要原因，海盗其实是走私贸易商人，但是其对海外贸易扩张形成的分析仍然存在着很多缺陷。林仁川将海外贸易扩张归结为国内商品经济的发展，显然是简单地套用了马克思对西欧历史发展的总结，但是很多历史研究已经证明这个模式并非放之四海而皆准的。按照这种方法，就无法解释中国与菲律宾贸易的突然增长：为何在1571年之前，中国在马尼拉的人口不过150人，到16世纪末期前往马尼拉的华人已经有3万余人。也无法解释明代前期并不发达的中日贸易为何在嘉靖时期突然兴旺起来，还产生了一个新的国际贸易港口——双屿港。而樊树志和晁中辰则显然对明朝与日本的朝贡关系与私人海外贸易之间的关系产生了混淆，宁波争贡事件之后，虽然没有给日本换发国书，但是朝贡贸易仍然在进行，而此时私人海外贸易已经发展到非常大的规模。

　　以上对明清海盗的研究，显然都站在中国内部的视角上，至多从中日贸易的视角上进行观察。西方虽然进入了研究视野，但是仅作为陪衬性的角色，很少有学者能够注意到明清时代的贸易扩张是

---

① 樊树志：《倭寇新论——以嘉靖大倭寇为中心》，《复旦学报》（社会科学版）2000年第1期；晁中辰：《明代海禁与海外贸易》，人民出版社，2005。

全球贸易扩张的一个组成部分，史籍中所称的海盗，并不单纯只是打家劫舍，而是从事贸易的武装海商集团，他们既是本国政府压迫的产物，同时也是西方海商武装扩张的结果。柯丁（1984）指出葡萄牙进入亚洲海域以后，也将欧洲武装贸易的方式带入了亚洲，改变了亚洲的海上贸易模式，亚洲商人为了抗衡葡萄牙以及随后进入亚洲的欧洲人，也不得不发展了自己的海上武装贸易。那么当西方商人来到中国沿海时，他们武装贸易的方式肯定对中国海上贸易经营方式同样产生了重要影响。因此，我们更应该站在全球的视角上审视明清海盗的产生以及对他们的打击造成的后果。这些著作更为缺乏的是它们仅仅看到了海盗活动对国内经济的破坏作用，或者看到了镇压武装海商对资本主义萌芽产生的消极影响，而很难将海盗或者武装海商与后来中国海商的普遍衰落联系在一起。

实际上，在中国史研究者更多地从国内看问题的时候，一些世界史研究者已经对问题的认识更加深化了一步。杨翰球在考察西太平洋的航海贸易实力兴衰以后，即认为中国与西方在航海贸易政策、对待航海贸易的态度以及海盗问题上存在重大差别，西方国家采取积极的海外扩张政策，并且利用海盗向外扩张，而中国不但不鼓励私人海外贸易，而且往往将私人海外贸易者当作海盗予以打击。[①] 陈勇同样对南洋地区的中西方航海贸易实力兴衰进行了考察，他认为在 17 世纪 30 年代以后，中国海商被迫迁往巴达维亚，即标志着中国海商在南洋已经沦为荷兰的附庸。荷兰实现这一胜利并不是依靠高超的经营与贸易手段，而是凭借武力，中国海商则由于没有得到明王朝的武力支持而失败了。[②] 张丽、骆昭东在对明清商帮的考察中，也提及了海商的兴衰，认为正是在全球化的贸易扩张大

① 杨翰球：《十五至十七世纪西太平洋中西航海贸易势力的兴衰》，载吴于廑主编《十五十六世纪东西方历史初学集》，武汉大学出版社，2005，第 294～314 页。
② 陈勇：《1567～1650 年南洋西南海域中西贸易势力的消长》，载吴于廑主编《十五十六世纪东西方历史初学集续集》，武汉大学出版社，2005，第 301～329 页。

背景下，欧洲和日本对中国商品需求量的迅速增加促进了中国海商的兴起，郑氏集团甚至垄断了中国沿海贸易达半个世纪之久，但是由于英、荷等国家实力的逐步增强，中国海商逐渐被排挤出印度洋和中国南海贸易圈。① 澳大利亚华裔商人雪珥则在最近的研究中，站在全球的视角上系统地梳理了明清时期海盗的活动，指出政府对本国海盗的打压是使中国在近代丧失了海洋的重要因素。②

这些研究站在全球经济的高度，准确地把握了明清海盗的实质，明清时期正是西方贸易不断扩张的时期，他们使用武力占领全世界，而中国则仍然将从事海外贸易的商人当作海盗，因此中国海商在与西方海商的竞争中落败也就是自然的事情了。尽管这些学者提出了这样的思路，但是他们对此问题并没有展开深入讨论，例如，中国武装海商集团的形成是否与西方的扩张有关，明清政府又为何如此对待武装海商集团，武装海商集团是否与中国海外贸易的衰落存在密切关系，如果武装海商集团能够存在，中西方关系是否会因此发生改变等。这正为本研究提供了很好的思路，同时也留出了足够的空间供本研究探索，回答这些问题。

本书除前言外共分六章。

第一章系统地回顾了对明清时代海盗、海商的研究文献并对其进行了述评。

第二章论述了威尼斯与热那亚在地中海的斗争及葡萄牙、西班牙探险引发的大航海时代的来临。中世纪逐渐复苏的东西方贸易促进了意大利地中海沿岸各邦国的繁荣，也刺激了各国为垄断贸易进行的争斗。威尼斯在这场漫长的斗争中最终胜出，但也因此刺激了欧洲其他国家寻找前往亚洲的新通道，导致了地理大发现和大航海时代的来临。广阔的获利前景引发了欧洲国家在更大范围的斗争。

第一章 明清海盗研究的述评

第三章主要论述嘉靖时期倭患的产生与发展。明王朝建立之后，建立了海禁与朝贡关系作为处理中外关系的基石。这种关系很快便因为明王朝中央权威的下降名存实亡，但贸易仍然在既定的制度框架内进行，并未产生实质性变革，直到葡萄牙来到中国沿海以后，对中国海外贸易模式产生冲击，引起了明王朝海禁的加强，导致嘉靖时期的倭患。这场倭患的结果虽然有开放私人海外贸易的积极方面，但是同样也有中国的海商集团被消灭殆尽，葡萄牙垄断利润最高的中日贸易的消极方面。在某种意义上，是明朝打击本国海商的行为帮助葡萄牙达到了垄断贸易的目标。

第四章论述了英国、法国、荷兰等国利用海盗对西班牙、葡萄牙发起的挑战以及随之而来的新的海洋争霸活动。17 世纪以后，英、法、荷已经在全球范围内对西班牙与葡萄牙的海洋垄断地位提出挑战。在亚洲，英国、荷兰先后成立了东印度公司，他们是具有政治、军事性质的贸易公司，在亚洲的海洋上发动海盗袭击和战争；在美洲，西印度群岛成为各国海盗的聚集地，他们在这里拦截西班牙船只，进攻西班牙殖民地。通过在东西方一系列的海盗活动，英国、法国和荷兰获得了海上霸权，取得了贸易垄断地位。

第五章论述隆庆开放以后，中国海外贸易迅速增长，但是应该看到这是没有控制权的增长。在东南亚，通过避开葡萄牙控制的马六甲，中国海商创建了新的贸易网络；在菲律宾，贸易则完全受到西班牙控制。只是在中日贸易上，受到日本政局的变化，中国商人重新占据重要地位。当这种地位受到荷兰的武力挑战以后，中国商人再次形成武装集团与之对抗。这个武装集团由于明王朝专注北方事务而得到了发展，垄断了中国的海外贸易。但是随着清王朝逐步统一中国，中外势力再次联手灭亡了这个武装海商集团。

第六章论述既没有国家支持，也不能形成武装集团的中国商人在海外与西方商人竞争的结果。虽然短期内中国商人凭借西方商人不能来到中国贸易而又对中国商品大量需求的机会而得以生存，甚至贸易量有了显著增长，但是这只是没有主导权的增长，是不可持续的增长。一旦条件改变，西方商人可以直接与中国贸易，中国商人在海外便受到沉重打击。18世纪中期时，中国海商已经全面衰落，他们或者沦为西方商人的经纪人，或者沦为纯粹的海盗。海外贸易的衰败带来了一系列严重的后果，中国的海防因为没有海外贸易衰败了，无法阻止西方国家的入侵。中国的贸易产品也逐步从制造业产品变成了低端的资源类产品，中国与海外贸易相关的内陆商帮也遭到了毁灭性打击。

第七章论述了在欧洲国家利用海盗手段取得了海洋垄断权之后，海盗活动突然不再受到欢迎，反而开始遭到各国政府的严厉打击，尤其是英国，在获得世界海上第一霸权后，开始对海盗活动进行不遗余力的打击，终于使大规模的海盗没落并逐渐消亡了。随后，海盗还被宣布为非法，受到各国的共同打击。产生这种转变的原因在于欧洲各国已经通过海盗获得了海上霸权，它们不再希望海盗这种形式成为挑战它们海上霸权的工具。新的海上竞争以海军的形式继续进行。

最后在总结全文的基础上重新审视了中国海商集团的发展模式，指出中国海商集团是在与西方海商集团的竞争下产生的，是本国政府不保护海商的替代产物，然而明清政府并不允许海商集团的存在，对他们进行了严厉的镇压，并且严格防止新的海商集团产生。虽然在此条件下明清政府开放了海外贸易，但是单打独斗的商人根本无法面对以国家为后盾的西方武装商人，致使中国海商经营的海外贸易全面衰落。因此，从全球经济发展的角度看明清海盗问题，我们就可以看到明清海盗完全是在明清政府与西方殖民者的双重打压下失败的。如果仅有明清政府，中国海商经过斗争，仍有可能继续繁荣的海外贸易；如果仅有西方殖民者，中西之间的斗争，鹿死谁手还难以预料。明清政府虽然镇压了本国海商集团，获得了暂时的安全，但是它们的行为实质上帮助了西方国家，而中国也因为明清政府这种错误的战略而落后。

第 二 章

大航海时代的来临与斗争

尽管直到11世纪，人类都不敢远离海岸航行，但是这并不妨碍人类很早就利用海洋，将海洋变成通道而不是障碍。正如马汉所指出的，古罗马在三次布匿战争中取胜的关键就在海权。古罗马人成功地控制了海洋，逼迫汉尼拔只能将粮食、军需补给通过崇山峻岭从西班牙运至意大利。在击败腓尼基人之后，古罗马成功地将地中海变成了贸易通道，埃及等地的粮食通过这条通道大量进入古罗马，维系了古罗马的繁荣，地中海成为古罗马帝国的内海。然而，随着古罗马帝国的崩溃，这个古罗马帝国的内海引起了周边无数以贸易为生的城邦的争夺，从而塑造了欧洲国家在海洋上争夺的品格和习惯。这种争夺促使欧洲跨出地中海，开启了一个大航海时代，开始了解更广阔的海洋以及争夺更广阔的海洋。欧洲人具有开拓精神的航海探险对其他各大洲的人们而言并非全部都是幸运。欧洲人既带来了贸易机会的扩大，又带来了海盗式的入侵。欧洲的兴起正是从这种海盗式的贸易活动开始的。

第一节　中世纪地中海上的斗争

地中海曾经被看作古罗马帝国的内湖，大量的产品通过这个内湖运输，使帝国的血脉得以畅通。随着罗马帝国的崩溃以及伊斯兰教的兴起，地中海上的贸易活动全面衰退，尽管在地中海东岸还保持着一些贸易联系。公元 8～9 世纪，随着经济的复苏，地中海上的贸易才逐渐再次兴盛，意大利和西西里沿岸，形成了一系列港口城市，其中以阿马尔菲居首。全盛时期的阿马尔菲拥有 5 万人口，意大利以及地中海东部沿岸各国流行的全是它的货币，地中海各口岸的海上法也都以阿马尔菲的海上法为基准。[①] 土地贫瘠使这个沿海城市不得不投入到航海贸易中去，优先与伊斯兰教建立了联系，获取伊斯兰世界的金币和银币，然后前往君士坦丁堡购买丝绸，再转运到西欧获利。[②] 但是很早就确立的优势并不能转换成长久的优势，意大利各城邦为了贸易利润展开了你死我活的斗争。1135 年、1137 年，阿马尔菲两次遭到了竞争对手比萨的洗劫，从此退出了一流贸易城市的行列。1250 年后，该市的贸易大大下降，贸易额也许只有公元 950～1050 年的 1/3；海上往来的范围也逐渐缩小，最后

---

① 〔德〕李斯特：《政治经济学的国民体系》，商务印书馆，1997，第 11 页。
② 〔法〕费尔南·布罗代尔：《15 至 18 世纪的物质文明、经济和资本主义》第三卷，顾良、施康强译，生活·读书·新知三联书店，2002，第 104 页。

只剩几十条双桨或单桨小船在意大利沿海从事近海运输。① 此后，比萨又被热那亚击败，地中海上只有威尼斯可以与热那亚争夺霸权了。

威尼斯地处亚得里亚海边缘，由60多个岛屿构成，公元5世纪时，即已经有人为了躲避蛮族的入侵逃难至此。这个城市没有耕地，也缺乏淡水，唯一的物产就是食盐。这就决定了自它诞生之日起，就必须以贸易和渔业为生。但是，居民并不是安分的渔民和商人，抢劫对他们来说是家常便饭。他们的抢劫使拜占庭帝国不胜其烦，但是又无法制止，只好在715年与威尼斯签订通商条约，规定威尼斯在缴纳通行费以后，可以在帝国内享有贸易自由。当时地中海西部大部分地方还处在阿拉伯人控制下，威尼斯与拜占庭的贸易就成为基督教世界获取东方产品的唯一途径，威尼斯通过向君士坦丁堡提供粮食、葡萄酒、木材、奴隶和自产的食盐，换取来自东方的香料和丝绸。威尼斯因此受益颇多，步入了上升的通道，贸易提供了大量的利润，利用这些利润，威尼斯加强了自己的海军实力，衰落的拜占庭不得不一次又一次求助于威尼斯帮助他们对付阿拉伯人。每次帮助都不是无偿的，拜占庭驱逐了阿拉伯人，但是不得不一次次将更大的贸易特权给予威尼斯人。拜占庭给予威尼斯的贸易特权损害了本国商人的利益，但是使威尼斯的贸易变得逐渐发达起来。但是即使如此，10世纪以前，威尼斯的主要活动领域仍然是亚得里亚海。为了能够获得更多的贸易利润，威尼斯一直在亚得里亚海排挤它的贸易对手，10世纪中期左右，威尼斯取得了亚得里亚海北部的贸易垄断权。

但是在十字军东征以前，同意大利其他城邦一样，威尼斯也仅具有地方上的重要性，直至十字军东征运动开始以后，情况才发生了很大变化。当那些对东方的财富充满了渴望的骑士倾家荡产踏上

① 〔法〕费尔南·布罗代尔：《15至18世纪的物质文明、经济和资本主义》第三卷，顾良、施康强译，生活·读书·新知三联书店，2002，第105页。

明清海盗（海商）的兴衰：基于全球经济发展的视角

前往东方道路的时候，也就是威尼斯和热那亚这种为他们提供船只的意大利各城邦大发横财的时候。十字军东征运动完全是一场宗教外衣下的赤裸裸的抢劫活动，第四次十字军东征更是完全表现了这场圣战的本质。当时的威尼斯不顾基督教的清规戒律，与信奉伊斯兰教的埃及建立了密切的贸易联系，因此威尼斯并不愿意十字军进攻埃及。此时十字军恰无力支付船费，威尼斯便以进攻其贸易对手城市——同样信奉基督教的扎拉——作为十字军延迟付款的条件。消灭了一个竞争对手以后，威尼斯再度提议向当时陷入内乱的拜占庭帝国发动进攻，为了获得更多的财富，十字军同意了威尼斯的建议。就这样，一场针对异教徒发动的圣战完全变成了对同样信奉基督教的拜占庭帝国的攻击。这场战争对威尼斯意义重大，当十字军攻占君士坦丁堡以后，威尼斯按照合约，获得了地中海东岸更广泛的贸易特权，进一步扩大了它在地中海东部的实力，有助于它进一步排挤自己的竞争对手。

这场十字军东征的受益者，并非仅有威尼斯一个，处于意大利西海岸的热那亚也在此次十字军东征中受益匪浅，并且直接成为了威尼斯的竞争对手。热那亚的地理环境与威尼斯极为相似，三面环山一面临海，使它很难向大陆方向扩展自己的领地，因此也只能够来到海上搏击自己的命运。与威尼斯一样，7世纪时热那亚也是拜占庭帝国的属国。由于地理位置的关系，热那亚首先向西而不是向东发展，先是联合比萨击败了阿拉伯在西地中海的势力，控制了西地中海的贸易。1096年，热那亚凭借为十字军运输兵员也来到了东地中海，从此开始了与东方的贸易，在黑海地区建立了很多港口与殖民地。

热那亚进入东地中海较晚，一直受到威尼斯的压制。1204年以后，威尼斯因为帮助十字军东征取得了小亚细亚的大片土地，获得了更多的贸易特权，热那亚就更处于下风。但是这并未阻止热那亚与威尼斯抗衡的决心。拜占庭帝国急于复国，但是又缺乏自己的舰队，便与热那亚结成联盟，授予热那亚很多贸易特权，请求热那亚帮助其复国。1261年，随着拜占庭的复国成功，热那亚获得了在拜占庭帝国内的贸易特权，威尼斯则被完全排挤出了拜占庭帝国的领土范围，热那亚在与东方的贸易中获得了优势地位。

复国后的拜占庭帝国并未全部恢复昔日的领土，这使威尼斯在地中海东岸的贸易虽然受到了严重打击，但是并未一蹶不振。威尼斯首先设法保住了自己在希腊的殖民地，然后又利用拜占庭帝国不满意热那亚飞扬跋扈的状况，重新获得了一些在拜占庭帝国领土内的贸易特权，这使它在黑海上的贸易也有所恢复。为了有足够的实力与热那亚抗衡，威尼斯再次打破了基督教的禁忌，设法取得了埃及马穆鲁克政权的信任，建立了与伊斯兰教之间的密切贸易关系，以获取东方珍贵的香料和丝绸等产品。随着1291年马穆鲁克政权重新占据了叙利亚和巴勒斯坦，威尼斯也在这些地区重新取得了广泛的贸易特权。

这样，在地中海就形成了两个强大的竞争对手，威尼斯通过埃及和小亚细亚获取东方的物品，而热那亚则主要通过黑海和黎凡特建立了与亚洲的贸易。贸易的扩大刺激了两个城邦的野心，两个对手越来越想垄断地中海贸易，致使其无法和平相处，冲突不断加剧。1284～1381年，两个城邦为了争夺贸易霸权展开了长达一个世纪的斗争。起初形势对热那亚十分有利，1284年，热那亚在梅洛里亚战胜了威尼斯，1298年，热那亚在库尔佐拉又一次战胜了威尼斯，似乎热那亚很快就能够取得胜利，独霸地中海。但是热那亚总是不能够将战役的胜利转化成最后的胜利，这可以归因于两个城邦的实力不相上下，当威尼斯战败的时候，热那亚自身也损失惨重。但是似乎更重要的是因为两个城邦对待意大利事务的态度不同。由众多岛屿构成的威尼斯由一个潟湖与欧洲大陆隔开，这使其不必担心来自欧洲大陆的进攻，贫瘠的土地又使它不得不专注于贸易的发展。而热那亚虽然三面环山，但是仍然不得不时刻担心来自陆上军队的进攻，同时沿海地区的平原也培养了一批依靠土地为生的贵族，他们与从事航海贸易的商人利益并不一致，所以当两个城邦处于停战期间时，热那亚内部总是争斗不已。[①] 这使威尼斯总是可以获得喘息的机会。

1379 年，热那亚再次击败了威尼斯舰队，夺取了基贾奥岛，这是威尼斯潟湖通往亚得里亚海的门户。如果热那亚能够守住这一胜利成果，威尼斯将会被封锁在潟湖以内，变成一个死港。但是第二年，形势竟然发生了完全的逆转，威尼斯发起了反攻，彻底击败了热那亚。1396 年，在地中海上失败的热那亚再次遭到沉重的打击，法国的进攻使它不得不俯首称臣，从此彻底失去了在海上与威尼斯争霸的能力，威尼斯得以独享与东方的贸易，富裕伴随着强盛也随之来临。1423 年，威尼斯的财政收入达到了 75 万杜加，如果再加上其海外领地的收入，收入总额达到了 161.5 万杜加，跃居欧洲首位，不但在总额上超过了传统意义上的欧洲大国英格兰、西班牙和法国，而且远远将意大利各城邦抛在身后。如果考虑到人口 1000 万的法国此时财政收入不过 100 万杜加，人口不过 150 万的威尼斯（包括海外领地）的富庶更令人印象深刻。[②] 整个欧洲和地中海全部处在以威尼斯为中心的经济世界中。[③]

在威尼斯享受它的胜利，并且开始扩张在意大利半岛的影响之时，失败者热那亚也没有完全甘心失败。汤普逊认为文艺复兴时代没有一个城市像热那亚那样唯利是图，同它的意大利竞争对手佛罗伦萨、米兰和威尼斯比较起来，它对较高的文化从来没有显示出一丝一毫的兴趣，它唯一的兴趣就是贸易，因此它的衰落"不值得惋

---

① 〔美〕J. W. 汤普逊：《中世纪晚期欧洲经济社会史》，商务印书馆，1996，第 329 页。

② 〔法〕费尔南·布罗代尔：《15 至 18 世纪的物质文明、经济和资本主义》第三卷，顾良、施康强译，生活·读书·新知三联书店，2002，第 120～121 页。

③ 〔法〕费尔南·布罗代尔：《15 至 18 世纪的物质文明、经济和资本主义》第三卷，顾良、施康强译，生活·读书·新知三联书店，2002，第 125 页。

惜"。① 但是热那亚对航海贸易的热衷还是应该被给予充分肯定，如果没有热那亚近乎偏执的航海精神，很多创新也许不会出现或者推迟出现，也许就不会有后来新航线与新大陆的发现。

热那亚在通过黑海与亚洲贸易的过程中，曾派商人偷偷前往印度，发现那里的香料价格是如此便宜，便有意甩开阿拉伯中介商人，直接与亚洲贸易，显然，这是刺激维瓦尔迪兄弟在1291年向西航行寻找到达亚洲通路的重要原因。虽然两兄弟自此一去不回，但是这充分显示了热那亚在探索新航路上的兴趣与决心，也是葡萄牙探索新航线的先声。当然，热那亚对航海贸易所做出的更具实际意义的创新是在1271年，发现通过直布罗陀前往西北欧的航路，这条航路大幅降低了欧洲南北两极的运输成本，不久以后，威尼斯的国家商船队弗兰德斯帆船队也通过这条海路到达西北欧，欧洲南北两极的经济联系更加密切，而这一切又都为后来的变动准备了条件。

当然，热那亚在败给威尼斯，继而在1396年被法国兼并以后，其贸易已经大为衰落，因而主要是作为投资者和技术输出者参与和推动前往亚洲的航海探险。13世纪时，他们即通过整合葡萄牙海军，开始在大西洋上探险，并发现了加那利群岛。如果没有热那亚人的帮助，很难想象葡萄牙人能够开始他们的航海事业。

---

① 〔美〕J. W. 汤普逊：《中世纪晚期欧洲经济社会史》，商务印书馆，1996，第329页。

第二节 葡萄牙与西班牙的扩张

一 葡萄牙探索新航路

由于绕过非洲最南端前往亚洲的路途遥远，因此葡萄牙人开始他们航海事业的目的是不是为了挑战威尼斯对香料贸易的垄断似乎很难回答，但是对黄金的渴求则肯定是他们早期探险的重要目的。

没有人会想到这个位于欧洲西南部的国家会第一个发起航海探险并取得了成功。尽管其国土靠近海洋，但是既缺乏优良的港湾，也没有优秀的水手，使葡萄牙并不是一个具有航海传统的国家，它主要依赖其并不适合耕种的土地发展农业而不是商业。即使以当时的欧洲标准来看，葡萄牙也显得贫穷和落后，这就使葡萄牙的经济在黑死病来临时显得更加脆弱，人口大量涌入城市造成了土地荒芜进一步加剧，每年不得不花费巨额黄金从国外进口粮食。但是葡萄牙也有着自身的优点，作为一个在抗击摩尔人的过程中建立起来的国家，葡萄牙很早就建立起了强大的中央集权体制，有着强烈的斗争欲望。当他们经过了几百年的斗争将摩尔人赶出了欧洲以后，故事并没有结束，黑死病促使葡萄牙进一步扩张缓解自身的危机。1415 年，葡萄牙跨过了海峡，向北非伊斯兰教重要的商贸城市休达发动了进攻并占领了这座城市，其后便是对这座城市的大肆抢劫。抢劫过后，这座城市很快凋零了，似乎葡萄牙不再能够从这座城市得到更多的营养，但是"穆斯林俘虏泄露了有关穿越撒哈拉沙漠，同苏丹黑人王国进行古老的、有利可图的贸易的情报。……所以，派遣船队沿非洲海岸南下，开发这一黄金贸易的可能性引起了亨利王子的兴趣"。① 也许葡萄牙人知道自己无力在沙漠中挑战阿拉伯人，这促使葡萄牙人决定利用船只到达沙漠的另一端。

15 世纪初欧洲人的地理知识仍然非常有限，其所知道的非洲，仅仅到达博哈多尔角。该海角以南，在欧洲的传说中是人类生命的禁区。这种说法很可能来自阿拉伯的地理学家，他们将那里称为"黑暗的绿色海洋"，总是笼罩着浓雾，到处都是难以捉摸的湍急的海流。那里的海水是沸腾的，炙热的太阳烤得人的皮肤发黑。② 这种传说本身可能就是为了阻止欧洲人前往探险故意散布的谣言，而亨利王子则打算挑战这个传说。如果说是什么推动亨利王子挑战这个传说，那只能说是欲望，对黄金、象牙和香料的欲望。但同时这种挑战也并非全无根据，既然阿拉伯人能够通过沙漠到达非洲大陆南部，说明那里并非无法生存。

领导这次航海活动的航海家亨利王子是葡萄牙阿维斯王朝创始人若奥一世的第三个儿子，曾经作为舰队统帅参加过进攻休达的战斗。为了探险，亨利王子申请到葡萄牙最南端的阿尔加维省担任总督，并将总督府安顿在该省南端深入大西洋的圣文森特角一个名叫萨格里什的村庄。在他的组织下，首先发起了绕过博哈多尔角的探险航行。1419～1434 年，亨利王子组织了 14 次航行，先后发现了大西洋上的马德拉群岛、亚速尔群岛，并最终在 1434 年通过向西南航行再折回海岸的方法绕过了博哈多尔角，发现了海角以南的沙滩上留有人和骆驼的踪迹，从而推翻了海角以南是生命禁区的传说，为进一步探险打下了坚实的基础。

任何对人类发展起到推动作用的事件都难以简单地用道义、使命感、好奇心以及责任等道德感很强的词语解释，尤其是一场

① 〔美〕斯塔夫里阿诺斯：《全球通史》下册，北京大学出版社，2005，第 408 页。
② 王加丰：《西班牙和葡萄牙帝国的兴衰》，三秦出版社，2005，第 19～20 页。

耗时长久的运动。亨利王子组织的探险活动同样如此。探险活动自身需要大量的开支，虽然其目的是获得黄金，但是在初期阶段，仍然难以获得回报。亨利王子本人并未亲自参加探险，一生仅有的四次航行都是在其熟悉的海域中，然而后世仍将其冠以"航海家"的美名，主要原因便是其出色的组织和筹资活动推动了航海事业的大发展。为了推动航海的发展，他在萨格里什建立了一所航海学校，不拘一格延揽地学家、数学家、天文学家和地图绘制家等各种与航海有关的人才，广泛收集各种与航海有关的地理、气象、信风、海流、造船等资料，并加以分析和整理。为了鼓励造船，亨利王子规定凡是建造100吨以上的船只都可以免费从皇家森林里获得木材，对造船所需的其他材料则免税进口。这些都意味着巨大的开支，为此，亨利王子将自己作为王子、总督和天主教葡萄牙骑士团团长的收入全部用于航海事业，并且从国家那里得到大量资金投入航海。初始阶段巨大的投资以及完全没有回报的结果不但消耗了他的个人财产，而且消耗了国家的大量收入，使他遭受了越来越多的非议，要求阻止其浪费的呼声也越来越高。如果不能够得到充足的回报支持探险事业，那么这项活动很可能就会因为国内反对势力不断扩大而"夭折"。在这样的压力之下，亨利王子也加快了他的探险速度，1441年，亨利王子支持的探险队终于来到了位于今天毛利塔尼亚境内的布朗角，在这个地方掠夺了大量黄金和奴隶，获取了一笔丰厚的收入。第二年即1442年，亨利的探险队又运回了金砂。此后，运回的奴隶和金砂数量不断增多，使亨利的探险事业显露出越来越良好的盈利前景，国内的批评声音才逐渐消失，支持探险扩张者则不断增多。可见，获取利润是推动葡萄牙探险的最初原因，也是其探险能够持续百年而不停顿乃至"夭折"的最重要原因，这也是葡萄牙的探险与郑和下西洋的最大不同之处。然而我们也可以看到，从一开始，葡萄牙探险的动机便不是和平贸易，而是海盗式的。

1460 年，当亨利亲王去世的时候，葡萄牙的扩张已经到达了塞拉利昂海岸。1469 年，国王阿方索五世以每年至少向南探索 100 里格（1 里格约相当于 5.92 公里），并每年向王室缴纳 20 万雷阿尔为条件，与本国大商人戈麦斯签订了 20 年协议，给予其与非洲贸易的垄断权。以垄断奴隶和黄金贸易为支撑，戈麦斯的探索稳步向前推进，1471 年，戈麦斯派出远征队首次穿过赤道，1472 年到达贝宁湾。我们现在所知道的谷物海岸、黄金海岸、象牙海岸和奴隶海岸都是在这个时期发展起来的。

1481 年，若奥二世即位以后，立刻终止了这项合同，再次由王室直接领导和组织探险事业。如果说亨利王子探险的目的是不是为了到达印度仍然难以确定的话，那么若奥二世前往印度的目标已经十分明确。1485 年，卡奥即受命绕过非洲前往印度，然而他并没有能够返回葡萄牙。但是若奥二世并没有放弃，1487 年，再次派出迪亚士探险。当迪亚士到达南纬 33° 的时候，突然遇到了大风，将船刮离了航向。风平浪静之后，迪亚士发现自己已经绕过了非洲最南端，但是当他想要继续向北航行的时候，却被害怕的船员们阻止了，不得不返回葡萄牙。虽然此行并没有完全完成任务，但是迪亚士仍然做出了很大的贡献，证明了大西洋与印度洋是相通的，可以通过海路直接到达印度。就在迪亚士通过海路探险的同时，若奥二世还派出了科维良通过陆路前往印度考察那里的商贸情况。科维良到达红海以后，派出了一个随从前往非洲寻找传说中的祭司王约翰和他的基督教王国，自己则乔装打扮成阿拉伯商人前往印度，对印度的各港口进行了一番详细的考察，然后从印度乘船到达非洲，对东非沿岸也进行了一番详细的考察，将这些情报向国王的使者做了详细的汇报。这次陆路的探险为此后达·伽马的航行提供了很多有价值的情报，尤其是关于阿拉伯世界的贸易情况，达·伽马能够在东非找到适合的领航员，此次陆路探险可以说贡献巨大。1487 年的两支探险队虽然没有直接发现新航路，但是为后续的探险准备了充足的技术条件，到达印度只不过是时间的问题了。

正当葡萄牙准备向印度发起最后的冲刺的时候，一名久居葡萄牙的热那亚人哥伦布三次向葡萄牙国王提出请求资助他向西航行到达亚洲。按照哥伦布自己的研究，他认为海洋只占地球面积的 1/7，而亚非欧三个大陆则占到了 6/7，因此向西航行比绕过非洲到达亚洲的时间要短得多。但是葡萄牙长期从事航海活动，认为地球远比哥伦布估计的要大得多，绕过非洲最南端的航线才是最近的航线，因此他拒绝了哥伦布的请求。在请求葡萄牙资助无果的情况下，哥伦布便来到西班牙碰运气。

作为在抗击摩尔人的过程中建立起来的另一个伊比利亚国家，西班牙同样建立了强大的中央集权制，不过它的争夺对象在大陆，因此航海上落在了葡萄牙后面。但是当葡萄牙从非洲西海岸源源不断地运回香料、黄金和奴隶的时候，西班牙的欲望也被点燃了。由于葡萄牙将航海技术作为国家机密严格保密，西班牙无法在航海技术上取得重大突破。哥伦布来到西班牙后，"向国王和王后建议，派遣船队从这个国家的最西端出发去探索印度沿岸的群岛。他请求给他提供船只和航海所需要的一切，并许诺说，他们此行将不但去传播天主教教义，而且肯定能带回多得想象不到的珍珠、香料和金子"。① 哥伦布的描绘打动了久已盼望前往香料群岛的西班牙国王和王后，伊莎贝尔王后同哥伦布签署了一个协议，任命哥伦布为他所发现的所有岛屿和陆地的总督，并且可以抽取一定的收入。签订了这些合约之后，1492 年 8 月 3 日，在伊莎贝尔王后的资助下，哥伦布率领三艘船只和 90 名船员起航了。由于哥伦布的计算错误，在一个多月之后，他们并未发现预想中的"中国"，但是在哥伦布的坚持下，船队继续航行了两个多月，终于发现了一块陆地，即巴哈马群岛中的瓜纳阿尼岛。哥伦布等人上岸之后，发现在这个岛屿上

① 〔澳〕杰克·特纳：《香料传奇：一部由诱惑衍生的历史》，生活·读书·新知三联书店，2007，第 19 页。

生活的居民与马可·波罗描述的中国居民完全不同，哥伦布断定这不是中国，但是他又肯定这是"印度"。哥伦布继续航行，到达了海地和古巴等岛屿，仍然没有发现任何香料和黄金的迹象，这位伟大的航海者便暴露出了他的海盗本色，那些印第安人尽管给了他热情的招待，但是为了展示此行的成就，临走时，哥伦布还是背信弃义地捕捉了一些印第安人，并且抢劫了很多印第安人的财富。当哥伦布回航时，由于风暴，船被吹向了葡萄牙，不得不停靠在里斯本，哥伦布便将自己发现"印度"的消息通报给了葡萄牙国王。

哥伦布的发现再次引起了葡萄牙与西班牙两国对海洋的纷争。葡萄牙国王若奥二世凭借自己丰富的航海经验，以及哥伦布未从"印度"带回任何香料断定哥伦布并未到达亚洲，但是他也不敢全然否定哥伦布的发现，于是装备了一支船队准备到哥伦布发现的地方探险。葡萄牙的行动引起了西班牙的恐慌，西班牙的海军实力没有葡萄牙的强大，如果葡萄牙执意武力占领新发现的岛屿，对西班牙将是极大的打击，于是西班牙向教皇提出请求。按照当时欧洲的惯例，教皇有权确定任何不属于基督教的土地的世俗主权归属。由于当时的教皇是西班牙人，他做出了偏袒西班牙的决定，以亚速尔群岛和佛得角群岛中的任何地点以西及以南一百里格为界，这条界线以西将要发现之地，凡不属于基督教的君主所有者，均属卡斯蒂利亚。但是这个界限明显侵犯了葡萄牙的既得利益，引起了葡萄牙的强烈抗议，双方剑拔弩张。西班牙首先退缩了，它缺乏海战的能力，一旦开战便无法保有自己的海上领土，而葡萄牙则将发现的目标集中在"印度"，因此在西班牙做出退让之后，便放弃了它判断并非印度的土地的追逐。1494年，两国就此问题达成协议，签署了《托尔得西拉斯条约》，条约在佛得角群岛以西370里格处画了一条南北走向的分界线，分界线以西是西班牙的势力范围，分界线以东则是葡萄牙的势力范围。两国在签订条约以后即宣布凡是未经许可进入这些地区的船只都要被没收，船员要受到死刑或者沦为奴隶的惩罚。① 这个协议可以被看作西班牙与葡萄牙两国的航海条例，确立了两国在各自区域的贸易垄断权，两个伊比利亚国家第一次瓜分了全世界。

条约签订后，葡萄牙显然加快了探险步伐。1497 年，葡萄牙国王任命达·伽马率领一支包括四艘船只、170 名船员的船队出发前往探索到达印度的航道。有了迪亚士绕过好望角的经验以及戈麦斯带回的详细资料，达·伽马顺利地到达了东非，并且与这里的部落建立了良好的关系，得到了他们的帮助，获得了一位经验丰富的阿拉伯领航员，带领他们安全地横渡印度洋，在 1498 年 5 月 28 日顺利来到了印度的卡利卡特。在卡利卡特，达·伽马看到的是繁荣的贸易场景以及复杂的经商技巧。在受到卡利卡特统治者的接见的时候，达·伽马向卡利卡特的统治者表达了自己的贸易愿望，并且将携带的各种羊毛织物和小物件展示出来。但是这些产品引起的只是卡利卡特统治者的嘲笑和蔑视，卡利卡特的国王告诉他说："给国王送这样的礼物简直太寒碜了，即使是最贫穷的来自麦加的商人送礼，也会比这好得多。"② 而在当地经商的阿拉伯人意识到葡萄牙将成为自己的贸易对手之后，也极力排挤葡萄牙人。尽管如此，达·伽马仍然成功地收集了一船的胡椒和肉桂，这些香料运回欧洲出售以后，赚取了 60 倍的利润。③ 达·伽马的印度之行证实了葡萄牙的猜测是正确的，哥伦布发现的并非新大陆，葡萄牙国王因此重赏达·伽马，并封给自己"埃塞俄比亚、阿拉伯半岛、波斯和印度的征服、航海和贸易之主"的称号。

二 葡萄牙在亚洲的扩张

"埃塞俄比亚、阿拉伯半岛、波斯和印度的征服、航海和贸易

① 李一平、李洛荣、龚连娣：《世界海军史》，海潮出版社，2000，第 156～157 页。
② 〔葡〕桑贾伊·苏拉马尼亚姆：《葡萄牙帝国在亚洲 1500～1700：政治和经济史》，何吉贤译，纪念葡萄牙发现事业澳门地区委员会，1997，第 70～71 页。
③ 黄庆华：《中葡关系史》上册，黄山书社，2006，第 54 页。

之主"这个称号显示了葡萄牙的野心。1502 年 2 月，达·伽马再次受命前往印度，但是这次葡萄牙人携带的不再是礼物而是大炮，他们的目标是攻占卡利卡特。船队经过东非的基尔瓦时，达·伽马背信弃义，将其国王押到自己的船上，要求国王臣服于葡萄牙并向葡萄牙进贡。在印度洋上，达·伽马则将见到的每一艘阿拉伯商船抢劫一空，将船上的乘客全部烧死。但是在卡利卡特，他们遭到了顽强的抵抗，并未能够占领卡利卡特，不过达·伽马还是利用其他城邦与卡利卡特的矛盾，成功地进行了贸易，获得的香料返回欧洲以后赚取了 2 倍的利润。①

1505 年，阿尔梅达被任命为葡萄牙王国驻印度的首任全权代表，任期三年。他的任务就是在非洲南部和东部出产黄金的口岸建立两个军事基地，然后在印度修建两座城堡。此外，在尽可能的情况下，还应该在红海的入海口索科特拉岛建立一座城堡。在印度建立起稳固的军事据点以后，从印度组织并派遣舰队征服锡兰、马六甲和其他未知国家和地区。② 这个任务的目的在颁布给他的谕旨中表达得非常清楚：

> 因为在我们（曼努埃尔）看来，没有比在红海口或附近建立一座城堡更重要的了，在红海之内或之外可方便而定，因为我们一旦封锁了这一通道，那么就不会再有香料通过红海运到（马穆鲁克）苏丹王那去了，从而所有印度人都会抛弃妄想，只与我们进行贸易。而且因为它靠近普雷斯特·约翰的土地，可能给我们带来巨大的利益，首先可以使基督徒获利，其次还可以使国库大大增加，再次还可以随时发动战争。③

---

① 王加丰：《西班牙和葡萄牙帝国的兴衰》，三秦出版社，2005，第 43 页。
② 黄庆华：《中葡关系史》上册，黄山书社，2006，第 59 页。
③ 〔葡〕桑贾伊·苏拉马尼亚姆：《葡萄牙帝国在亚洲 1500～1700：政治和经济史》，何吉贤译，纪念葡萄牙发现事业澳门地区委员会，1997，第 75 页。

1506 年，驰援的阿尔布克尔克率领军队攻占了索科特拉岛；1507 年 9 月，占领了波斯湾入口处的霍尔木兹岛。葡萄牙的闯入立刻对威尼斯的贸易产生了重要影响，其香料进口量由 15 世纪末的 1600 吨下降到 16 世纪头十年的不足 500 吨，[①] 明显出现了衰落迹象。葡萄牙的冲入使一向平静的红海和波斯湾变成了又一个地中海，一场新的海洋争斗将在这里兴起。

为了对抗葡萄牙，威尼斯和埃及的马穆鲁克政权联合组建了一支舰队，这支舰队由 12 艘船只和 1500 名士兵组成，前往印度西海岸讨伐葡萄牙人。1507 年，这支舰队在焦耳附近沉重打击了葡萄牙舰队，但是随后在 1509 年，这只联合舰队在古吉拉特的第乌附近遭到了毁灭性打击，从此一蹶不振。因为这场打击，埃及马穆鲁克政权的税收受到了严重影响，竟然导致了其在八年之后的灭亡。这场战争确立了葡萄牙在印度洋海域的优势地位。就在该年，阿尔布克尔克继任印度总督的职位，相比于阿尔梅达的克制，他对攻城略地乐此不疲。1510 年，他发动了对马拉巴尔海岸城市果阿的进攻，在攻陷这座城市以后，连续烧杀了三天，居民蒙难者多达 8000 余人。[②] 1511 年，他又进攻马六甲，下令烧毁所有停泊在港口内的古吉拉特人的船只，并且对城市展开血腥的屠杀。在他的任期（1509 ~ 1515 年）之内相继攻陷的这些城市和据点确立了葡萄牙在印度洋、红海和波斯湾海域的控制地位，所有通过葡萄牙控制地区的亚洲商船，都必须向他们缴纳税收，否则便会遭到彻底的洗劫。葡萄牙武力控制的结果便是传统贸易路线的全面衰退，"在波斯出售的药品和香料无法通过黎凡特的海洋，因为路上收取的关税和运费很高，也因为旅程太长，费用太高，甚至超过了商品自身的价值"。[③] 相

① 麦迪逊：《世界经济千年史》，北京大学出版社，2003，第 45 ~ 46 页。
② 金应熙主编《菲律宾史》，河南大学出版社，1990，第 91 页。
③ 〔葡〕桑贾伊·苏拉马尼亚姆：《葡萄牙帝国在亚洲 1500 ~ 1700：政治和经济史》，何吉贤译，纪念葡萄牙发现事业澳门地区委员会，1997，第 85 页。

反，通过葡萄牙控制的好望角航线流入欧洲的香料数量则呈不断上升的趋势，每年春季，都有大量载着士兵和大炮的船只从里斯本出发，归来时则载满了各种各样的香料。据统计，1500～1509年，由葡萄牙王室派往印度的船只共有138艘，[①] 使里斯本的香料堆积如山。

正如斯塔夫里阿诺斯总结的那样，"葡萄牙人取得成功，还因为他们的海军力量占有优势。他们发展了新的、有效的海军火炮，这种火炮使他们能将舰船用作流动炮台"。[②] 从此亚洲多国家、多种族在海洋上和平贸易的局面消失了，垄断贸易成为亚洲海洋上新的贸易模式，而这种贸易模式正是从欧洲传播过来的。从此以后，亚洲国家的商人也分成了两种类型，要么服从葡萄牙的统治，向他们缴纳关税或者行贿，要么武装起来与葡萄牙进行斗争。而当葡萄牙进一步向东扩张到中国的时候，中西方之间的碰撞也就不可避免地发生了。

三 西班牙挑战葡萄牙香料贸易垄断权

西班牙同样是一个具有航海传统的国家，濒临地中海的加泰罗尼亚人在中世纪即与热那亚、比萨和马赛等城市争夺西地中海的控制权，卡斯蒂里亚人1371年首先在帆桨大船的船舷上装备了大炮，使其船只战斗力领先于欧洲。[③] 由于濒临两个海洋，西班牙并不能像葡萄牙一样专心于大西洋的探险。虽然西班牙在大西洋上的探险15世纪时已经落后于葡萄牙，但是西班牙仍然努力争取自己在大西洋上的利益。1425年，亨利王子率领一支2500人的远征军征服加那利群岛失败而归以后，西班牙政府即对加那利群岛提出了主权要求。两国为此产生了争执，甚至险些酿成武装冲突。鉴于两国都是

① 黄庆华：《中葡关系史》上册，黄山书社，2006，第55页。
② 〔美〕斯塔夫里阿诺斯：《全球通史》下册，北京大学出版社，2005，第415页。
③ 王加丰：《西班牙和葡萄牙帝国的兴衰》，三秦出版社，2005，第91页。

忠实的天主教国家，两国决定将此次事件交由教皇裁决。教皇并未对其争执做出最后的裁决，但是其判决显然倾向于西班牙。这激励了葡萄牙继续沿非洲海岸探险，并且从教皇那里取得了对其探险合法性的承认。但西班牙对此不予承认，尤其是卡斯蒂里亚的船只，经常前往非洲西海岸进行贸易活动。这些船只很自然地会被葡萄牙看作海盗，受到葡萄牙的严厉打击。1454 年，在教皇的调解下，西班牙承认了葡萄牙在非洲西海岸的贸易垄断权。然而西班牙国王的妥协严重损害了国内前往非洲贸易的商人的利益，引起了激烈的反对，而且这些船只也并不遵从国王的命令，仍然前往几内亚贸易，葡萄牙文献中每年都有将西班牙人员和船只带回里斯本监禁的记录。①

两国的冲突虽然在 1480 年签订的条约中得到了初步解决，葡萄牙以承认西班牙对加那利群岛的主权为条件，获得了对非洲以及东亚贸易的垄断权。但这并非问题的根本解决，达·伽马到达真正的印度以后，哥伦布发现的地方被确认为一块新大陆。西班牙人在这块新大陆上费力搜寻过后也没有发现名贵的香料，更不要提繁华的城市与令人垂涎欲滴的财富了，西印度群岛上印第安人少得可怜的一点黄金很快就被西班牙人抢掠一空。由于新发现的这块土地并没有带来预想的价值，哥伦布在西班牙被骂作骗子，并且很快失去了国王的宠信，1500 年西班牙撤销了哥伦布总督的职位，并没收了他的一切财产，剥夺了他的一切特权，这也从一个侧面表明了西班牙探险的目标是香料而不是新大陆。此后西班牙的海外扩张分成了两个方向：一个方向是向美洲内陆扩张，1521 年，科尔特斯征服了阿兹特克帝国；1532 年，皮萨罗又征服了印加帝国，在掠夺了两个帝国的财富之后，西班牙殖民者只好转入土地经营与对金银的继续搜索。另一个方向则是继续寻找香料群岛。

---

① 王加丰：《西班牙和葡萄牙帝国的兴衰》，三秦出版社，2005，第 93 页。

1517 年 10 月，麦哲伦来到西班牙，几经辗转，终于在半年以后见到了西班牙国王查理五世，向其陈述了自己的计划，即向西航行到达香料群岛。麦哲伦是一个葡萄牙小贵族，25 岁时参加了远征队，广泛活动在东非、印度和东南亚等地，并参加了围攻果阿和马六甲的军事行动，知道名贵的香料来自马六甲以东的摩鹿加群岛。在不断前往亚洲的航海过程中，麦哲伦感到这条航线实在是太长了，按照地圆说，一定还有到达香料群岛的捷径。1513 年，西班牙探险家巴尔博亚穿过巴拿马海峡看到了太平洋，这使麦哲伦本人相信一直向西航行，可以更快地到达香料群岛，这就可以大大缩短前往亚洲的时间。但是当麦哲伦将自己的构想向葡萄牙国王提出时，立刻遭到否定，葡萄牙已经掌握了香料贸易，不需要再多此一举，况且根据双方已经签订的条约，如果葡萄牙向西航行，势必会侵犯西班牙的垄断权。但是当西班牙国王听到麦哲伦的这个计划之后，立刻被他所描绘的利润前景吸引了，西班牙国王几乎是急不可耐地与麦哲伦签订了探险协定，要麦哲伦给他带来丰富的香料和其他可以获利的东西，而麦哲伦也如愿以偿地得到了资助和国王给予他的特权。1519 年 9 月 20 日，麦哲伦率领着由 5 艘船只组成的探险队出发了，他们怀有的唯一目的便是发现前往盛产香料的摩鹿加群岛的捷径，获取丰厚的利润。经过了艰苦的航行之后，麦哲伦率领船队到达了亚洲，但是因为航向的偏离，他们到达的并不是摩鹿加群岛而是菲律宾群岛。在这里，麦哲伦及其率领的船员们与土著部落展开了贸易活动，用他们随身携带的小物品换取土著人的香料和金银，装满了他们的船只。但是麦哲伦并不满足于此，还要展示欧洲人的强大，以使土著部落屈服于自己，为将来垄断香料贸易打下基础。不幸的是，在冲突中麦哲伦丧生，侥幸逃生的船员则载着香料和黄金赶紧离开了这里，回到了西班牙。

这场耗时三年的航海没有为西班牙带来任何利润，参加探险的
268 人也仅有 16 人回到了西班牙，但是它仍然令西班牙兴奋不已，

明清海盗（海商）的兴衰：基于全球经济发展的视角

这种兴奋并非来自对科学贡献的意义，即第一次从实践上证明了地球是圆的，而是来自对利润前景的兴奋，从此西班牙可以向西航行到达香料群岛，在香料贸易中分一杯羹。此后，西班牙便开始了在菲律宾群岛上寻找落脚点的探险活动。1525 年、1526 年，两支得到西班牙国王探险特权的探险队先后从西班牙本土出发前往亚洲，但是均因为路途过于遥远、准备不足而失败了。这使西班牙改变了策略。1527 年，由新墨西哥总督组织了一支探险队前往亚洲，这支探险队到达棉兰老岛，因为受到当地居民的坚决抵抗，还是失败了。虽然西班牙的探险活动并没有取得成功，但是接二连三的探险已经引起了葡萄牙的高度警觉，唯恐西班牙探险成功对其香料贸易的垄断权提出挑战。由于 1494 年签订的《托尔得西拉斯条约》仅仅规定了西半球两国的界限，此时显然难以再起到有效的约束作用，两国不免为此再次产生争端。但是这次争端没有导致两国的全面冲突，西班牙由于难以找到从菲律宾群岛回航到美洲的道路，无法在菲律宾群岛建立稳固的殖民点，也就无法在香料群岛上与葡萄牙抗衡，再加之当时其与法国的战争正处在关键时期，因此接受了教皇的调解，于 1529 年与葡萄牙在萨拉戈萨签订了一个补充条约，将摩鹿加以东 17 度作为两国的补充分界线，摩鹿加群岛归属葡萄牙，葡萄牙为此向西班牙支付 35 万杜卡特的赎金。签订了这个补充条约后，西班牙与葡萄牙真正地瓜分了全世界。

此后，西班牙忙于在欧洲大陆争夺霸主地位以及在美洲掠夺，放缓了殖民菲律宾的步伐。但是这并不表示西班牙已经完全放弃了菲律宾，1542 年，又有一支探险队从墨西哥出发前往菲律宾，只不过又失败了而已。1556 年，查理一世退位，将其王国一分为二，西班牙的王位传给了野心勃勃的菲利普二世。这位菲利普二世不但要在欧洲取得霸主地位，而且对任何能给他带来收益的事情都不放过。1559 年，他写信给墨西哥总督讨论关于开发太平洋的事宜。1560 年以后，欧洲的香料价格出现了大幅度的上涨，从 1560 年到

1565 年，其上涨幅度竟然达到了 239%。① 这使香料成为王公大臣们津津乐道的话题，前往菲律宾的经济价值再次凸显出来，促使西班牙投入巨资再次组织了探险远征，并终于在 1565 年成功地在菲律宾群岛上建立了殖民点，并发现了从菲律宾回航美洲的道路，西班牙殖民者可以源源不断地获得来自美洲的支持，巩固其在菲律宾的殖民地。

当西班牙殖民者在菲律宾立足以后，鉴于以往进攻菲律宾南部失败的教训，转而向菲律宾北部发展，希望在那里同样可以发现贵重的黄金和名贵的香料。1572 年 5 月，西班牙殖民者占领了马尼拉，将其作为西班牙在菲律宾扩张的大本营。但是令西班牙殖民者失望的是菲律宾北部并不出产名贵的香料，也没有黄金，完全无法满足西班牙殖民者的需要。为了能够在菲律宾立足，西班牙意识到与中国发展贸易关系是此时唯一的办法，于是他们将捕获的两艘中国商船放回，并且希望他们继续前来贸易，以带来西班牙人急需的物品。最初西班牙放弃对中国商人的海盗行动完全是为了他们自己的利益，如果没有中国商人也能够生存，他们就会毫不留情地打击中国商人。

不过西班牙并未因此而放弃对香料群岛的争夺，《萨拉戈萨条约》的约束力完全赶不上利润的吸引力。稳固了在菲律宾北部的殖民地以后，西班牙便向菲律宾南部以及摩鹿加群岛发起了进攻，即使是 1580 年两国合并以后，两国殖民者的斗争依然没有结束，西班牙屡次组织远征队进攻摩鹿加群岛，只是由于葡萄牙的力量更强，西班牙的进攻才没有成功。可见自始至终西班牙都没有放弃对香料贸易的争夺。与葡萄牙争夺香料贸易利润是西班牙航海探险的最初动因，并且也是支持其不断进行航海探险的重要动因，不能因为美洲后来所起的作用而轻易否定这个重要的动因。

---

① 金应熙主编《菲律宾史》，河南大学出版社，1990，第 102 页。

第三节 来自西北欧的"国家海盗"

与中国对海盗并不详加区分不同,在西方历史上由于海盗众多,来历复杂,因而对其称呼也有微妙的差别,如在英语中,"pirate"指一般的海盗,"privateer"则指"私掠船海盗"或"皇家海盗",即指那些与某一政府订下契约的个人或船只,他/它可以在战争期间攻击敌方舰船。这种契约也被称做"私掠许可证",意味着政府会从海盗活动中分红。① 所以此种海盗实则为国家支持的国家海盗,随着大航海时代的来临,此种海盗在英国、法国和荷兰被发挥到了极致,为这三个国家挑战伊比利亚半岛国家的海上霸权提供了巨大的帮助。

一 法国的私掠船海盗

1495 年,西班牙与法国为争夺富庶的意大利北部地区爆发了战争。这主要是一场陆地上的战争,但是海洋此时不能不被牵扯进来,法国不能不注意到西班牙从美洲大陆获得的财富。1523 年,法国在一场惨败之后,国王弗朗西斯一世向私人船主让·安戈颁发了私掠许可证,安戈于是命令弗勒前往美洲劫掠西班牙人。当时,征

---

① 〔英〕安格斯·康斯塔姆:《世界海盗全史》,杨宇杰等译,解放军出版社,2010,序第 3 页。

服阿兹特克帝国的科尔特斯正将其劫掠的大量金银财宝装船准备送往西班牙本土，由于防备力量不足，财宝大部分被弗勒劫走，据估计，被劫财宝的价值大约为80万达克特（当时欧洲通用的一种金币，1达克特等于227克）。[1] 此次抢劫行动震惊了整个欧洲，它使欧洲第一次认识到西班牙在美洲劫掠到的巨大财富，也使更多的法国海盗加入到对西班牙美洲财富的劫掠中来，大量的海盗船只守候在西班牙海岸甚至是美洲大陆边缘，等待猎物的出现。虽然没有详细的统计数字，但是有一点是非常肯定的，那就是西班牙损失巨大，1527年，弗勒在一次抢劫中被西班牙舰队俘获，在严刑逼供之下，他承认自己曾经抢劫过150多艘西班牙船只。[2]

大西洋上活跃的海盗活动促使西班牙采取更强的防御措施，1526年，所有回运货物的船只都被要求在武装舰船的护航下采取舰队的形式行驶。每年西班牙向美洲派出两支舰队，一支是新西班牙舰队，每年4月从本土出发，第二年9月从美洲返回；一支是火地岛舰队，每年9月从本土出发，第二年10月返回。一般情况下，两支舰队单独行动，但是如果遇到战争情况导致海盗猖獗，两支舰队就会联合在一起回航。

以舰队行驶的西班牙运宝船增强了防御力量，但是并不能完全阻止海盗的袭击，尤其是在帆船时代，舰队在横渡大西洋的过程中难免掉队，那些掉队的船只便会立刻成为海盗的抢劫对象，所以在1565年出版的一本著作中，意大利学者本佐尼声称："在印度从事贸易的船长、领航员、船员，几乎没有人能逃脱被法国人劫持一次或两次的命运。"[3] 可见护航制度所起的作用有限。

---

① 〔英〕安格斯·康斯塔姆：《世界海盗全史》，杨宇杰等译，解放军出版社，2010，第34页。

② 〔英〕安格斯·康斯塔姆：《世界海盗全史》，杨宇杰等译，解放军出版社，2010，第34页。

③ 转引自〔英〕安格斯·康斯塔姆：《世界海盗全史》，杨宇杰等译，解放军出版社，2010，第36页。

除了运宝船只以外，美洲海岸和西印度群岛的西班牙殖民点由于防守力量薄弱，也成为海盗的袭击对象。哈瓦那、卡塔赫纳、圣地亚哥这些重要且防守力量较强的城镇都曾数次遭到过海盗的洗劫，就更不要提那些较小的居民点了。

通过私掠海盗船，法国给西班牙带来了惨重的损失。但海洋并未对这场战争的结局产生至关重要的影响，1559 年，由于两个国家的财政几近崩溃而签订了和平条约。虽然和平条约中例外条款规定在本初子午线以西，两国仍然可以使用暴力，但是法国还是收回了大部分私掠许可证，紧接着，结束了外战的法国陷入了内乱，很多海盗投入了国内的宗教冲突中，法国海盗对西班牙海上贸易的威胁才减小了许多。不过，西班牙并未能轻松多久，一个更强大的、目标更明确的对手又出现在大西洋了。如果说法国颁发私掠许可证还是其政治目标的一部分，并没有对西班牙和葡萄牙的海上垄断提出真正的挑战的话，那么自英国开始，海上劫掠就成为国家战略的一部分。

二 英国都铎王朝的挑战

中世纪的英国历史是一部逐渐退出大陆争霸，向海岛国家转变的历史。在英法百年战争中失利以后，英国失去了在欧洲大陆的领地，并且深陷红白玫瑰战争的内乱之中。这场内乱削弱了英国的贵族，更重要的则是使英国意识到恢复大陆领地的困难。虽然英国仍然怀有恢复大陆领地的梦想，但是也不得不从更加现实的角度出发，发展海洋力量。亨利七世已经认识到了这一点。在亨利七世以前，英国很难称得上是一个海洋国家，虽然也拥有漫长的海岸线，外国商人却在英国有着比本国商人更广泛的贸易特权，汉萨同盟的商人不仅在伦敦等地设立码头、仓库和其他设施，而且成为有自治权力的"城中之城"，意大利商人也深入英国内地自由收购羊毛。随着 14 世纪下半叶手工业开始取得发展，英国的羊毛出口减少，这使其对航海贸易的态度也逐渐发生了转变。亨利七世时期，这种改变明显加速了。他通过颁布一系列航海条约以及与外国政府签订一系列贸易协定，为本国商人的海外扩张提供了良好的条件。1485年，亨利七世颁布了一项航海法令，要求来自加斯科尼的葡萄酒必须完全由英国船只装运，船上的水手也必须大部分是英国人。1489年，他将该法令适用的范围扩大到来自图卢兹的葡萄酒。1490年，亨利七世趁丹麦对汉萨同盟垄断其贸易不满的时机，与丹麦签署了一项贸易协定，完全恢复了英国在丹麦、挪威和冰岛的贸易特权。1496年，亨利七世与尼德兰签订了商业条约，恢复了两国一度中断的贸易。1498年，亨利七世又与里加签约，取得了与汉萨同盟城市贸易的权利。在地中海，15世纪末期，英国与佛罗伦萨缔结了商业条约，规定凡是出口到佛罗伦萨的羊毛必须由英国船只运达，同时还限制对威尼斯的羊毛供应。这一系列航海条约的颁布以及贸易协定的签署，大大提高了英国商人海外活动的能力，同时也使英国商人的竞争对手遭受极大的打击，汉萨同盟以及威尼斯在英国的特权大都被废止，其船只也很难再进入英国领土，汉萨同盟在大西洋的贸易衰落了，威尼斯前往西北欧贸易的弗兰德尔船队也不得不在1532年停航。

英国的海外贸易虽然在欧洲范围内取得了长足的进步，但是商人对利润的追求是无止境的。当西班牙与葡萄牙展开海外探险，新的利润源泉已经展现在他们面前的时候，英国也发起了自己的探险。1496年，就在哥伦布从美洲回来的第二年，亨利七世即派遣卡伯特前往西北方向探险，希望同样能够发现前往亚洲的航路。这件事情表明了英国对海外获利机会的敏感，也深刻地表明了都铎王朝的转变。卡伯特的航行发现了格陵兰岛和纽芬兰的渔场，将世界上最丰富的渔场献给了英国，带来了一种最终被证明甚至比西班牙的银矿更有价值的资源——鱼，从此很多欧洲人不必在漫长的冬季里忍饥挨饿，而且还训练了大批高素质、能够适应远洋航行的海员。[1]

① 〔美〕斯塔夫里阿诺斯：《全球通史》下册，北京大学出版社，2005，第359页。

但是鱼带来的资源压力的缓解是经过长时间以后才能显现效果的事情，不是英国当时最迫切追求的目标，尤其是当金银和香料源源不断地流入西班牙和葡萄牙的时候，更加刺激了英国立刻发财致富的欲望，一批批探险队踏上了寻找亚洲之路。这是对财富渴望的表现，按照这样的逻辑，一旦无法找到前往亚洲和新大陆的航道，那么向西班牙和葡萄牙的挑战迟早会到来。1553 年，当钱塞勒从伦敦出发，再次前往寻找通往东方的航道的时候，霍金斯已经在准备他的美洲之行了。这将使一直处在默默无闻地位的德文郡大放异彩。

霍金斯家族是德文郡普利茅斯的商人，这个地区很久以来就有与法国和西班牙贸易的传统，霍金斯家族便是从事贸易的家族之一。自从美洲金银被发现以来，前往西班牙贸易的德文郡商人听到了越来越多的关于美洲缺乏劳动力的议论，这使霍金斯萌生了前往美洲贸易的念头。他的想法引起了很多伦敦商人的兴趣，包括海军大臣本杰明·冈森以及英国海军早期的功勋人物威廉·温特，他们都对霍金斯的贸易探险进行了投资。1562 年，霍金斯率领三艘船，首先前往西非海岸，在自己捕获奴隶不太成功之后，便通过抢劫葡萄牙船只获得奴隶和商品。在抢劫到 400 个奴隶以及很多象牙、丁香等产品之后，霍金斯携带着这些产品前往了西印度群岛。在那里，霍金斯用半是胁迫半是引诱的手段将奴隶全部卖给了西班牙种植园主，然后带着美洲的金银和甜酒返回了英国。

丰厚的贸易利润使霍金斯和他的投资人都心满意足。霍金斯并不认为这对西班牙有什么不好，他带去的那些质优价廉的奴隶受到了西班牙种植园主的热烈欢迎。但是令他没有想到的是，不但葡萄牙就他的海盗行为向英国女王伊丽莎白一世大加控诉，而且西班牙也对霍金斯的贸易提出严重抗议。西班牙国王菲利普二世不愿意外国人插手美洲贸易，宁愿将这些贸易全部留给西班牙商人。由于法国对英国造成的威胁，英国当时正在尽量维系与西班牙的关系，如果英国不愿意得罪西班牙，那么霍金斯的命运很可能就是被绳之以法。但是伊丽莎白女王听说霍金斯前往美洲贸易的高额利润之后，不但没有阻止霍金斯的行动，反而将 700 吨的"吕贝克耶稣号"作为投资参加了霍金斯的第二次美洲之行。这艘"吕贝克耶稣号"价值 4000 英镑，使女王成为此次远航最大的投资者。[①] 从此霍金斯不再将自己看成一个私商，而是时时刻刻以女王的使者自居，他的船头也悬挂起女王的旗帜。

在又一次成功的贸易之后，西班牙和葡萄牙向伊丽莎白女王施加了更大的压力，但是毫无办法阻止伊丽莎白女王渴望美洲的财富。1567 年 10 月，霍金斯的第三次美洲之行又开始了。女王为这次贸易投入了两艘船只——"米尼翁号"和"吕贝克耶稣号"，仍然是最大的投资者。[②]

西班牙对伊丽莎白女王的纵容态度十分不满，但是菲利普二世还顾不上进攻英国，地中海是当时最让他烦心的事情，他只是加强了在美洲的防御。霍金斯到达美洲以后，无论他如何使用武力胁迫，西班牙人也不愿意与他贸易。1568 年 9 月，霍金斯在古巴的西海岸遭受到了飓风的袭击，不得不驶入了墨西哥的韦拉克鲁斯港避风并维修船只。港口内的西班牙人态度并不友好，恰好此时一支由西班牙本土而来的装备精良的舰队也进入了该港口，双方的关系立刻恶化。西班牙向霍金斯发动的进攻使他损失惨重，包括女王的"吕贝克耶稣号"等四艘船只被西班牙俘获，仅有霍金斯和德雷克各带领一艘商船、少量的人员回到了英国，货物则几乎损失殆尽。

当霍金斯损失惨重的消息传到英格兰的时候，伊丽莎白女王立刻做出决定，将一艘因风漂到英格兰的西班牙运宝船扣押，并且没收船上价值 15 万英镑的白银。不过伊丽莎白女王并没有颁发给霍

① 〔美〕苏珊·罗纳德：《海盗女王：伊丽莎白一世和大英帝国的崛起》，张万伟、张文亭译，中信出版社，2009，第 57 页。

② Harry Kelsey, *Sir Francis Drake: The Queen's Pirate* (Yale University Press, 2000), pp. 20 - 21.

金斯报复性私掠证，尽管他一再要求。伊丽莎白女王还不想挑起战争。

虽然公开的战争没有爆发，但是私人的报复仍然存在。这是一种极其精明地使国家保持灵活性的策略：如果报复成功，国家会获得利益；如果报复失败，国家可以置身事外。德雷克便是霍金斯派往美洲的众多报复者之一，而且他获得了成功。西班牙的文献记录表明1570年德雷克即出现在美洲，他沿着巴拿马地峡航行，极力获取西班牙财宝装运港口隆布内迪奥斯港的情报，并且抢劫了价值1万英镑的货物。① 1572年，德雷克率领三艘小船组成的船队从普利茅斯港出发，目标是巴拿马的隆布内迪奥斯港。但是一艘西班牙船只事先发现了埋伏在港外的德雷克的船只，导致了此次袭击没有成功。德雷克不得不转移了袭击目标，向南航行到了南美海岸的库拉索岛，但是袭击仍然失败了。并不甘心的德雷克决定重新回到隆布内迪奥斯港，但是放弃了对港口的袭击，而是将目标对准了每年一度的从陆路运输金银的骡马运输队。借助逃亡的黑人奴隶的帮助，德雷克深入到巴拿马地峡的内陆潜伏，成功地袭击了将财宝运往港口的骡马运输队，抢走了价值3万英镑的战利品。当他在1573年8月9日回到普利茅斯港时，正值星期日，普利茅斯港的人们从教堂蜂拥而出，欢迎这位海盗的归来，女王对他也大加赞赏。这次成功的海盗行动证明了英国的实力，也让女王看到了除了走私贸易，海盗同样是获取利润、解决财政危机的重要手段。

1575年，作为海军司令的副将参加了征服爱尔兰东北部拉赛恩岛的军事行动以后，德雷克决定从事一项更加宏伟的计划，那就是前往太平洋。1572年，在逃亡的黑人指引下，他在一棵大树上同时看到了太平洋和大西洋，很难说此时德雷克是否已经萌生了前往太平洋的计划，但是自麦哲伦以后，还没有任何人能够穿越南美最南

① 〔美〕苏珊·罗纳德：《海盗女王：伊丽莎白一世和大英帝国的崛起》，张万伟、张文亭译，中信出版社，2009，第107页。

端的麦哲伦海峡，因此西班牙在美洲太平洋一侧防守空虚，正是劫掠的大好时机。但是这个计划需要更加庞大的投资，这是霍金斯等西南部商人难以满足的，德雷克不得不进一步游说女王投资。女王当时正处在财政拮据的状态，因此对德雷克的计划十分热衷。女王不敢公开支持此次远航计划，而是采取了秘密投资的办法，鉴于国内以柏利勋爵为代表的很多鸽派人物对德雷克的抢劫行动不满，害怕这会破坏与西班牙的关系，招致西班牙的报复，从而很有可能将消息透漏给西班牙，女王便警告她的臣子："谁要是把德雷克准备在 1577 年进行远征的事情泄露给西班牙的话，就砍谁的头。"

　　1577 年 11 月 5 日，德雷克率领由 5 艘船只 164 人组成的船队，从普利茅斯港出发了，德雷克在此次行动中亲自指挥赐给他的"金鹿号"，这是一艘大约 100 吨的帆船。德雷克率领船队首先向南航行，在佛得角群岛抢劫了当地的葡萄牙船只后向西航行，到达了巴西海岸后，沿巴西海岸向南航行。在处理了一次叛乱以及损失了两艘船只以后，德雷克的船队穿越了麦哲伦海峡。但是刚刚到达太平洋海面上，他们就遭受到了剧烈的太平洋风暴，"万寿菊号"沉没了，"伊丽莎白号"与"金鹿号"被风吹散了，在没有等到"金鹿号"的情况下，其船长威托便带领该船重新穿越麦哲伦海峡回到了英国。在英国，由于其抢劫佛得角群岛的葡萄牙船只的缘故，受到了海盗罪的指控，但是由于女王亲自投资了此次活动，所以指控不了了之。剩下德雷克自己指挥的"金鹿号"则在躲过风暴以后，沿智利海岸北上。

　　事实证明德雷克的估计相当准确，西班牙人认为麦哲伦海峡极其危险，自从麦哲伦以后，没有人穿越南美最南端来到太平洋，西班牙在美洲太平洋一侧也就几乎没有设防。当德雷克突然出现在美洲太平洋一侧的各个港口时，西班牙人的表现都是惊慌失措，完全没有反抗能力。在劫掠了波托西银矿的装载港亚加力港以后，德雷克继续向北航行，又袭击了为利马供应物资的卡劳港，在这个港口，德雷克听说一艘装满了金银财宝的运宝船"卡卡弗戈号"刚刚离去，他便紧追该船，终于在十天的追踪后赶上了这艘沉重的大帆船。德雷克命令船上的西班牙人立刻投降，遭到拒绝后，便向该船发炮，第一发炮弹便击中了"卡卡弗戈号"的后桅杆，"卡卡弗戈号"停了下来。与太平洋上的港口一样，"卡卡弗戈号"也是不设防的，船上没有丝毫可以抵抗对手的武器，几分钟之内船只便被德雷克占领了。德雷克率领的海盗们都被这艘船上的金银财宝惊呆了，当他们将这些财宝搬运到自己的"金鹿号"上的时候，财宝的重量使"金鹿号"的吃水线已经深深地埋入水中。

在智利和秘鲁尽情劫掠以后，德雷克预计到西班牙会在美洲大西洋一侧布下重兵堵截，便准备取道北太平洋回到英国。但随着不断向北行驶，他们遇到的风浪也越来越大，当到达北纬48°时，德雷克放弃了继续向北行驶的打算，在那里竖立了一块石碑表明英国对此地的占有权之后，便调转航向，越过南太平洋，在摩鹿加群岛又收集了6吨丁香以后，从好望角返回了英国。

1580年9月26日，当德雷克的船只经过两年零十个月的航行，满载战利品回到普利茅斯港的时候，整个港口沸腾了。显然人们庆祝的原因并不是德雷克做了又一次环球航行，而是他所获得的丰厚战利品，50万英镑，这是一个史无前例的数字；47倍的利润，这是德雷克带给投资者的回报。除了投资利润，伊丽莎白女王还得到了德雷克馈送的很多礼物。女王无疑是这一次海盗活动的最大受益者。但是这次海盗活动最大的意义仍然不在于直接财富的获得，而是德雷克的行动传递出来的信号，即英国完全可以向西班牙的海上霸权提出挑战。

西班牙对德雷克的此次抢劫极其不满，向伊丽莎白女王提出强烈抗议，要求严惩德雷克。女王并没有按照西班牙的要求行事，反而对西班牙发出了措辞强硬的回答："我的臣民有权与西班牙人一样在各处活动，因为海洋与空气是属于人类所共有的。"① 不但如此，女王还亲自前往普利茅斯，登上"金鹿号"，与德雷克共进晚餐，册封他为爵士，并且命令将"金鹿号"保存起来作为永久的纪念。在这种公开的挑战之后，两国的关系已经非常清楚，战争已经在所难免了。

1584 年，两国之间的关系进一步恶化，由于英国支持反叛的荷兰，西班牙扣押了在其港口进行贸易的英国商船，伊丽莎白女王立刻对此进行报复，授予船主"严惩权"，向海盗颁发私掠证，允许一直活跃在英吉利海峡的海盗向西班牙船只发动进攻，给西班牙的商业活动造成了极大的破坏。作为此次报复的一部分，1585 年，德雷克再次被派往美洲劫掠，而这次他所率领的是一支更加庞大的舰队，包括两艘作为女王投资的皇家军舰和 21 艘其他装备精良的军舰，装载着大约 2000 名士兵。女王对此次美洲之行犹豫不决，担心因此会彻底触怒西班牙，引发两国的战争，德雷克便在 9 月 14 日准备好之后匆匆离开了普利茅斯港，唯恐女王收回她的命令。但是此次远征注定是一场无法收获财富的远征。当他们来到加那利群岛，希望在此拦截一年一度的西班牙运宝船队的时候，发现船队已经安然通过到达了西班牙。当他们到达美洲袭击并攻占了圣多明各、卡塔赫纳等几个防守坚固的堡垒之后，却并没有得到多少赎金和财宝。1586 年 7 月，德雷克带领舰队返回英国之后，劫掠的财宝数量甚至不够弥补此次远征的成本，这令爱财的女王十分不满。但是此次远征仍然具有重大意义，此次远征之前，西班牙在美洲的要塞从没有受到如此严重的威胁，1578 年，德雷克也只是依靠突然袭击，才攻破了几乎没有防守的美洲太平洋一侧的城堡，而此次远征，第一次有来自欧洲本土的舰队攻占了圣多明各和卡塔赫纳这样

① Wibur, Marguerite Eyer, *The East India Company and the British Empire in the Far East*, New York, 1970, p. 8, 转引自汪熙《约翰公司：东印度公司》，上海人民出版社，2007，第 12 页。

的西班牙投入重兵防守的城堡，打破了西班牙在欧洲人心目中无比强大的形象，也为随之而来的英西战争增加了信心。

英国的举动彻底激怒了西班牙，当德雷克回到英国的时候，菲利普二世加紧了备战工作，战争已经不可避免。包括伊丽莎白女王在内的很多英国贵族对西班牙心存恐惧，但是德雷克坚决主张消极的防守毫无用处，主动出击，破坏西班牙的战争准备工作才是最好的防御，女王在经过权衡之后，接受了德雷克的主张。1587 年，德雷克率领 2000 余人，分乘 23 艘船只奇袭加的斯港。德雷克出其不意的举动出乎西班牙的预料，使这次偷袭行动取得了辉煌的战果，他们烧毁了 20 多艘停泊在港口内的船只，毁掉的货物价值达 100 多万英镑，为英国带回了价值 75 万英镑的货物。更为重要的是，德雷克毁掉了一批为战争准备的木桶，这些木桶是选用上好的木材，经过长时间的加工处理之后制造的，其干燥与密闭的特性能够保证储存的水长时间不变质。木桶的大量被烧毁使西班牙很难在短时间内制造高质量的木桶，西班牙国王菲利普二世不愿意耽误战争准备工作，致使重新制造的木桶质量低劣，事实证明盛在这些质量低劣的木桶里的水很快就腐败变质了，远征的西班牙舰队因而很早就遇到了严重的缺水问题，对其人员的大量损失负有重要责任。德雷克这次烧毁西班牙人"眉毛"的做法取得了良好战果，延缓了西班牙的进攻，降低了西班牙的进攻能力，同时为英国赢得了更多的备战时间。

奇袭加的斯的行动并没有改变西班牙国王菲利普二世进攻英国的决心。一年之后，西班牙组织了一支由 132 艘舰船组成的庞大舰队，向英国发动了进攻。这是欧洲有史以来规模最大的海战，而且是第一次有组织的舰队协同作战。但是并不像通常认为的那样，英国处在绝对的劣势，只能说双方各有优势。自从亨利七世以来，英国一直在加强海军建设，伊丽莎白时期，英国的海军建设在霍金斯等人的主持下更取得了长足的进步，主要表现是英国的船只更具灵活性，船上配备的火炮射程更远，破坏力更强。当菲利普二世筹备进攻时，他发现最好的铸炮工匠全都在英国。西班牙的优势则在于船只数量众多，战士训练有素，但是它的船只大部分仅适合于在地中海风平浪静的环境中作战，也没有英国军舰那样强大的炮火。战争开始以后，尽管英国女王和很多大臣都极其担心自己的舰队抵挡不住西班牙的进攻，但是以德雷克和霍金斯为主要力量的英国舰队与西班牙展开了势均力敌的战斗，德雷克甚至脱离了舰队，单独前去追赶一艘被风吹坏桅杆的西班牙战舰，俘获了这艘战舰并且获得了大量的战利品。虽然这种不顾集体行动、为了获得战利品单独追赶一艘船只的行为受到了女王以及舰队司令的谴责，但是如果考虑到纪律严明的舰队编队作战要等到克伦威尔起用他的陆军将军们做海军司令才开始，那么德雷克的行动实际上反映了当时作战的普遍原则，只是由于女王以及海军司令的过分担心以及德雷克藏匿了船上的大部分财宝，他们才如此谴责德雷克。在经过了几天的对峙之后，西班牙发现自己无法很快战胜英国舰队，便向荷兰的海岸靠近，企图与在荷兰的西班牙陆军联系以补充给养。但是英吉利海峡的大风将他们的船只吹离了航线，而且荷兰海军的阻击也使他们无法前往欧洲大陆与自己的陆军会合，于是舰队司令只好决定绕道苏格兰返回西班牙。由于不熟悉航道，很多船只在返航的途中触礁沉没，而劣质的木桶也使储存的淡水没过多长时间便变质发绿，根本无法饮用了，因而在归途中因为触礁沉没和缺乏淡水而损失的船只和人员数量远远超过了在战斗中的损失。

　　这场失败并没有严重打击西班牙的实力，菲利普二世对这样一场失败也毫不在意，但是英国取得这场战争的胜利的确是其历史的一个重要转折点，它使英国在西班牙的进攻面前生存了下来，并且增强了英国的信心：自己的海军力量已经能够与西班牙抗衡。从此以后，英国将逐渐走向强大，而西班牙则逐渐衰落下去，直至最终让出海洋霸主的地位。

就在击败无敌舰队之后的第二年，德雷克率领由 83 艘英国船只和 60 艘荷兰船只组成的庞大舰队，前去袭击葡萄牙的里斯本。德雷克过于高估了自己的能力以及葡萄牙人对西班牙人的仇恨，他以为随着自己的到来，葡萄牙人会揭竿而起，但是事实是里斯本做好了充分的防御准备，德雷克的攻击缺乏了突然性，以失败结束。这次远征以失败告终，宣布了英国的力量还没有那样强大。由于没有能够带来预期的大量利润，伊丽莎白女王冷落了德雷克。

虽然德雷克受到了暂时的冷落，但是私掠活动在战胜无敌舰队以后变得更加活跃了。1592 年，一支由皇家军舰和私掠海盗船组成的舰队前往亚速尔群岛，准备劫掠从亚洲返回的葡萄牙船只。由于遇到了大风，舰队被吹散，很多船只返回了英国，但是罗利的助手罗伯特·克劳斯仍然在亚速尔群岛截获了一艘掉队的西班牙运宝船，船上的货物价值据西班牙船长称有 50 万英镑，虽然最后实际上交给女王的只有 16 万英镑，但是这也使女王的财政状况得到了极大的改善，而参与抢劫的贵族、海盗更是获得了巨额收入。

当然，并不是每一次劫掠活动都能获得如此高额的回报，1595 年，为了挽回自己的声誉，德雷克请求女王再次允许他出征美洲。在他的一再请求下，女王同意了他的计划，但是派出了霍金斯与德雷克同行。这两个在战胜无敌舰队中的英雄率领着包括 27 艘船只和 2500 名士兵的庞大舰队从英国出发以后，首先在加那利群岛遭到了失败。当舰队到达波多黎各的时候，霍金斯因为感染疾病发烧死亡，留下德雷克一个人指挥了此次进攻美洲海岸的行动。但是他发现此时已经与 20 年前有了很大差别，西班牙加强了防守，他所到之处到处都遇到了西班牙人的顽强抵抗，进攻巴拿马和卡塔赫纳的行动失败以后，德雷克也因为染上热病死亡，剩余人员在巴斯克维尔的带领下回到了英国。两个曾经令西班牙胆战心惊的海盗终于不再能给西班牙带来威胁。而随着伊丽莎白女王于 1604 年病逝，苏格兰的詹姆士六世继位成为英格兰国王，与西班牙国王签订了和解的条约，西班牙暂时解除了来自英国的压力。但是西班牙确实已经开始衰落，越来越无力对出现在大西洋岛屿上的劫掠者进行有效的镇压。

第四节　小结

　　欧洲自罗马帝国崩溃以来，形成了封建制度。这种制度的特征是缺乏统一的权力，众多的政治实体间相互竞争。竞争的结果是技术创新缺乏有利的制度环境而难以进行，任何的发明创造都有可能很快被其他人模仿，发明家或者企业家难以确定自己是否能够从发明创造中得到全部或者大部分收益。① 因此，作为理性的人，这些发明家或者企业家都会等待他人创新，而自己模仿，或者是采用保密的方法使自己获得技术垄断权从而获得技术创新的收益。每个微观个体均如此行动的结果就是在宏观上发明创新的数量远小于其最优数量。然而这种情况仅适用于农业和一些技术难以保密的手工业，而不适用于战争技术的发展。事实上，为了能够实现扩张，或者说防止邻近政治单位将自己兼并，欧洲各贵族和君主纷纷投资于战争技术的发展。竞争性关系还促进了欧洲一系列社会体制的发展，如长子继承制避免了财产被过分分割的危险。竞争性的关系使领主不敢随意加重对农奴和租佃农民的剥削以防止他们逃亡，这使欧洲的社会结构与中国相比呈现更多的刚性，当遇到危机时，这种刚性结构为了摆脱危机，往往习惯于向外扩张。

---

　　① 〔美〕D. C. 诺斯、〔美〕R. 托马斯：《西方世界的兴起》，厉以平译，华夏出版社，1999，第59页。

当然，竞争性的关系还刺激了对贸易的重视与争夺。关于贸易对欧洲所起的重要作用已经得到了广泛的承认。然而究竟是奢侈品贸易还是必需品贸易对欧洲的兴起具有更大的作用仍然存在很大的争论。但是有一点事实是无可否认的，即争夺最激烈的贸易是在对东方的奢侈品贸易上，威尼斯与热那亚是欧洲中世纪最富裕的两个城邦，它们的富裕在很大程度上依赖于东方的奢侈品贸易，而且两个城邦为了争夺贸易垄断权进行了多次武装冲突，对贸易垄断权的争夺形成了欧洲人武装贸易的传统。正是在热那亚失败以后，威尼斯达到了权力和富裕的顶峰，但是这也刺激了欧洲其他各国探索前往亚洲的其他路径。虽然葡萄牙最初探险的目的是不是到达东方仍然存在很大的疑问与争论，但是随着探险的进行，葡萄牙则日益显示了前往印度的目的与决心，而这显然是为了争夺利润高昂的香料贸易。西班牙向西探险从来不是为了发现新大陆，而是为了同样能够到达亚洲，参与到香料贸易中去。一直到产银丰富的波托西银矿被发现之前，西班牙前往亚洲的意愿仍然相当强烈。只是由于银矿的发现，西班牙才暂时放弃了与葡萄牙的争夺，专心于开发新大陆丰富的矿藏。西班牙与葡萄牙的探险成果宣布了大航海时代的来临，也带来了地中海武装贸易模式的输出，印度洋、大西洋以及稍后的太平洋，都变成了武力争夺贸易垄断权的战场。

葡萄牙、西班牙因为开风气之先，瓜分了世界的海洋并且达成了垄断协议。但这并没有阻止后来者对他们发出挑战，尤其是英国，持续不断地袭击西班牙与葡萄牙的殖民地与商船，希冀在新兴的海洋贸易中分一杯羹。虽然在整个16世纪英国都没有实现这个目标，但是其趋势已经隐约可见。而与此同时代的中国，正处在明朝的统治之下，对发展海外贸易毫无兴趣，反而对日渐发展的海外贸易采取了打击的态度。

第 三 章

大航海时代初期"倭寇"的兴衰

就在威尼斯与热那亚对地中海的争夺达到白热化程度的时候，在亚欧大陆另一端的中国，也在经历着规模更加宏大的战争，一场反抗异族统治的农民起义席卷了整个中国，这场大陆上的战争催生了一个新的王朝。但是这个王朝建立以后，却发布了严格禁止本国商民出海的命令，转而支持外国人航海来到本国。虽然其间有郑和下西洋的壮举，但是其主要目的仍然是鼓励外国人来到本国而不是像欧洲国家那样谋取利润。因而郑和下西洋与亨利王子开始探险虽然几乎是同一个时代的事情，但是其结果迥乎不同，亨利王子的探险活动开启了欧洲的大航海时代，但是郑和之后，不仅中国官方推动的出海活动停止了，而且民间的出海贸易活动也继续受到严酷的压制。近百年后，首先开始探险的葡萄牙人来到中国，虽然他们遇到的是一个具有发达海外贸易的中国，但是他们发现中国的政府对民间海外贸易并不支持，商人们都是违法私自进行海外贸易。确实，中央权力的下降才使私人海外贸易的发展成为可能，但是随着私人海外贸易的扩张，其必然对中央权威构成更大的挑战，这导致双方产生激烈的冲突。冲突的结果虽然是中央权力承认了私人海外贸易的权利，但是对其管理愈加严格，葡萄牙人则趁机在中国商人既有的贸易领地中成功生存下来。

第一节　海禁与朝贡：明朝对外关系的
　　　　　两大基石

一　朱元璋建立海禁与朝贡制度

朝贡制度是中国处理与周边国家关系的主要手段，这种关系以周边国家承认中国的天朝上国地位为前提建立与其的宗藩关系。这种关系并不是西方国家宗主国与殖民地的关系，它并非对藩属国家的剥削，而是以"厚往薄来"、"怀柔远人"以及"不干预他国内政"为主要特点。朝贡制度初步形成于汉代，此后，历朝历代对其进行了完善与改进。明朝建立以后，朱元璋（明洪武帝，1368～1398 年）也效仿前朝，立刻派出使者前往周边国家，要求他们前来朝贡。洪武元年（1368 年），朱元璋即派出汉阳知府易济前往安南，又派行人杨载等前往日本、朝鲜、占城等国宣谕前来进贡。

但是明朝在处理对外关系问题上与前朝仍然存在明显的不同。明朝以前各朝，在积极推动朝贡关系的同时，并不禁止私人互市以及私人海外贸易的存在。尤其是宋元时期，朝廷放松了对私人从事海外贸易的管理，使中国的海外贸易得到了迅猛发展，改变了隋唐以来主要由阿拉伯人前来中国贸易的局面，中国的航海技术也得到了迅猛提升。但是这种对私人海外贸易相对宽松的管理政策在明朝建立以后发生了逆转，明朝在推动朝贡贸易发展的同时，严格禁止私人进行海外贸易。

关于朱元璋何时开始禁止海外贸易，已经没有确切的时间考证。朱元璋刚刚建立政权的吴元年（1367 年），他还曾亲自接见以大海商朱道山为首的一批海商，《送朱道山还京师序》曾记述此事：

> 朱君道山，泉州人也，以宝货往来海上，务有信义，故凡海内外之为商者皆推焉以为师。时两浙既臣附，道山首率群商入贡于朝。上嘉纳道山之能为远人先，俾居辇毂之下，优游咏歌，以依日月末光，示所以怀柔远人之道。海外闻之，皆知道山入贡之荣有如是也。至是海舶集于龙河，而远人之来得以望都城而瞻宫阙，且人见中国衣冠礼乐之盛，而相与咏歌之者。[1]

可见当时还没有实施海禁。洪武二年（1369 年），太祖曾谕参政蔡哲云，福建地濒大海，民物庶富，番舶往来，私交者众。[2] 当时也没有海禁的措施。但是至迟在洪武四年（1371 年），朱元璋已经颁布法令，禁止居民任意出海贸易：

> 诏吴王左相靖海侯吴桢，籍没方国珍所部温、台、庆三府军士，及兰秀山无田粮之民尝充船户者，隶各卫为军。仍禁濒海民不得私出海。[3]

使用"仍"字，就说明在此之前已经实行海禁。值得注意的是同年同月的另外一条史料，即福建兴化卫指挥李兴、李春私自派人外出经商，朱元璋知道后十分气恼："朕以海道可通外邦，故尝禁其往来……苟不禁戒，则人皆惑利而陷于刑宪矣。"[4] 可见在此之前

---

① 王彝：《王常宗集·补遗》，文渊阁四库全书，中国基本古籍库，第 36 页。
② 《明太祖实录》卷四二，洪武二年五月癸丑，台湾"中央"研究院历史语言研究所校勘，影印本，1962（以下简称史语所本），第 832 页。
③ 《明太祖实录》卷七十，洪武四年十二月丙戌，史语所本，第 1300 页。
④ 《明太祖实录》卷七十，洪武四年十二月己未，史语所本，第 1307 页。

朱元璋已经明确颁布过法令禁止随意出海贸易。

在这次有明确记录的海禁令实施时，朱元璋将方国珍余部以及舟山群岛上兰秀山的居民籍编为军，一共得到了 111730 人。朱元璋之所以将兰秀山的居民籍编为军，起源于兰秀山居民的反叛活动。据《明太祖实录》的记载，洪武元年（1368 年）五月，昌国州兰秀山居民得到一枚元朝的"行枢密院"印，利用这枚印信聚众起事，袭击官军，并且从昌国州渡海，攻入了象山县。明太祖派官兵将其击败。① 这些起义失败的岛民，有一部分逃往朝鲜，但是被人告发后，朱元璋要求朝鲜将逃亡之人遣送回国，并且将其处以死刑。② 这件事情使朱元璋深受打击，他认为沿海居民并不服从他的统治，因此在处死反叛者之后，朱元璋便命令将岛屿上的剩余人员全部内迁，以免再次发生类似的事件。

这一事件的发生也许有助于我们理解朱元璋海禁政策的实施。元朝的蒙古统治者虽然征服了南宋，建立了一个空前庞大的帝国，但是蒙古统治者始终无法和平地治理中原，导致农民起义自元初便此起彼伏。很快，反抗异族统治的起义便在全国范围内风起云涌，元朝的统治者终于无法应付这种局面。但是在起义中也出现了几支农民起义军相互争夺权力的现象，其中尤以朱元璋和陈友谅两支起义军的势力最大。当元朝的统治已经被证明无法继续存在的时候，起义军之间的争斗也达到了白热化的程度。元至正二十三年（1363年），朱元璋与陈友谅展开了鄱阳湖之战，在这场决定命运的战争中，朱元璋取得了胜利，为其统一全国奠定了坚实的基础。随后，其主要的竞争对手张士诚与方国珍相继被征服，蒙古统治者也被逐出了北京，退回了沙漠地区，朱元璋完成了统一天下的大业。

朱元璋虽然初步统一了天下，但是其统治基础并不稳固。蒙古

---

① 《明太祖实录》卷三二，洪武元年五月庚午，史语所本，第 559 页。
② 曹永和：《试论明太祖的海洋交通政策》，载中研院主编《中国海洋发展史论文集》第一集，1984，第 60～61 页。

残余势力仍然在沙漠边缘对中原虎视眈眈，在东南沿海地区，张士诚、方国珍的旧部很多不愿投降，远逃到海岛和东南亚地区，不时对沿海地区进行骚扰。更令朱元璋感到不安的是沿海地区很多商民对张士诚、方国珍的统治多有怀念，对朱元璋的统治感到不满，对前来骚扰的军队多有帮助，朱元璋才不得不力图切断反叛者与内应的联系。对东南沿海地区而言，贸易是联系的主要手段，因此切断贸易途径便成为对付反叛的最好办法，这才有朱元璋海禁令的颁布以及将沿海岛屿居民内迁的举动。

朱元璋虽然颁布了海禁令，但是沿海地区居民出海贸易已经成为当地重要的经济来源，尤其是自五代宋元以来对外贸易的大发展，更增加了海禁的难度，不是朱元璋一纸禁令便能够完全禁绝的。权力欲极强的朱元璋便不断发布海禁令，洪武十四年（1381年）冬，"禁濒海民私通海外诸国"。[①] 洪武十七年（1384年），"派信国公汤和巡视浙闽，禁民入海捕鱼"。[②] 洪武二十三年（1390年），"诏户部申严交通外番之禁"。[③] 洪武三十年（1397年），"申禁人民不得擅出海，与外国互市"。[④]

洪武三十年（1397年），朱元璋终于将禁止商民出海以法律的形式固定下来：

> 凡泛海客商舶船到岸，即将货物尽实报官抽分，若停塌沿港土商牙侩之家不报者，杖一百。虽供报而不尽者，罪亦如之，货物并入官。[⑤]

> 凡沿海去处，下海船只，除有号票文引，许令出海外，若

① 《明太祖实录》卷一三九，洪武十四年十月己巳，史语所本，第2197页。
② 《明太祖实录》卷一五九，洪武十七年春正月壬戌，史语所本，第2460页。
③ 《明太祖实录》卷二〇五，洪武二十三年冬十月乙酉，史语所本，第3067页。
④ 《明太祖实录》卷二五二，洪武三十年夏四月乙酉，史语所本，第3640页。
⑤ 刘惟谦编《大明律》卷九"户律五"，日本景明刻本，中国基本古籍库，第36页。

奸豪势要，及军民人等，擅造二桅以上违式大船，将带违禁货物下海前往番国买卖，潜通海贼，同谋结聚，及为向导，劫掠良民者，正犯比照谋叛已行律处斩，仍枭首示众，全家发边卫衙充军。[1]

凡将马、牛、军需、铁货、铜钱、段疋、䌷绸、丝棉私出外境货卖，及下海者，杖一百；挑担驮载之人，减一等，物货船车并入官。于内以十分为率，三分付告人充赏。若将人口、军器出境及下海者，绞；因而走泄事情者，斩；其拘该官司及守把之人，通同夹带，或知而故纵者，与犯人同罪；失觉察者，减三等，罪止杖一百，军兵又减一等。[2]

从《大明律》的规定中，可以清楚地看到明政府对海外贸易的管制程度，当时重要的海外贸易产品几乎完全不可能私自贸易，这也就是说民间几乎不可能进行合法的海外贸易。

为了保证海禁能够得到严格的执行，朱元璋逐步建立起一个庞大的沿海防御体系。洪武六年（1373 年），德庆侯廖永忠上疏，请求为沿海卫所"添造多橹快船"，得到朱元璋允许。[3] 洪武十七年（1384 年），又"量地远近，置卫所，陆聚步兵"，"近海民四丁籍一以为军，戍守之"。洪武二十年（1387 年），再派出江夏侯周德兴前往福建修建卫所。周德兴在福建抽取了壮丁 10 万人，在要害地方筑城 16 座，并设立了 45 个巡检司。[4] 此后，朱元璋在沿海地区布置的守卫力量又经过不断加强，终于形成了明初强大的沿海防御体系。这个体系完全切断了内外部之间的联系，既防止了敌人从

---

① 刘惟谦编《大明律》卷十五"兵律三"，日本景明刻本，中国基本古籍库，第 123 页。
② 刘惟谦编《大明律》卷十五"兵律三"，日本景明刻本，中国基本古籍库，第 50 页。
③ 《明太祖实录》卷七八，洪武六年春正月庚戌，史语所本，第 1423 页。
④ 张廷玉等撰《明史》卷一三二，中华书局，1974，第 3862 页。

外部发动进攻，也防止了内部的反叛以及勾结外敌颠覆明王朝。即使这样，朱元璋还不满足，于洪武二十年（1387年）听从左参议王钝清的建议："徙福建海洋孤山断屿之民，居沿海新城，官给田耕种。"[①] 将福建、浙江、广东等大量沿海岛屿居民内迁。

这样，在巩固统治的压力下，朱元璋实施了完全的海禁制度，虽然海禁并不是朱元璋的初衷，但是在海上贸易发达的情况下，海商的确成了政权的可能颠覆者，这使朱元璋不能不加强防范。从此以后，中外交流的渠道只剩下了朝贡。当然，对朱元璋来说，招揽朝贡仍然面临着一个严重的问题，即当时周边国家的航海造船技术并不发达，致使很多国家无法前来朝贡，于是朱元璋便向一些国家派遣中国船工，帮助其前来朝贡，琉球正是于此时在明朝的帮助下前来中国朝贡的，并且直到被日本吞并前，一直保持着与中国的朝贡关系。当然，更多的国家还是雇用中国水手与商人冒充使者前来朝贡。

明朝不允许私人前往海外贸易，对前来朝贡的国家赏赐又极其丰厚，客观上促进了朝贡贸易的发展，周边国家因此频繁前来朝贡，如朝鲜、安南等国家，一年一次甚至一年数次前来朝贡。朱元璋显然已经意识到频繁的朝贡加重了国家的财政负担，洪武六年（1373年），朱元璋开始有意限制朝贡贸易的规模与频率。

夫古者诸侯之于天子，比年一小聘，三年一大聘。若九州之外，蕃邦远国，则惟世见而已。其所贡献，亦无过侈之物。今高丽去中国稍近，人知经史文物，礼乐略似中国，非他邦之比，宜令遵三年一聘之礼，或比年一来，所贡方物，止以所产之布十匹足矣，毋令过多，中书其以朕意谕之。占城、安南、西洋琐里、爪哇、渤尼、三佛齐、暹罗、斛真腊等国，新附远

① 《明太祖实录》卷一八二，洪武二十年五月甲辰，史语所本，第2748页。

邦凡来朝者，亦明告以朕意。①

朝贡虽然加重了明王朝的财政负担，但是对朝贡国来说，优厚的赏赐往往意味着巨额的利润，因此尽管朱元璋制定了规章，要求各国遵照执行，但是各国并不听从明朝的规定，仍然频繁前来朝贡，更有很多商人冒充朝贡使团博得丰厚赏赐，赚取超额利润。虽然朱元璋屡次加以劝告，又多次发布禁令，不允许周边国家随意前来朝贡，但是没有效果。这使朱元璋感到有必要严格加以限制。洪武十七年（1384 年），朱元璋首次向暹罗朝贡使团颁发了国书，要求朝贡使团前来朝贡时，必须持有国书，并将手中持有的国书与明朝市舶司留存的国书进行比对，只有期限、朝贡物品、人员数量等全部符合规定，才能够进京朝贡，否则便视为非法使团，不予接待，遣返回国。不久该制度便推广到与明朝有朝贡关系的所有国家，有效地降低了周边国家朝贡的频率。

二 郑和下西洋：朝贡贸易的逻辑矛盾

在朱元璋的规范与限制下，洪武后期，前来中国朝贡的国家数量与频次大为减少，朝贡贸易局限在一个适度范围内，既可以换取必要的外国物产，又不至于过度耗费国家财政。然而对于高度中央集权的王朝来说，政策的实行主要依赖于皇帝的好恶，尤其是在开国之初皇帝个人能力较强的情况下更是如此。朱元璋去世后，将皇位传与了嫡次孙朱允炆，即明惠帝。朱允炆为了加强自己的权力，实施了削藩政策，这激起了藩王的反抗，朱棣即以"清君侧"为理由，发动了"靖康之变"，从朱允炆手中夺取了明朝皇位。虽然经过了一场小小的动乱，但朱棣即位时，全国的经济已经有了长足的发展，为朱棣实现其战略目标奠定了基础。朱元璋在位时，曾经设

---

① 《明太祖实录》卷七六，洪武五年九月甲午，史语所本，第 1400～1401 页。

想将都城移至北方以抵御蒙古的进攻，但是终究没有完成。朱棣取得皇位以后，便以此为契机，将都城由南京迁到了北京，以扫除蒙古带来的威胁。为了能够保证北方都城的粮食供应，朱棣扩建了运河以保证产自江南的粮食能够顺利北运。在重点解除北方的威胁之时，朱棣也没有忘记来自海上的威胁，尤其是朱允炆下落不明，更让其担心皇位不稳。这使朱棣在登上皇位之初，便发布了海禁令："时福建濒海居民，私载海船，交通外国，因而为寇，郡县以闻。遂下令禁民间海船。原有海船者悉改为平头船。所在有司防其出入。"① 与此同时，朱棣还派出了郑和下西洋。

关于郑和下西洋的目的，学者存在诸多争论，有学者认为郑和下西洋的目的是寻找朱允炆的踪迹，有学者则认为是推动国际贸易的发展，也有学者认为两者兼而有之。笔者比较认同第三种观点。郑和的首次航行，不但配备了数量众多的船只，而且载有大量士兵，肯定与朱允炆和流落在外的明朝反对派有很大的关系。永乐五年（1407 年），郑和在归国途中到达爪哇岛，与在爪哇岛上聚众为盗的陈祖义进行了一场大战，"杀贼党五千多人，烧贼船十艘，获其七艘，及铜伪印两颗，生擒陈祖义等三人"。② 对于这场战事，一般正史记载是陈祖义向郑和诈降，企图攻击郑和，郑和才将其擒获。但是如果考虑到陈祖义盘踞的爪哇不过有千余户华人居民，面对率领 27000 余人的郑和船队，应不会做出此种不理性的举动，因而这件事情可能是郑和有意攻击陈祖义而事后给他加上的罪名。③

随着海外反对派被消灭以及基本确认朱允炆不再是威胁时，向周边国家宣扬明朝的强盛以及通过朝贡满足皇帝自身的虚荣便成为郑和后几次下西洋的主要动机。这种以政治为目的的活动确实推动

---

① 《明太宗实录》卷二七，永乐二年春正月辛酉，史语所本，第 498 页。

② 《明成祖实录》卷五二，史语所本。

③ 〔澳〕雪珥：《大国海盗》，山西人民出版社，2011，第 4～5 页。

明清海盗（海商）的兴衰：基于全球经济发展的视角

064

了贸易的发展，郑和每次出洋都携带大量赏赐品，回程时则满载各国前来朝贡的使团以及他们的朝贡品。但是推动贸易的发展与牟取利润的活动是两个概念，虽然郑和下西洋的活动推动了贸易的发展，但是其目的既不是牟取利润，也不是扩张领土，因此其意义与西班牙和葡萄牙以获得殖民地和利润的探险活动相比存在非常大的差别。今天，我们已经知道郑和率领的船队，不论是在规模上，还是在技术水平上，都要超过同时期葡萄牙的探险船队，即使是半个多世纪以后，哥伦布也不过仅仅率领三艘小船开始了其探索之旅。但是郑和的航行完全是在已知的世界中，他没有发现新的航线，也没有努力去拓展新的贸易机会，所有的贸易在几百年甚至千年以前就已经存在了，郑和只不过使他们的规模稍有扩大而已。因此，即使是为了鼓舞中国人士气而作《祖国大航海家郑和传》的梁启超，也不禁提出了一个十分尖锐的问题，即为何郑和之后，中国再无郑和，而哥伦布、达·伽马之后，西方尚有无数哥伦布与达·伽马。他的回答也只能是中国与西方航海的目的不同。西方航海之目的，在于取得殖民地；而中国航海之目的，则在于宣扬国威。西方航海之目的，在于取得实利；而中国航海之目的，只在于取得一些虚誉。① 葡萄牙和西班牙的探险活动虽然最初投入了大量资本，也引起了很多贵族的反对，但是当获利的机会明朗之后，便引发了后来者对探险的热情，刺激了欧洲航海探险和殖民贸易浪潮的来临。郑和下西洋作为一种官办事业，得到了皇帝的推动，虽然刺激了中国与其他国家的交流，满足了皇帝的虚荣心并使其他国家获得了牟利机会，但是对中国的各级官员和地方百姓而言，则构成了日益沉重的负担。这些负担主要表现在以下几个方面。

首先，建造海船带来了沉重的负担。郑和一共七次下西洋，其中六次是在朱棣在位时期，每次出海都会带领一支庞大的船队。如

---

① 梁启超：《祖国大航海家郑和传》，载王天有编《郑和研究百年论文选》，北京大学出版社，2004，第1~8页。

第一次出海，郑和率领的船队船只数量多达 60 余艘，士兵多达 2.7 万多人。以后历次下西洋，也都保持了相当的规模。为了满足这样庞大的船队，势必需要建造大量的海船。建造一艘海船的费用当时为 7000～8000 两白银。[①] 据统计，永乐年间，为了郑和下西洋，新建和改建的海船约有 2000 艘。[②] 这就是说，为了建造这些海船，耗资就在 1400 万两白银以上。而 16 世纪明朝一年的田赋正额折合白银大约在 2100 万两，全部财政收入折合白银不过 3700 万两。[③] 考虑到造船主要由沿海几省负担，单单是建造海船一项，即给沿海民众带来了沉重的负担。

其次，贡使的招待费用浩大。为了显示中原王朝的富庶与好客，贡使一旦踏上中国的土地，所有费用便完全由中国承担，这是一项几乎自汉代以来就形成的传统。明朝建立以后，对这项传统全面继承，以法律形式规定，在路途中，"凡使臣进贡，沿途关支廪给口粮，回还亦如此。……凡使臣进贡，回还沿途茶饭廪给口粮之外，支送下程"。[④] 到达北京以后，则安置于会同馆，茶饭柴薪也完全由明政府免费供应，"量其来人重轻合与茶饭者，订拟食品桌数，扎付膳部造办"。[⑤] 当然，很多皇帝体恤地方百姓的负担，往往限制贡使的规模，朱元璋在执政后期即如此。然而朱棣一味为了显示王朝的强盛，对前来朝贡的使团人数不加严格限制，尤其是进京的人数更是大大超出了朱元璋规定的人数，这些人全要地方政府与百姓接待，大大增加了地方政府和百姓的负担。张声振曾经做过测算，对于日本入贡，不计明政府的馈赠，仅日常生活供应，以 300 人

---

① 《明孝宗实录》卷三十八，弘治三年五月丙子，史语所本，第 814 页。

② 中国航海史研究会编《郑和下西洋》，人民交通出版社，1985，第 64 页。

③ 黄仁宇：《十六世纪明代中国之财政税收》，生活·读书·新知三联书店，2001，第 226、363 页。

④ 申时行编《明会典》卷一百十六：礼部七十四，明万历内府刻本，中国基本古籍库，第 1093 页。

⑤ 申时行编《明会典》卷一百零九：礼部六十七，明万历内府刻本，中国基本古籍库，第 1048 页。

计，每月约支出 380 余贯，按居留时间 1 年计，约支出 5000 余贯。[①] 永乐一朝，海外各国前来朝贡 318 次，平均每年达到 15 次，而在洪武年间，则只有 183 次，平均每年 6 次左右。[②] 这样算来，朱棣时期招待朝贡使团的费用远远超过朱元璋统治时期，构成了沿途百姓的沉重负担。

除招待贡使外，运输贡物也构成了地方百姓的一项沉重负担。中国地域辽阔，地形复杂，既有水路，又有陆路，更有崎岖不平艰险难走的山路。在没有机械化运输工具的时代，运输是一项成本高昂的活动。而从境外前来朝贡的国家，往往要从边境线上将货物运到遥远的京城，同样为了显示"怀柔远人""厚往薄来"的方针，明朝规定所有入贡使团及贡物要由官员陪同护送，由当地政府派出人员送至京城。但是为了防范入贡使团刺探情报，明朝并不允许入贡使团自由行动，规定了他们来到中国之后行走的路线图，即贡道，如表 3 - 1 所示。

表 3 - 1　明朝朝贡国朝贡路线规定

市舶司	朝贡路线
宁波市舶司	宁波安远驿—余姚—绍兴—萧山—杭州—嘉兴—苏州—常州—镇江—扬州—淮安—彭城（今徐州）—沛县—济宁—天津—通州—北京
福建市舶司	泉州来远驿—延平—建宁—崇安—浙江—北京
广东市舶司	广州怀远驿站—佛山—韶关—南雄—梅岭—江西南安—北京

资料来源：木宫泰彦：《日中文化交流史》，胡锡年译，商务印书馆，1980，第 564 ~ 565 页。

从表 3 - 1 可以看出，如果允许福建、广东入贡使团从海路前往宁波，转而走陆路前往京城，将会大大降低运输成本，但是明朝

---

①　张声振：《中日关系史》，吉林文史出版社，1996，第 245 页。
②　晁中辰：《明代海禁与海外贸易》，人民出版社，2005，第 106 页。

并不允许这样做，而是要求贡物必须穿越福建、广东的崇山峻岭，不断变换运输工具才能到达京城。使团往往携带多达万斤的贡物，每次贡物的运输都是劳费惊人，频繁的朝贡更是使百姓不堪重负。永乐二十二年（1424年）十二月，礼科给事中黄骥奏言：贡使"贡无虚月，缘路军民递送一里，不下三四十人，俟候于官，累月经时，防废农务，莫斯为甚。比其使回，悉以所得贸易货物以归，缘路有司出军载运，多者至百余辆，男丁不足，役及女归，所至之处，势如风火，叱辱驿官，鞭挞民夫，官民以为朝廷方招怀远人，无敢与其为，骚扰不可胜言"。①

最后，规模庞大而频繁的朝贡还损害了官员的利益。郑和下西洋推动的朝贡贸易，如果仅仅是增加了地方百姓的负担，还不至于让官员如此愤怒，如果损害了他们的切身利益，便又另当别论了。郑和下西洋带来了大量的东南亚以及非洲特产，包括长颈鹿、火鸡等，但是最多的还应当是东南亚地区的苏木和胡椒，年复一年进贡的胡椒堆满了南京的府库，这些库存直到宣德年间才处理完毕。如果存在一个自由市场，那么随着胡椒以及苏木输入量的增加，其价格必然下跌。然而在产品由皇家垄断的情况下，胡椒价格不但与原产地存在巨大的差价，而且随着输入量的增加，其价格反而出现了上涨的趋势（见表3-2、表3-3）。

表3-2　胡椒在海外原产地价格

时间	原产地	胡椒价格（两/斤）	资料来源
郑和下西洋时期	苏门答腊	0.01	《瀛涯胜览·苏门答腊国》
郑和下西洋时期	柯枝	0.0125	《西洋番国志·柯枝国》

资料来源：万明：《中国融入世界的步履：明与清前期海外政策比较研究》，社会科学文献出版社，2000，第151页。

① 《明仁宗实录》卷五上，永乐二十二年十二月壬寅，史语所本，第161页。

表 3 - 3　　明朝前期胡椒赏赐价格

时间	赏赐胡椒价格（两/斤）	资料来源
永乐五年（1407 年）	0.1	《正德大明会典》卷 136《计赃时估》
永乐二十二年（1424 年）	0.2	《正德大明会典》卷 29《俸给》一
宣德七年（1432 年）	1	《正德大明会典》卷 29《俸给》一

　　注：永乐五年为胡椒时价。

　　资料来源：万明：《中国融入世界的步履：明与清前期海外政策比较研究》，社会科学文献出版社，2000，第 151 页。

　　由于进贡的胡椒、苏木等产品，皇室不能够完全消耗，这种价格便表现在通过折俸的形式发给在京的文武官员以及卫所士兵，明初本就薪水微薄的官员和士兵得到这样的俸禄之后大都叫苦不迭，以至于出现了"卑官日用不赡矣"①的局面。因此，明朝统治者实际上通过这种方法在转嫁自己的财政危机，虽然这种财政危机不完全是由郑和下西洋带来的，但也是其中重要的组成部分，所以官员才会对郑和下西洋活动日益敌视。

　　因此，郑和下西洋虽然是辉煌的壮举，但是从成本收益的角度考虑，这是一件亏损的事业，至少对大部分利益直接受到侵害的官员和地方百姓来说是如此。如果将朝贡贸易控制在一定范围内，其收益完全可以超过成本。但是规模过大，就会使成本迅速上升，为了弥补成本损失，统治者不得不大规模转嫁危机，征税、降低官员薪俸等举措只会使反对的声音越来越高。一些官员甚至直接提出郑和下西洋使"连年四方蛮夷朝贡之使，相望于道，实罢中国"。②面对越来越多的官员上疏以及修建运河、长城和迁都等带来的巨大的财政压力，独断专行的朱棣在晚年也不得不承认自己过于铺张，下令停止下西洋活动。

① 张廷玉等撰《明史》卷八十二"食货志 6"，中华书局，1974，第 2003 页。
② 《明太宗实录》卷二三六，永乐十九年夏四月甲辰，史语所本，第 2265 页。

明仁宗即位以后，立刻听从大臣的建议，停止了下西洋活动，"下西洋番国宝船，悉皆停止"。[1] 此后，宣德年间（1426～1435年）虽然郑和第七次出洋，但是不过是处理一些善后工作，将滞留在明朝的大量外国使节护送回国。随着郑和下西洋的结束，自海上而来的朝贡使团大幅度减少，以至于明宪宗对此感到极不满意，希望再次派出使团前往海外招揽朝贡。时任兵部职方司主事刘大夏听到这个消息后，立刻将郑和下西洋时的全部资料藏匿、销毁了。找不到资料的明宪宗只好放弃了下西洋的念头。有些学者对这件事情的评价过于极端，认为正是刘大夏烧毁资料这件事情使明朝不能继续下西洋，才有了后来中国不能抵御西方殖民者的海上攻势。但是烧毁记录本身这件事情也许并不是明朝不能继续出海的主要原因，明朝中期以后，私人海外贸易相当活跃，这说明造船与航海技术并没有受到此次事件的太大影响，如果皇帝执意出海，那么完全可以征集工匠、水手造船出海。这件事情本身透露出来的信息便是官僚阶层普遍反对郑和下西洋的态度，即正如刘大夏本人所言："三保下西洋，费钱粮数十万，军民死且万计，纵得宝而回，于国家何益，此特一弊政，大臣所当谏也。旧案虽存，亦当煅之。"[2] 刘大夏本人并没有因为这件事情受到严厉的惩罚，相反此后还步步高升，这才是明朝未再有大规模官方出海航行的主要原因。

三　走私贸易：海禁条件下的非常态贸易

在官方的出海活动停止以后，朝廷对朝贡贸易的热情显著降低，对前来朝贡使团的赏赐也大不如前。明英宗时，再次强调了占城应该三年一贡，而暹罗进贡的碗石价格也大幅度降低，并且要求暹罗以后不再进贡该物品。明代宗时，琉球国使者船只损坏，请求

---

[1]　《明仁宗实录》卷一上，永乐二十二年八月丁巳，史语所本，第16页。
[2]　严从简：《殊域周咨录》第八卷"古里条"，余思黎点校，中华书局，2000，第307页。

明朝按照惯例提供其回程船只，但是明朝拒绝了琉球使者的要求，要求其自己建造船只，并且不得扰民。明朝也大幅度降低了日本进贡货物的赏赐价格，还几次与日本使者就赏赐价格发生了争论。明宪宗时朝廷禁止前来朝贡的使者夹带私物。明孝宗时，在怀远驿张挂榜文，要求外国使者前来朝贡必须依据朝贡日期，凡是朝贡的货物，首先要按照50%的税率征税，之后才按给价收买。① 在降低给价、严格朝贡日期的同时，对使者的招待也大不如前，"自成化年间以来，光禄寺官不行用心，局首作弊尤甚。尤遇四夷到京，朝廷赐以筵宴，每碟肉不过数两，而骨居其半；饭皆生炊而多不堪用，酒多掺水而淡泊无味。所以夷人到，度无可食用，全不举箸"。② 外国使者前来朝贡，并非完全仰慕明朝的强大，除了安南、朝鲜等周边国家有害怕明朝进攻的因素而前来朝贡外，大多数海外国家完全是因为能够获得巨额利润才前来朝贡的，这在日本的例子中表现得非常明显。但是随着朝贡期限的严格，回赐产品数量的减少，招待标准的降低，前来朝贡的吸引力下降了，朝贡的次数出现了明显的减少。明孝宗弘治元年到六年（1488～1493年），"海外诸国由广东入贡者仅占城、暹罗各一次"。③ 这样的朝贡规模，与开国初期朱元璋与朱棣时期，简直不可同日而语。可以说，朝贡贸易到此时已经衰退到无以复加的地步。

　　朝贡带来的中外产品交流出现了急剧减少，但是随着明朝经济的恢复和发展，对海外产品的需求出现了大幅度的增加。明朝与宋元时期相比，海外贸易的重要特点是输入产品的数量和结构发生了重大变化。宋朝从东南亚进口的主要商品以熏香料为主，包括乳香、没药、檀香和沉香，至于作为香辛料大宗的胡椒，宋朝仅仅当

---

① 万明：《中国融入世界的步履：明与清前期海外政策比较研究》，社会科学文献出版社，2000，第129～130页。

② 陈子龙等编《明经世文编》卷六二"马端肃公奏疏"，中华书局，1962，第506页。

③ 《明孝宗实录》卷七三，弘治六年三月丁丑，史语所本，第1368页。

作药材使用，进口量并不大。元朝时，胡椒开始被用作肉类的防腐剂以及调味品，在中国得到了普及，至明初时已经成为生活必需品，进口量出现了巨大的增加。除胡椒以外，明朝从东南亚进口的另一项大宗产品为苏木。元朝时，随着纺织技术的改进，棉布在中国的消费量得到了提高，苏木作为一种上佳的红色染料，极受中国人欢迎。朱元璋建立明朝后，虽然对海外贸易并不鼓励，但是对推动植棉业的发展非常关心，规定家家户户必须留有一定土地种植棉花，这就进一步刺激了棉布的推广速度，同时刺激了对苏木的需求。朱棣在位时期大力推动朝贡贸易，更进一步巩固了中国人的这种消费习惯，促进了作为红色染料的苏木的进口。① 因而郑和下西洋结束之后，官方贸易的减少以及需求的增加，自然出现了供给缺口，这便为私人海外贸易的兴起与扩张提供了充足的利润空间。由于当时东南亚国家的航海技术落后，中外之间的贸易自然而然地落到了中国商人的控制之中。然而海禁制度的存在使私人贸易必然采取走私贸易的形式。

前文已经提及，为了禁止私人海外贸易，朱元璋至迟在洪武四年已经颁布了海禁令，不允许私人随意出海贸易。但是这样的禁令显然没有得到完全执行，否则朱元璋也就不会一再颁布海禁令了。明成祖朱棣时期，颁布的海禁令减少了，有记录可查的海禁令仅仅颁布过两次。一些学者从海禁令颁布的次数判断，这代表了朱棣的开放思想，如果继续向前一步，就可以废除海禁制度，使中国转变成为一个开放的国家。另一些学者则认为这并不代表朱棣具有开放思想，相反，禁令的减少是官方航海活动排挤私人航海活动的结果。郑和下西洋每次出海，都需打造大量海船，带领大量士兵，这都使私人航海贸易所需的资本和人力受到严重影响，无法出海。笔者赞同后一种观点，明成祖朱棣即位之初即颁布诏令："时福建濒

① 陈国栋：《东亚海域一千年》，山东画报出版社，2006，第 82 页。

明清海盗（海商）的兴衰：基于全球经济发展的视角

海居民，私载海船，交通外国，因而为寇，郡县以闻。遂下令禁民间海船。原有海船者悉改为平头船。所在有司防其出入。"① 尖头海船能够远航，而平头海船不能远航，从此诏令中便可以看出明成祖并没有放松海禁的打算，他也不打算鼓励海外贸易的发展，所以朱棣完全谈不上具有开放的思想。当郑和下西洋结束之后，官方航海活动不再占用人力与资本，这立刻使私人海外贸易再度活跃起来，明宣宗在即位之初立刻颁布了他在位期间的第一个海禁令。

> 近岁官员军民不知遵守，往往私造海舟，假朝廷干办为名，擅自下番，扰害外夷或诱引为寇，比者已有擒获，各置重罪。尔宜申明前禁，榜谕缘海军民，有犯者许诸人首告，得实者给犯人家赀之半，知而不告及军卫有司纵之弗禁者，一体治罪。②

此后，历代皇帝都不时发布海禁令，《明实录》中也记载了一些因走私贸易违反海禁令而受到惩罚的案例。

> 成化七年（1471年），福建龙溪人丘弘敏一伙犯禁出海，到满剌加等国贸易，在暹罗诈称朝使，谒见暹罗国王，其妻冯氏亦谒见国王夫人并接受其珍宝等物。③
> 成化八年（1472年），福建龙溪县29人去国外贸易，被官军截杀。④
> 成化二十年（1484年），有37艘海外贸易大船停泊于广东潮州府界，被官军追杀。⑤

① 《明太宗实录》卷二七，永乐二年春正月辛酉，史语所本，第498页。
② 《明宣宗实录》卷一〇三，宣德八年七月己未，史语所本，第2308页。
③ 《明宪宗实录》卷九十七，成化七年十月己酉，史语所本，第1850页。
④ 《明宪宗实录》卷一〇三，成化八年四月癸酉，史语所本，第2009页。
⑤ 《明宪宗实录》卷二五九，成化二十年十二月辛未，史语所本，第4376页。

甚至打击走私贸易的行为还会引起走私贸易者与官府的对抗，比较有名的两起事件是正统年间（1436～1449年）广东黄萧养起义以及正德年间（1506～1521年）崇明岛上的施氏家族聚众起义。施氏家族起义事件源于施氏家族长期通过贿赂官绅从事走私贸易活动。该官绅认为自己收取的贿赂过低，提出了提高贿赂金额的要求，未得到施氏家族的同意，该官绅便将施氏家族长期从事走私贸易的事情汇报了官府，官府派人缉拿，激起施氏家族聚众抵抗官府。双方的对抗活动持续数年，以施氏家族投降结束。此次事件发生以后，官府对崇明岛居民从事航海贸易加强了管理，不允许崇明岛的居民继续从事长距离贸易，只允许保留部分小船从事捕鱼活动。规模更大的广东黄萧养起义也源于黄萧养从事走私贸易，福建晋江人蔡永谦说"黄萧养素侍蛮舟之役。家贫，有司不恤，沦为盗，长劫海舟，被捕系狱"。[1] 在狱中，黄萧养得到了监狱低级管理人员郑孔目的帮助，逃出了监狱，举起了反抗的大旗。黄萧养越狱之后，回到了他的根据地潘村，打造战船，不久便聚集了将近一万人的队伍。他带领这支队伍在广东沿海地区纵横驰骋，屡败官兵，人数迅速发展到了数十万，拥有船只两千余艘，对明朝在广东的统治构成了严重威胁。朝廷不得不派遣重兵支援广东。在朝廷的重兵围剿之下，黄萧养坚持了四年之后终被消灭。此次起义事件之后，朝廷认为这是地方对走私贸易管理不严的后果，因而再次颁布了严格的海禁令，严禁走私贸易的发生。

虽然出现了很多违反海禁令被抓捕的案例以及由此激起的反抗活动，但是总体上来说，私人海外贸易仍然取得了大规模发展，"成弘之际，豪门巨室间有乘巨舰贸易海外者"。[2] "广东地方，私

---

[1] 蔡永谦：《西山杂志》手稿本，转引自郑广南《中国海盗史》，华东理工大学出版社，1998，第168页。

[2] 张燮：《东西洋考》卷七"税饷考"，谢方点校，中华书局，1981，第131页。

通番舶，络绎不绝。"① 漳州城南五十里的月港已经由明初一个十分贫瘠的地方变成了一个繁华的海外贸易港口，"成弘之际，称小苏杭者，非月港乎"！② 可见朝廷的禁令并没有发挥多大的作用，民间通过各种方法规避了朝廷的禁令。

首先，出使海外的官员利用此机会夹带走私物品，参与海外贸易。景泰四年（1453 年），给事中潘本愚出使占城，回还时发现其下属 240 人共携带象牙、乌木、锡、蜡等违禁物品 1933 斤；成化十年（1474 年），工科右给事中陈俊出使占城，因为安南与占城发生战争，陈俊等人无法入港，便携带大量私货，假借遭风，前往满喇加（马六甲）贸易；成化十七年（1481 年），明朝使者前往占城册封，完毕后又前往满喇加（马六甲）贸易。③

其次，管理海防的官员利用自身的便利条件参与海外贸易。早在洪武四年（1371 年），即发生过福建兴化卫指挥李兴、李春私自派人出海贸易的事情，被朱元璋发现并治罪。④ 宣德九年（1434 年），漳州卫指挥覃庸等私自到国外贸易，很多海防高级官员都收受贿赂，被牵连进此案；正统三年（1438 年），福建备倭都指挥朱兴役使军士越境贸易；正统五年（1440 年），福建永宁卫都指挥佥事派人私自出海贸易，结果导致官兵溺水身亡。⑤

最后，更多的情况是商人通过贿赂官员出海贸易，与官员共同分享海外贸易的利益。成化年间的魏元是一个典型的清官，"屡迁都给事中，出为福建右参政，巡视海道，严禁越海私贩。巨商以重宝赂，（魏）元怒叱出之"。⑥ 这则史料告诉我们魏元并没有接受商人的贿赂，但是我们完全可以换一个角度理解这条史料，魏元因为

① 《明孝宗实录》卷七三，弘治六年三月丁丑，史语所本，第 1368 页。
② 转引自傅衣凌《明清社会经济变迁论》，中华书局，2007，原文见崇祯《海澄县志》卷十一《风土志》。
③ 李金明：《明代海外贸易史》，社会科学文献出版社，1990，第 87 ~ 88 页。
④ 《明太祖实录》卷七十，洪武四年十二月己未，史语所本，第 1307 页。
⑤ 李金明：《明代海外贸易史》，社会科学文献出版社，1990，第 87 页。
⑥ 张廷玉等撰《明史》卷一百八十，中华书局，1974，第 4474 页。

没有接受贿赂而被看作一个清官，恰恰表明了当时官员接受贿赂成风。另外一条史料也向我们展示了官商勾结进行海外贸易的情景。韦眷是成化帝派往广东的市舶太监，他的主要职责是接待朝贡使臣，并且严格禁止本国商人私自出海贸易。但是韦眷到任后不久，便接受了当地大商人的贿赂，"纵贾人通诸番，聚珍宝甚富"。[①] 可见，即使是皇帝身边最亲近的人，也愿意接受贿赂放纵私人海外贸易的发展。只是韦眷依仗皇帝赋予的权力在广东过于狂妄自大，将海外贸易大权独揽，与地方官员的利益产生了冲突，引起了地方官员的不满，终至番禺知县高瑶揭发他赃银巨万，[②] 被撤销了职务。从这两则史料中，我们可以清楚地看到当时官员与商人如何合作发展了私人海外贸易。

正是采用了上述种种办法，才有了私人海外贸易蓬勃发展的局面，尽管不合法，但也没有人愿意改变这种状态。对商人来说，尽管走私贸易需要向官员行贿，其成本却比直接武装反抗禁令的成本低很多，只要其贸易利润扣除了向官员行贿之后仍高于从事其他行业的利润，商人就不愿意冒动用武力的风险改变制度。官员作为这项制度的既得利益者，当然更不愿意改变制度，那样只会使他们无法继续分享海外贸易的利润。作为中央权力在地方的代理者，他们与委托人的目标却并不完全一致。在中央权力为谋求安全性而设置了这项制度以后，这项制度便成为地方官员牟利的工具。中央权力越衰败，作为代理者的地方官员就会从这项制度中受益越多。但是这样的架构稳定性是存在界限的，即海外贸易的规模不能过大以致严重危害中央权力的安全，或者中央不能将其权力过于集中。一旦外部条件改变，就会对这种稳定的架构形成冲击，继而导致冲突的发生。在 16 世纪中期，随着海外贸易的扩张以及嘉靖帝加强中央权力，一场冲突已经不可避免。

---

① 张廷玉等撰《明史》卷三〇四，中华书局，1974，第 7783 页。
② 张廷玉等撰《明史》卷一百六十一，中华书局，1974，第 4389 页。

第二节　嘉靖时期明朝海外贸易的变化

16世纪是全球贸易大扩张的年代，亚欧之间的贸易扩大，美洲被纳入全球贸易体系。中国的海外贸易也与全球同步，经历了迅速扩张的时期，但是对嘉靖时期的中国来说，扩张最主要的动力并非来自美洲的白银而是日本的白银，但是葡萄牙加入了中国的海外贸易，从而使贸易性质变成了全球性的。贸易的扩张与明朝海禁体制之间的平衡受到了越来越大的挑战。

一　葡萄牙对明朝体制的初次冲击

葡萄牙刚刚到达印度时，即发现中国的丝织品及瓷器在当地贸易中受欢迎程度极高，便急切地希望与中国贸易。由于语言的关系，当时葡萄牙并不知道这个盛产丝绸与瓷器的国度就是《马可·波罗游记》中记述的中国，因此葡萄牙国王在1508年向他的前线指挥官发出的信中指示：

> 询问那些秦人，他们来自哪个国家，路途有多远？他们通常在什么时候到马六甲或者其他地方经商贸易？带些什么货物？每年有多少商船到马六甲？他们驾驶什么样的船？是否当年返回？他们在马六甲等地是否有代理商或商站？他们是否富有？是否尚武？使用什么武器，是刀剑还是火铳？他们的穿着如何？身材是否高大？……他们是异教徒还是基督教徒？他们

的国家是否强大？那里有没有摩尔人？或者其他不遵奉本国信仰和法律的人？他们崇拜什么？有哪些风俗习惯？国土面积有多大？与谁为邻？①

1511 年，葡萄牙攻占马六甲之后，立刻筹备前往中国的贸易，并在 1513 年首次来到中国。由于葡萄牙并非明朝的朝贡国，又没有国王的国书，广东地方官员不允许葡萄牙人进入广州贸易，葡萄牙人只好在屯门与中国私商贸易，并且在那里竖起了一块标志着葡萄牙发现土地的石碑。虽然此次来到中国没有建立与中国的贸易关系，但是葡萄牙人通过与中国商人贸易仍然得到了大量丝绸、瓷器、硫磺、硝石以及桐油等产品，返回马六甲以后获得了丰厚的利润。更为重要的是，此次中国之行使葡萄牙获得了有关中国的许多非常重要的信息，发展与中国的贸易成为葡萄牙的一项重要活动。返回马六甲以后，葡萄牙商人立刻向国王曼努埃尔一世做了汇报，认为将中国的丝织品、麝香、珍珠等运到马六甲，"可获利三十倍"，中国"无所不有"，商机无处不在。②

在利润的刺激下，葡萄牙国王曼努埃尔一世立刻决定派遣使者前往中国，试图建立双方的贸易关系，同时也试探是否能够在中国修建堡垒或者"全部或部分征服中国的可能性"。③ 显然，葡萄牙国王这样的思维方式来自此前对印度和东南亚等很多地区的征服，认为中国也像那些国家一样会被轻易征服。由于对彼此的文化与制度缺乏了解，葡萄牙国王并未准备国书，而这正是明朝最看重的一点。然而即使如此，葡萄牙第一次派出的正式使团仍然得到了明朝皇帝的召见。这似乎是一个历史的玩笑，对于这些远道而来的异

明清海盗（海商）的兴衰：基于全球经济发展的视角

---

① *Cartas de Afffonso de Albuquerque*, vol. Ⅱ, p. 416, 转引自黄庆华《中葡关系史》上册，黄山书社，2006，第 74～75 页。

② 张天泽：《中葡早期通商史》，姚楠等译，香港：中华书局，1988，第 41 页。

③ 葡萄牙历史学家林若翰认为确实如此，参见黄庆华《中葡关系史》上册，黄山书社，2006，第 87 页。

族，正德皇帝只是感到非常有趣，对建立与他们的贸易关系却并不十分感兴趣。因此使团虽然受到了热情的接待，但是正德皇帝只是有兴趣学习他们的语言，而并不与之谈论他们感兴趣的贸易问题。非常不幸，这位中国历史上有名的荒唐皇帝在这次南巡的归途中不慎落水，回到京城以后病重而亡。

荒唐的正德皇帝无嗣，因此，皇位的继承问题引起了大臣们的激烈争论，最后，当时的首辅大臣杨廷和力排众议，确定了就藩湖广安陆的兴献王之子朱厚熜为皇帝，即嘉靖帝。嘉靖帝即位后的第一件对外事务便是处理葡萄牙使团的问题。嘉靖帝是旁支即位，又是一个年轻的皇帝，对此事情的处理完全反映了官僚集团的利益。官僚集团对正德优待葡萄牙使团本就不满，此时马六甲的使者又来到了明朝，向明朝述说了葡萄牙侵占其领土的事实，同时广州也传来葡萄牙军事进攻的消息，这使明朝认定了葡萄牙的侵略性，拒绝了葡萄牙使团建立贸易关系的请求，并且下令葡萄牙使团立刻离开明朝。

葡萄牙通过和平方法没有取得与中国的贸易关系，便采取了武力进攻的方式，这也是葡萄牙进入亚洲以来最常使用的方式。就在第一个使团还没有返回的时候，葡萄牙国王曼努埃尔一世已经派出了一支武装船队，准备像他们一贯在亚洲采取的行动那样，在中国沿海地区武力占领一个城市，将之作为与中国贸易的桥头堡。葡萄牙国王显然低估了中国的强大，当这支船队来到广州之后，受到了中国船队猛烈的进攻，大败而回。这次战争的失利虽然使葡萄牙意识到占领中国是一件很难的事情，但是葡萄牙又不想放弃与中国贸易丰厚的利润，于是加入了沿海存在已久的走私贸易之中。

葡萄牙首次来到中国以后，已经发现中国与亚洲其他几个庞大的帝国存在相似之处，即明朝政府对谁垄断海外贸易并不感兴趣，而且明朝政府似乎还更甚一步，中国的商人完全是违背政府的法令出海贸易的。这使葡萄牙可以轻易地击败中国商人，垄断中国与马六甲之间的贸易。在广州无法继续贸易的情况下，葡萄牙人便转移到了走私贸易活动活跃的福建。

葡萄牙参与走私贸易给明朝海外贸易格局带来了巨大变化。在葡萄牙未与明朝接触之前，明朝海外贸易实际上由两个部分组成：一是官方允许的朝贡贸易，这主要集中在广州，除日本由宁波入贡，琉球由福建入贡之外，所有通过海路来到明朝的朝贡船只均由广州入贡。朝贡贸易所得税收已经成为广东地方政府的重要收入。正德年间，广东地方官员吴廷举奏请开放广州贸易，外国船只，不论是否贡期，来到广州以后，只要能够缴纳足够的税收，便可以贸易。正德同意了广东的奏请，这使广州的海外贸易更加活跃。然而广东地方政府的行为也使很多守旧的官员感到不满，嘉靖帝即位以后，这些官员弹劾吴廷举，认为正是其开放广州贸易的措施才使葡萄牙人轻易混入广州，给边疆带来了不宁。这一弹劾得到了正欲加强中央集权的嘉靖帝的同意，在驱逐葡萄牙使团的同时，嘉靖帝也颁布命令，取消此前的贸易开放政策，重申了外国船只必须按照贡期前来。但是嘉靖帝的政策变动显然缺乏更广阔的视野，在其即位之时，葡萄牙已经吞并了马六甲，嘉靖帝虽然斥责了葡萄牙的吞并行为，但没有能力派出舰队帮助马六甲复国。这件事情带来的结果就是明朝不但丧失了一个主要的朝贡国，而且完全丧失了东南亚的朝贡贸易。葡萄牙在意识到与中国贸易利润丰厚之后，便以武力阻拦所有期望来到中国朝贡的国家。当嘉靖帝颁布命令要求东南亚各国必须严格按照贡期前来之时，实际上能够来到明朝进行朝贡的也许只有葡萄牙了。但是明朝又不允许葡萄牙成为朝贡国家，葡萄牙在广州外海建立一个立足点的愿望也落空了，于是葡萄牙北上进入福建和浙江沿海，这使广州的海外贸易立刻变得萧条起来，"由是番舶皆不至，竞趋福建漳州，两广公私匮乏"。[1] "安南、满剌加诸番舶，有司尽行阻绝，皆往福建漳州府海面地方，私自行商，于是

① 严从简：《殊域周咨录》卷九"佛郎机"，余思黎点校，中华书局，1993，第322页。

利归于闽，而广之市萧然也。"①

贸易的萧条立刻使广东地方财政收入受到了极大的影响，地方官员纷纷上疏皇帝，请求放松管制，允许外国船舶自由进港贸易，其中以林富的上疏最为有名，也最成功。嘉靖八年（1529 年），林富列举了若干互市的好处，请求恢复广东的互市，"请令广东番舶例，许通市者，毋得禁绝"。② 面对众多官员的请求以及广东面临的实际问题，嘉靖帝同意了开放广东互市，不过鉴于葡萄牙的蛮横无理，仍然严格禁止葡萄牙进入广州贸易。这就使政策的改变无法适应外界已发生的变化。葡萄牙既已武力垄断了中国与东南亚国家的贸易，不允许葡萄牙进入广州贸易，也就无法改变广州贸易萧条的局面，而继续促进福建、浙江沿海走私贸易的活跃。由于原本属于广东沿海得到朝廷允许的贸易也转移到了福建、浙江，走私贸易的规模变得更大，而嘉靖帝是一个一心要加强中央权威的皇帝，即位第二年发生的"礼仪之争"即充分体现了嘉靖帝的权力欲望与心机，冲突逐渐强化的结果就是朝廷更加密集地发布海禁令。

嘉靖三年（1524 年），因为发现福建沿海走私贸易活跃，朝廷下旨：

> 凡番夷贡船，官未报视而先迎贩私货者，如私贩苏木胡椒千斤以上例。交结番夷，互市称贷，结财构衅，及教诱为乱者，如川、广、云、贵、陕西例。私代番夷收买禁物者，如会同馆内外军民例。揽造违式海船，私鬻番夷者，如私将应禁军器出境，因而事泄例。③

嘉靖四年（1525 年），因为沿海地区人民私造双桅大船，往往

以贸易为名从事海盗行为，所以朝廷再度下旨：

> 查海舡但双桅者，即捕之。所载即非番物，以番物论，俱发戍边卫。官吏军民，知而故纵者，俱调发烟瘴。①

嘉靖八年（1529 年），因为"盘石卫指挥梅晔、姚英、张鸾等守黄华寨，受牙行贿，纵令私船入海为盗，通易番货，劫掠地方"，嘉靖帝发布诏令：

> 禁沿海居民，毋得私充牙行，居积番货，以为窝主。势豪违禁大船，悉报官拆毁，以杜后患，违者一体重治。②

嘉靖十二年（1533 年），因为"漳民私造双桅大船，擅用军器、火药，违禁商贩因而寇劫"，兵部要求：

> 浙、福、两广各官，督兵防剿，一切违禁大船，尽数毁之。自后沿海军民，私与贼市，其邻舍不举者连坐。各巡按御史速查连年纵寇及纵造海船官，具以名闻。③

嘉靖十五年（1536 年），兵部接受了御史白贲的建议，充实了沿海卫所的士兵，并且在居民经常出海的龙溪嵩屿设立了捕盗馆，加强对出海商民的管理。④

如果仅仅是葡萄牙加入走私，使走私贸易的规模扩大，武装贸易引入走私活动，还不至于引起嘉靖中期蔓延至东南沿海的倭患，但

① 《明世宗实录》卷五四，嘉靖四年八月甲辰，史语所本，第 1333 页。
② 《明世宗实录》卷一〇八，嘉靖八年十二月戊寅，史语所本，第 2551 页。
③ 《明世宗实录》卷一五四，嘉靖十二年九月辛亥，史语所本，第 3489 页。
④ 《明世宗实录》卷一八九，嘉靖十五年七月，史语所本，第 3997 页。

明清海盗（海商）的兴衰：基于全球经济发展的视角

是随着贸易的进一步扩张，冲突产生的可能性就大大增加了，而这种对外贸易的扩大与明朝自身的经济发展与结构也存在着重大关系。

二 明朝由用钞向用银的转变及其问题

秦朝灭亡六国、统一中国以后，也统一了全国的货币制度，从此，铜钱成为中国历代流通的主要货币。以铜钱为主导的货币制度，充分体现了中国小农社会的特征。然而铜钱价值小、体积大，易于沉淀于下层不易回收，历次朝代更替时，均有大量铜钱沉淀于民间使新政府只能按照前朝成色铸造新钱。① 因此铜钱制度保证了中国经历多次改朝换代后，铜钱的成色依然基本保持不变。可是这种制度也妨碍了政府利用铸币税增加收入。明朝建立后，为了摆脱对铜钱的依赖，采取了以纸钞取代铜钱的策略，以法律手段强制推行大明宝钞的流通，同时严格禁止金银与铜钱的流通。纸币的发行本来有助于解决金属货币流通的弊端，降低交易成本，有助于经济的发展。但是纸币的发行需要有效的制约机制，不能够无限发行，否则很快就会因为纸币滥发陷入通货膨胀而使纸币系统崩溃。宋元时期，中国民间和官方都曾发行纸币，但是无一例外都因陷入了严重的通货膨胀而崩溃。明朝推行的大明宝钞，也没有避免这种命运，宝钞很快就沦为弥补朝廷财政赤字的工具陷入滥发的境地，导致宝钞不断贬值。明朝前期钞、银比价见表 3 - 4。

表 3 - 4　明朝前期钞、银比价

时间	钞（贯）与银（两）比价	资料来源
洪武八年（1375 年）	1:1	《正德大明会典》卷 34《钞法》
洪武？年	15:1	《正德大明会典》卷 102《番货价值》

① 〔日〕黑田平申：《货币制度的世界史》，何平译，中国人民大学出版社，2007，第 92 ~ 93 页。

时间	钞（贯）与银（两）比价	资料来源
永乐五年（1407年）	80：1	《正德大明会典》卷34《钞法》
宣德七年（1432年）	100：1	《明宣宗实录》卷88
正统元年（1436年）	1000：1	《明英宗实录》卷15

资料来源：万明：《中国融入世界的步履：明与清前期海外政策比较研究》，社会科学文献出版社，2000，第151页。

    纸币的迅速贬值使政府完全丧失了信用，促使了民间自发寻找替代的交易媒介，并日益将交易媒介固定在白银上，"凡贸易金太贵而不便小用，且耗日多而产日少；米与钱贱而不便大用，钱近实而易伪易杂，米不能久，钞太虚亦复有溢滥；是以白金（银）之为币长也"。① 这个过程甚至早在洪武时期就已经开始了，"杭州诸郡商贾，不论货物贵贱，一以金银定价"。② 朝廷虽然屡加禁止，但是效果不佳。宣德时期，户部已经报告说："民间交易，惟用金银，钞滞不行。"③ 大明宝钞由于滥发而彻底失去了信用，在这场民间与朝廷的博弈中，朝廷不得不承认推行钞法的失败，正统元年（1436年），采纳了副都御史周铨等人的建议，将南直隶、浙江、江西、湖广、福建、广东、广西等地的田赋400多万石米麦等实物税折收金银，"米麦一石，折银二钱五分"。④ 此举标志着明朝已经承认了白银作为货币的合法地位。不久之后，白银已经在全国范围广泛流通，"弛用银之禁，朝野皆率用银"。⑤ 以白银作为流通货币，也刺激了商品流通的发展和市场的扩大。但是在白银需求迅速扩张的时候，其供给受到了开采量的限制。中国并非一个银矿丰富的国家，

---

① 王世贞：《弇州史料后集》卷三七"钞法"，明万历四十二年刻本，中国基本古籍库，第806页。

② 《明太祖实录》卷二五一，洪武三十年三月甲子，史语所本，第3632页。

③ 嵇璜：《续文献通考》卷十"钱币考"，清文渊阁四库全书本，中国基本古籍库，第185页。

④ 《明英宗实录》卷二三，正统元年十月戊寅，史语所本，第466页。

⑤ 张廷玉等撰《明史》卷八十一，中华书局，1974，第1964页。

在当时的技术条件下，很快就遇到了开采收益难以抵补支出的问题，银矿开采量日益下降。明代白银开采额见表 3 - 5。

表 3 - 5　明代白银开采额

时间	开采白银总额（两）	年均开采额（两）
建文四年至永乐二十一年（1402～1423 年）	4894898	222495
宣德元年至九年（1426～1434 年）	2300858	255651
正统元年至天顺七年（1436～1463 年）	930338	33226
成化元年至二十二年（1465～1486 年）	1409612	64073
成化二十三年至弘治十七年（1487～1504 年）	983312	54628
弘治十八年至正德十五年（1505～1520 年）	526720	32920
嘉靖元年至四十五年（1522～1566 年）	1928100	42847

资料来源：嘉靖以前数字出自梁方仲《明代矿银考》，见《梁方仲经济史论文集》，中华书局，1989，第 120～124 页；嘉靖时期数字出自王裕巽《明代白银国内开采与国外流入数额试考》，《中国钱币》1998 年第 3 期。

从表 3 - 5 中可以看出，明代白银开采在永乐、宣德时期达到最高峰，每年产量达到 22 万两以上。此后由于银矿枯竭，白银产量明显下滑。嘉靖年间，为了满足日益庞大的宫廷和军事开支，在全国掀起了开采白银的高潮。嘉靖十六年（1537 年），嘉靖帝"命广开山东等处银矿"，[1] 嘉靖三十五年（1556 年），嘉靖帝更是命令全国广开银矿，"既获玉旺峪矿银，帝谕阁臣广开采。……于是公私交骛矿利"。[2] 但是这次大规模开矿的效果并不理想，"嘉靖中采矿，费帑金三万余，得矿银二万八千五百，得不偿失"。[3] 与朝廷白银紧缺相比，经济发达的江南地区白银短缺更加严重。前来中国朝

[1]　嵇璜：《续文献通考》卷二十三"征榷考"，清文渊阁四库全书本，中国基本古籍库，第 477 页。
[2]　张廷玉等撰《明史》卷八十一，中华书局，1974，第 1971 页。
[3]　张廷玉等撰《明史》卷二三七，中华书局，1974，第 6181 页。

贡的日本使者对此问题深有感受，景泰年间，在北京银价为一两白银可卖一贯铜钱，在南京可卖二贯，在宁波可卖三贯。① 因此，日本使团经常利用朝贡的机会在中国地区间进行白银贸易赚取差价。谭纶曾经这样描述当时白银紧缺造成的民间疾苦。

> 夫天地间惟布帛菽粟为能年年生之，乃以其银之少而贵也，致使天下农夫织女终岁劳动，弗获少休，每当催科峻急之时，以数石之粟、数匹之帛不能易一金。彼一农之耕，一岁能得粟几石？一女之织，一岁能得帛几匹？若其贱若此，求其无贫不可得也。民既贫矣，则逋负必多，逋负多矣，则府库必竭，乃必至之理也。②

因此，整个明朝社会似乎患上了白银饥渴症，如果发现可以获取白银的途径，必然会引发开采或者贸易的热潮。此时，日本发现了丰富的银矿，从而引发了商人赴日贸易的热潮，也引起了走私贸易与海禁令之间的进一步冲突。

三　日本白银：官商冲突的催化剂

明朝建立之初，为了建立完整的朝贡体系，朱元璋也曾派使者前往日本，希望将日本纳入明朝的朝贡体系。但是日本当时正处在南北朝时期，加之因元朝的进攻，仍对中国怀有敌意，日本拒绝了朱元璋的要求。鉴于元朝两次进攻日本失败的教训，朱元璋并不愿意兴师动众攻打日本，而是将日本列入了永不讨伐的国家的行列。洪武十三年（1380 年），以胡惟庸勾引日本作乱为由，朱元璋彻底

① 〔日〕小叶田淳：《中世日中通交贸易史研究》，第 436 页，转引自张声振、郭洪茂《中日关系史》第一卷，社会科学文献出版社，2006，第 342 页。
② 谭纶：《谭襄敏公奏议》卷七"建从安长治疏"，清文渊阁四库全书本，中国基本古籍库，第 127 页。

禁绝了与日本的关系。

明成祖朱棣即位以后，从禁绝倭寇的角度考虑，仍然希望将日本纳入明朝的朝贡体系，便再次派遣使者前往日本。此时日本已经结束了南北朝战争，政局基本平稳，幕府将军足利义满本对与中国建立朝贡关系不感兴趣，但是在筑紫商人的劝说下，足利义满意识到与明朝建立朝贡关系可以得到巨额利润，因此同意了明成祖的请求，与明朝建立了朝贡关系。对于日本前来朝贡，明成祖感到十分高兴，赏赐格外丰厚。日本也利用献上本国海盗的机会，不断前来中国朝贡，并不遵守贡期与朝贡人员数量的限制，明朝大臣虽然对此颇有微词，但是明成祖并不计较。这个时期成为中日官方贸易最为活跃的时期，明成祖朱棣在位的 22 年间，日本共派出八次朝贡使团前来明朝，约平均每三年一次。① 但是明朝与日本的朝贡关系并不稳固，足利义满去世后，其子在西部武士的支持下，再度断绝了与明朝的朝贡关系。明宣宗即位后，有感于日本海盗的猖獗，再次向日本派出使者，要求日本前来朝贡。此时幕府也意识到断绝与明朝的朝贡关系并无好处，因此又恢复了朝贡关系。但是此时明王朝对朝贡的热情已经大为降低，建立与日本的朝贡关系只不过是希望以怀柔的手段使日本约束本国海盗。宣德条约虽然将日本朝贡使团的规模由永乐时期的 200 人增加到 300 人，但是并不再像永乐时期那样允许日本几乎每年都来朝贡，而是要求日本严格遵守十年一贡的贡期，因此，这一期间（第二期）的中日官方朝贡关系远不如之前（第一期）那样密切。日本曾经试图突破明王朝的限制，前几次前来朝贡时使团的规模不断扩大，第三次来到中国的人数竟然达到了千人，携带的贡品也不断增多。日本朝贡使团的扩大意味着明朝为贡品必须支出更多，这使已经虚弱不堪的明朝财政不堪重负，于是明王朝很快重申了条约规定，要求日本严格按照贡期以及人数

---

① 王晓秋、大庭修：《中日文化交流大系》历史卷，浙江人民出版社，1996，第 174 页。

限制前来明朝，否则不予接待。此后，日本朝贡使团便基本遵照宣德条约，恢复了 300 人左右的规模，并且基本按照十年一次的频率保持着与明朝的朝贡关系，从宣德七年（1432 年）到嘉靖二十七年（1548 年）间，日本一共派出了 12 次朝贡使团前来明朝。①

综合来看，明朝与日本的朝贡关系虽然经历了波折，但是基本保持了平稳。然而与官方朝贡关系的稳定不同，明朝前中期与日本的民间贸易并不发达，前文列举的《明实录》中发现的走私贸易案件，没有一起是前往日本贸易的，在日本史书中也没有明朝民间商人前往贸易的记录。造成这种状况的原因在于中国与日本产品需求结构的差异。随着日本南北朝时期的结束，其商品经济取得了一定的发展，每年需要从中国进口大量铜钱，这种进口完全是通过官方朝贡关系得到的。但是中国对日本商品的需求程度则明显不如日本对中国商品的需求那样迫切。在明日朝贡关系存续期间，日本向中国进贡的主要产品是刀剑、硫磺和铜。按照木宫泰炎的统计，第二期朝贡贸易期间，日本共向明朝进贡了约 20 万把刀剑，是最多的进贡物品；其次是硫磺，第三则是铜。第一次朝贡时输出即达到 20 万斤，第三次朝贡时输出了将近 40 万斤，第四次朝贡时输出 20 万斤，但是在此之后，硫磺从日本的朝贡品中消失了，这很可能是由于琉球同样能够进贡该物品，日本从进贡中获利不高。但是在硫磺输出量下降的同时，铜的输出量上升了，并且日益重要，第十次朝贡时，日本输出的铜的数量将近 30 万斤。日本铜的输出数量上升，一方面是中国铸造铜钱之用，另一方面是日本的铜没有精炼，里面含有大量的银，明朝可以继续从中提取白银。② 日本进贡明朝的主要产品大部分与军事相关，并不能激起明朝商人的兴趣，明朝私人海外贸易在此时期与日本关系不大也就不难理解了。

① 王晓秋、大庭修：《中日文化交流大系》历史卷，浙江人民出版社，1996，第 176 页。
② 〔日〕木宫泰炎：《日中文化交流史》，胡锡年译，商务印书馆，1980，第 575～578 页。

但是在嘉靖中期，前往日本贸易突然出现了扩张。根据朝鲜文献记载，从 16 世纪 40 年代起就有很多船只漂流到朝鲜半岛西南部各岛，这些船只大部分是福建船。按照当时的惯例，朝鲜将这些商人全部送回了中国。根据《明实录》记载，嘉靖二十五年（1546年）一次送回漂流至朝鲜半岛的中国走私商人 613 人，[1] 嘉靖二十六年（1547 年）又一次送回 341 人。两年总共送回约千人，这是以前从未发生过的事情，引起了明朝统治者的极度担忧。[2] 单单是被风吹往朝鲜的商人即有这样多，那么顺利到达日本贸易的人数应该远远超过这个数字。至于中国与日本之间为何出现了明显的贸易扩张，恐怕与白银存在重要关系。当朝鲜官员盘问因风漂往朝鲜半岛的中国商人时，他们的回答是为了购买日本银而秘密出海。[3] 日本商人在前来中国朝贡时，已经注意到中国对银的迫切需求，这恐怕也是日本开采银矿的重要原因，毕竟白银在当时并未成为日本的流通货币。1533 年，通过朝鲜，日本引进了中国的吹灰炼银法，可以对铜进一步精炼，提高了其银产量。1542 年，就在波托西银矿发现之前的三年，日本今天的兵库县发现了生野银山。另外，石见、左渡的银山、金山也相继被发现，并且大量开采供给国际市场。[4] 这个时间恰恰是中国商人大规模前往日本贸易不久后，由此也可以证明白银与明日民间贸易的扩张存在重大关系。关于日本白银是通过何种渠道被中国商人得知的，在中国史料中有两种说法，一种是洪朝选《芳洲先生全集》记载："嘉靖甲辰（1544 年）忽有漳通西洋番舶，为风飘至彼岛（日本），回易得利，归告其党，转相传走，于是漳泉始通倭。"[5] 另一种则是曾出使日本的商人郑舜功的说法，

---

① 《明世宗实录》卷三〇八，嘉靖二十五年二月壬寅，史语所本，第 5804 页。
② 《明世宗实录》卷三二一，嘉靖二十六年三月乙卯，史语所本，第 5963 页。
③ 〔日〕田中健夫：《倭寇——海上历史》，杨翰球译，武汉大学出版社，1987，第 66 页。
④ 〔日〕滨下武志：《中国、东亚与全球经济——区域和历史的视角》，王玉茹、赵劲松、张玮译，社会科学文献出版社，2009，第 63 页。
⑤ 洪朝选：《芳洲先生全集》瓶台谭候平寇碑，转引自徐晓望《早期台湾海峡史研究》，海风出版社，2006，第 81 页。

他认为1534年出使琉球的陈侃在候风返航的时间里，其从役听说往日本贸易可获巨利，即前往贸易，果然获得重利，从此以后闽人前往日本贸易的风气大盛。① 虽然渠道略有不同，但是都可以看出确实是在日本白银发现之后，才带动了中国商人前往日本贸易。伴随着中日民间贸易的活跃，中国与日本都有一批相关的港口兴起，在中国最为引人注目的便是宁波的外港——双屿港。

中国东南海域，每年6月至10月常为东南偏南风，10月至次年2月常刮西北偏北风，利用疾风航行可上达日本、下通东南亚。而宁波所处地理位置，对日本贸易尤其有利。宁波三面环海，连接大洋，又有便利的内河航运，可以经杭州贯通大运河，与江淮鲁直和北京相连，腹地广阔，而宁波自身所处的江浙地区在隋唐以后逐渐成为中国经济最发达地区，因此从唐朝中期开始，宁波便成为中日贸易的主要港口。明朝朱元璋更是将宁波作为日本朝贡的专用港口，中日贸易的繁荣自然刺激了宁波港的繁荣。但是由于明朝禁止私人海外贸易的存在，宁波无法成为合法贸易的地点，因此在宁波外海的舟山群岛便发展起来，双屿港的发展则最为引人注目。

关于双屿港的地理位置，朱纨扫荡双屿港以后用木桩封港，造成了今天双屿港的地理位置已经模糊不清，在史学界引起了很大争论。不过这并非本书关注的主要问题，对此不再详加讨论。与本书密切相关的是双屿港的兴起时间。大约在16世纪20年代，福建人金纸（子）老首先来到双屿港，与他一同到来的还有葡萄牙人。后福建李光头（李七，其姓名是李贵）、潮州饶平皇冈人许栋（许二），从福建越狱之后，也来到双屿港从事走私贸易活动，并逐渐在岛上建造房屋，形成一个港口城市的雏形。然而此时贸易仍然主要是面向东南亚而不是日本，东南亚的香料、苏木与中国的丝绸、生丝是最主要的贸易产品，贸易采用以货易货的方式进行。关于这

① 郑舜功：《日本一鉴》卷六"穷河话海·海市条"，民国二十八年影印本。

一时期贸易的规模，并没有多少可靠的资料，但是史学家普遍承认自 1544 年以后，双屿港才进入了大发展时期："私市自（嘉靖）二十三年始"①，"往返航行日本的船队规模每年都在增大"。② 关于这件事情，日本史料也有记录，1606 年日本种子岛岛主种子岛久时为了纪念铁炮传入日本而作的《铁炮记》被认为是一部可靠的史书，其中记录了葡萄牙人首次到达日本的事件。

> 我西村小浦有一大船，不知自何国来，船客百余人，其形不类，其语不通，见者以为奇怪矣。其中有大明儒生一人，名五峰者，今不详其姓氏。时西村主宰有织部丞者，颇解文字，偶遇五峰，以杖书于沙上云："船中之客，不知何国人也。何其形之异哉？"五峰即书云："此是西南蛮种之贾胡也。"③

这件事情发生在 1543 年，当时带领葡萄牙人前往日本的大明儒生号五峰者，正是后来大名鼎鼎的靖海王王直。可以设想，王直正是在贸易过程中遇到了葡萄牙人，而他们又听说了前往日本可以获得白银，这才有了葡萄牙人第一次前往日本。由于白银是葡萄牙从事亚欧贸易急需获得的商品，日本白银自然对其意义重大，葡萄牙人便设法与日本建立贸易关系，为此将制造火枪的技术传授给了种子岛居民。这次贸易持续了很长时间，直到 1545 年王直才从日本返回，并且带来了博多津倭助才门等三名日本商人前来贸易。④此次日本之行后，双屿港逐渐变成了一个对日贸易的中心，贸易往来变得十分频繁。1546 年，许栋的兄弟许四带领中国商人前往日

第三章 大航海时代初期「倭寇」的兴衰

---

① 胡宗宪编《筹海图编》卷八。
② 牟复礼主编《剑桥中国明代史》，中国社会科学出版社，1992，第 536 页。
③ 转引自松浦章《清代帆船东南亚航运与中国海商海盗研究》，上海辞书出版社，2009，第 283 页。
④ 郑舜功：《日本一鉴》卷六"穷河话海"，民国二十八年影印本。

本。第二年，这些人又带领日本人前来双屿港贸易。① 1548 年，日本萨摩州商人稽天、新四郎、芝涧等 5 人与中国商人林观应等上百人，乘坐船只前来双屿港贸易，被当时朱纨带领的明朝军队抓获，在审讯过程中，稽天供述是由于林观应等人介绍，才知道双屿港是一个通番大港，那里买卖甚好，因此"至今船船俱各带有本国之人前来贩番，尚有数百倭人在后来船内未到"。② 可见双屿港在这段时期内发展非常迅速。

双屿港贸易不但有中日商人参与其中，而且已经来到中国的葡萄牙人似乎成为了更重要的力量。关于葡萄牙人在双屿港参加贸易活动的情况，缺乏详细的历史资料，一个叫做费尔南德斯·平托的冒险家所写的《远游记》几乎是关于此事件的唯一史料。据他记载：到 1540 年或者 1541 年为止，葡萄牙人已经在那里盖了 1000 多所房子，双屿港一共有居民 3000 人，其中 1200 人是葡萄牙人，其余是各国的基督徒。葡萄牙人的买卖大部分使用来自日本的银条，贸易关系大概是在两三年之前建立的。③ 张天泽认为这条资料并不可信，认为平托完全是道听途说，夸大其词。④ 但是结合另一条史料，朱纨在攻破双屿港之后，一个月的时间内，不知道消息仍然前来贸易的船只达到了 1290 余艘。⑤ 虽然这些船只可能大部分都是近海航行的小船，但是也充分说明双屿港贸易的活跃程度。果真如此的话，那么平托所说就是真实的，葡萄牙人在双屿港的贸易中占据着重要的位置。

白银带来的中日贸易扩张，使双屿港发展成为一个国际性的贸易中心，中国、日本和葡萄牙商人都参与其中。但是迅速的扩张也

---

① 郑舜功：《日本一鉴》卷六"穷河话海"，民国二十八年影印本。
② 朱纨：《甓余杂集》卷二"议处夷贼以明典刑以消祸患事"，四库全书存目丛书集部第 78 册，齐鲁书社，1997，第 43 页。
③ 转引自张天泽《中葡早期通商史》，姚楠译，香港：中华书局，1988，第 65 页。
④ 张天泽：《中葡早期通商史》，姚楠译，香港：中华书局，1988，第 67 页。
⑤ 陈子龙等编《明经世文编》卷二〇五"双屿填港完工事"，中华书局，1962，第 2165 页。

意味着失衡，不同的贸易目的、手段和模式的冲突造成了海商集团化、武装化的倾向，时任都督万表敏锐地感受到了这种变化。他认为在16世纪20年代以前，浙江沿海并无人从事走私贸易活动，后来走私贸易刚刚出现时，也是"各自买卖，未尝为群"。不过随着贸易的扩张，便出现了"海上强弱相凌，互相劫夺，因各结踪，依附一雄强以为'船头'，或五十只，或一百只，结成群党，分泊各港。……自后日本、暹罗诸国无处不至，又哄带日本各岛贫穷倭奴，借其强悍，以为护翼，亦有纠合富实倭奴，出本互搭买卖，互为雄长，虽则收贩番货，俱成大寇"。① 现代很多学者往往将双屿港出现的海商集团化、武装化的趋势归结为朝廷打压的结果，然而万表的叙述告诉我们，海商集团化、武装化的倾向完全是海商之间为了垄断贸易进行竞争的结果。有两条史料可以让我们更进一步对这个问题加深认识。

　　第一条史料是浙江地方官曾经在宁波近海抓获了一些"黑番鬼"，审讯他们得知："佛郎机十人与伊一十三人，共漳州、宁波大小七十余人，驾船在海，将胡椒、银子换米、布、绸缎，买卖往来日本、漳州、宁波之间，趁机在海打劫。"② 另外一条史料则是俞大猷所说："有浙江、徽州等处番徒，勾引西南诸番，前至浙江之双屿港等处买卖，逃免广东市舶之税，及货尽将去之时，每每肆行劫掠。"③ 从这两条史料中可以看出，葡萄牙人正是万表所称海上大寇，即海盗。葡萄牙在其航海探险所到之处，都是实行的武装贸易，在新兴的中日贸易中也不例外。虽然不能排除如果没有葡萄牙人的参与，为了垄断利润丰厚的中日贸易，在中国商人之间也会相互争夺进而走向武装垄断的道路，但是葡萄牙人的参与显然大大加

---

① 万表：《海寇议》，明金声玉振集本，中国基本古籍库，第1页。
② 转引自朱纨《甓余杂集》卷二"议处夷贼以明典刑以消祸患事"，四库全书存目丛书集部第78册，齐鲁书社，1997，第44页。
③ 俞大猷：《正气堂集》卷七"论海势宜知海防宜密"，清道光刻本，中国基本古籍库，第79页。

速了这个过程："滨海之民以小舟装载货物，接济交易。夷人欺其单弱，杀而夺之。接济者不敢自往，聚数舟以为卫。其归也，许二辈遣倭一二十人持刃送之。倭人舟还，遇船即劫，遇人即杀，道中国劫夺之易，遂起各岛歆慕之心，而入寇之祸不可遏矣。"① "许二（栋）、王直辈通番渡海，常防劫夺，募岛夷之骁悍而善战者，蓄于舟中。"②

如果冲突仅仅在海上，那么这种冲突不会引起明政府任何的反应，但是沿海岛屿并不出产贸易产品，这些产品仍然需要从内陆供应，这就涉及内陆商人与海商之间的关系，贸易的迅速扩张也带来了两者之间关系的失衡，双方就利润的分配进行了激烈的博弈，海商在博弈过程中，由于处在非法的地位，似乎处在弱势地位。时任兵部侍郎郑晓记录道：

> 番货至辄赊奸商，久之，奸商欺负，多者万金，少不下千金，转展不肯偿。乃投贵官家，久之，贵官家欺负不肯偿，贪庚甚于奸商。番人泊近岛，遣人坐索，久之，竟不肯偿。番人乏食，出没海上为盗。贵官家欲其亟去，辄以危言撼官府云："番人据近岛，杀掠人，奈何不出一兵，备倭当如是？"及官府出兵，辄赍粮漏师，好言啗番人，利他日货至，且复赊我。如是者久之，番人大恨诸贵官家，言："我货本倭王物，尔价不我偿，我何以复倭王，不掠尔金宝，杀尔，倭王必杀我。"盘踞海洋不肯去。③

① 胡宗宪编《筹海图编》卷十一"经略一"，清文渊阁四库全书本，中国基本古籍库，第189页。
② 胡宗宪编《筹海图编》卷十一"经略一"，清文渊阁四库全书本，中国基本古籍库，第189页
③ 郑晓：《吾学篇》皇明四夷考卷上，明隆庆元年郭履淳刻本，中国基本古籍库，第594页。

朱纨在近海抓获的海商也曾控诉：

> 佛郎机十人与伊一十三人……将胡椒、银子换米、布、绸缎，买卖往来日本、漳州、宁波之间……在双屿被不知名客人撑小南船载麦一石，迸入番船，说有绵布、丝绸、湖丝，骗去银三百两，坐等不来。又宁波客人林老魁先与番人将银二百两，买缎子、绵布、丝绸，后将伊男留在番船，骗去银一十八两。又有不知名宁波客商哄称有湖丝十担，欲卖与番人，骗去银七百两；六担欲卖与日本人，骗去银三百两。[①]

海商也不甘心总是受到欺压，结果引起了双方日益激烈的冲突，终于引起了中央政权的注意，使冲突在更广阔的层面展开。

---

① 朱纨：《甓余杂集》卷二"议处夷贼以明典刑以消祸患事"，四库全书存目丛书集部第 78 册，齐鲁书社，1997，第 44 页。

第三节　"倭寇"的兴衰

一　朱纨禁海

朱纨,字子纯,号秋崖,南直隶苏州人,正德十六年(1521年)进士,被外放为景州知州,后改任开州知州。嘉靖初年调任南京刑部员外郎,后历任四川兵备副使、山东右布政使、广东左布政使,在任四川兵备副使时,与副总兵何卿共同平定了叛乱的番寨,声名鹊起。嘉靖二十五年(1546年)升任右副都御史,巡抚南赣。嘉靖二十六年(1547年)七月,朱纨又被改任为提督,负责浙、闽防务,巡抚浙江,开始了其最后的为官生涯。关于朱纨为何很快就被从江西调任闽浙,《明实录》中的史料提供了很好的解释。

　　按海上之事,初起于内地奸商王直、徐海等常阑出中国财物与番客市易,皆主于余姚谢氏。久之,谢氏颇抑勒其值,诸奸索之急。谢氏度负多,不能偿,则以言恐之曰,"吾将首汝于官"。诸奸既恨且惧,乃纠合徒党番客,夜劫谢氏,火其居,杀男女数人,大掠而去。县官仓皇申闻上司,云倭贼入寇。①

葡文文献对此问题也有记述。

----

① 《明世宗实录》卷三五〇,嘉靖二十八年七月条,史语所本,第6326~6327页。

据说此人（一个名叫佩雷拉的法官）将价值几千克克鲁扎多的货物交给了某个中国人，但交货之后这个中国人却杳如黄鹤。他决心为自己损失的货物取得补偿，并从那些与此事无关的人身上挽回损失。他纠集了18或20个游手好闲的无赖汉，乘黑夜袭击了距离双屿约两里格路的一个村庄，抢劫了11至12户人家，掳走了他们的妻子儿女，并毫无道理地杀害了大约10个人。这一暴行是对国家保护人民的法律的挑衅，和对神圣的财产权的蔑视，立刻引起了愤慨，周围的居民都站在受害者一方，共同向地方官员递交了一份禀帖，抱怨这些外国人所带来的烦恼，及此事所犯下的罪行。这一罪案得到了审理，浙江的道院或巡抚根据所提供的犯罪事实，下令将该地毁灭。①

葡萄牙人未必知道中国对这件事情的详细处理过程，也未必知道其杀害的是哪个人家，但是与中文史料相互对照，可以看出此次事件确实是商人之间的冲突造成的。谢氏正是郑晓等人提到的窝主，他们积欠了海商很多货物，这些海商既有葡萄牙人也有中国人。海商讨要他们的债务，但是因为走私贸易本身的非法性，他们根本得不到官府的支持，便转而采取了暴力方法。然而海商也许没有想到他们所杀的是一个显赫的家族，谢氏的祖上谢迁曾经是正德年间的大学士，这使地方官不敢自做主张，赶紧上报朝廷询问对此问题的处理办法，这才使一直以为沿海平安无事的嘉靖帝意识到沿海走私贸易的活跃与严重，嘉靖帝立刻决定对沿海走私贸易问题严加禁止。御史杨九泽则趁机奏言：

> 浙江宁、绍、台、温皆枕山滨海，连延福建福、兴、泉、

①　〔瑞典〕龙思泰：《早期澳门史》，吴义雄等译，章文钦校注，东方出版社，1997，第5～6页。

漳诸郡，时有倭患。沿海虽设卫所城池，控制要害，及巡海副使、备倭都司督兵捍御，但海贼出没无常，两省官员不相统摄，治御之法终难画一。往岁从言官请，特命重臣巡视，数年安堵。近因废格，寇复滋蔓。抑且浙之处州与福之福宁，连岁矿寇流毒，每征兵追捕，二府护（互）委，事与海寇略同。臣谓巡视重臣，亟宜复设，然须辖福建、浙江，兼制广东潮州，专驻漳州，南可防御广东，北可控制浙江，庶威令易行，事权归一。①

正在思考如何完全杜绝走私贸易的嘉靖帝同意了这个建议，其寻找的人选也正是此前有过丰富平灭盗寇经验的朱纨。就这样，朱纨从江西来到了福建、浙江，开始了其新的剿灭盗寇的任务。

作为一个出生在发达地区，并且在前线有着丰富剿灭盗寇经验的官员，朱纨深知自己要处理的并不是一件容易的事情，沿海势力盘根错节，参与走私贸易的最大集团就是地方的势要之家，谢氏被杀并不是一个偶然的事件，它所揭示的是走私贸易的参与程度之广、参与人员之复杂。此前也并非没有官员前往闽浙地区施行禁海的政策，但大都因为势要之家的阻挠半途而废，所以朱纨上任之前特地向嘉靖帝请求赋予他便宜行事的权力，不受言官的制约。② 嘉靖帝一心要剿灭沿海走私贸易，对朱纨的请求全部答应。

在得到了绝对权力后，朱纨来到任上，开始执行严厉的海禁政策。从朱纨向皇帝的请求中，我们可以知道朱纨对沿海走私贸易的情况了如指掌，尤其是对诸如林希元这样的退休官绅参与走私贸易深恶痛绝："此等乡官乃一方之蠹，多贤之玷，进思尽忠者之所忧，退思补过者之所耻。盖罢官闲住，不惜名检，招亡纳叛，广布爪

① 《明世宗实录》卷三二四，嘉靖二十六年六月条，史语所本，第6013～6014页。
② 陈子龙等编《明经世文编》卷二〇五"请明职掌以便遵行事"，中华书局，1962，第2156页。

牙，武断乡曲，把持官府。下海通番之人借其资本、籍其人船，动
称某府出入无忌，船货回还，先除原借本利，相对其余赃物平分，
盖不止一年，亦不止一家矣。"① 因此上任伊始，朱纨便采纳了福建
按察司金事项高的建议："不革渡船则海道不可清，不严保甲则海
防不可复。"② 再次重申海禁令，严格禁止私造双桅帆船，同时实行
了严格的保甲制度，一人出海，即全甲连坐，以此削弱聚集在沿海
岛屿的武装海商的实力。朱纨如此严厉的举措，立刻使走私贸易变
得萧条了，"旬月之间，虽月港、云霄、诏安、梅岭等处，素称难
制，俱就约束。府县各官，交口称便，虽知县林松先慢其令，亦称
今日躬行，大有所得"。③

在制止了沿海走私贸易以后，朱纨便着手加强海防，准备进攻
盘踞在沿海岛屿的走私武装海商。摆在朱纨面前的是一个破败不堪
的沿海防御体系，沿海岛屿上的水寨因为无人防守大多已经完全废
弃，沿海卫所的人员也大部分逃亡，只剩下一些老弱病残，船只则
更是缺损严重，如铜山北寨原有战船 20 只，此时仅剩 1 只；玄钟
澳原有战船 20 只，此时仅剩下 4 只；浯屿寨原有 40 只，此时则仅
剩 13 只。④ 为了加强军事力量，朱纨重建了一些沿海岛屿的水寨，
并且招募人员充实卫所。当然，更重要的是加强战舰的修建，沿海
卫所的船只大部分都已经难以修复，进攻又急需船只，朱纨便主要
以购买的方法迅速得到大批船只。对于查获的装运走私违禁物品的
船只，"姑免其罪，量其船只高下，估价购买，给与官银，分给急
缺战哨官船寨澳、巡司，编号公用"。⑤ 另外，还从广东购买以铁力
木制造的乌尾船，这种船板厚 7 寸，长 10 丈，阔 3 丈余，"其硬如
铁，触之无不碎，冲之无不破，远可支六七十年，近亦可耐五十

① 陈子龙等编《明经世文编》卷二〇五"阅视海防事"，中华书局，1962，第 2158 页。
② 张廷玉等撰《明史》卷二〇五，中华书局，1974，第 5404 页。
③ 陈子龙等编《明经世文编》卷二〇五"阅视海防事"，中华书局，1962，第 2159 页。
④ 陈子龙等编《明经世文编》卷二〇五"阅视海防事"，中华书局，1962，第 2157 页。
⑤ 陈子龙等编《明经世文编》卷二〇五"阅视海防事"，中华书局，1962，第 2166 页。

年，是佛郎机所望而畏者也"。①

在做好这些准备工作之后，朱纨率领军队向盘踞在沿海岛屿的海盗发动了进攻，其首要目标便是宁波的双屿港。嘉靖二十八年（1549 年）二月，朱纨率领的官军一举攻占了双屿港，将港口兴建的天妃宫、教堂、医院、民房等建筑物尽行毁坏，又一把火烧了停泊在港中的商船及其货物。为了彻底杜绝走私贸易，朱纨命令进攻双屿港的官兵驻守在此地，但是这些福建官兵并不愿意驻守在异乡，朱纨无奈，只好采取聚木石填港口的办法，一举填塞了双屿港的南北各港口，使双屿港彻底失去了作为港口的功能。然后朱纨继续带兵南下，追击在双屿港中被击溃的各国海商，在福建诏安的走马溪再次取得了大胜，擒获了 96 名中国与葡萄牙海盗，将他们全部正法。

沿海地区的走私贸易，经过朱纨如此大力整顿，已经基本处于断绝的状态，但是正如朱纨自己预计的那样，沿海参与走私贸易者众多，利益盘根错节，尤其是很多类似谢氏家族和林希元这样曾经在朝为官的势家大族参与其中，走私贸易的断绝无疑使他们的利益受到沉重的打击，他们不会就此善罢甘休，坐以待毙，会采取种种办法阻挠朱纨的海禁措施，其中最重要的当然要算在朝廷中诋毁朱纨。东南地方，自宋元以来便是中国经济发达之地，这种状态在明朝得到了进一步延续，发达的经济支持了教育发展，使东南沿海地方在朝廷做官的人数始终在各区域中居于领先地位，这对朝廷的决策自然形成了强大的影响，"福建多贤之乡，廷论素所倚重"。② 这些在朝为官的人员很显然会为他们自己所代表的利益集团争取利益。

当然，朱纨执行严厉的海禁政策是嘉靖帝的旨意，任何一个官

---

① 陈子龙等编《明经世文编》卷二〇五"阅视海防事"，中华书局，1962，第 2170 页。
② 陈子龙等编《明经世文编》卷二〇五"巡阅海防事疏"，中华书局，1962，第 2157页。

员都不会直接控告朱纨执行的海禁政策存在错误，但是他们利用嘉靖帝的多疑与刚愎自用迂回地破坏削弱乃至解除朱纨的权力，进而达到破坏海禁政策的目的。双屿之战中被杀死的走私商人张珠，是署府事推官张德熹的叔叔。[1] 御史周亮是张德熹的乡友，双屿之战以后，即以扰民抨击朱纨："纨原系浙江巡抚，所兼辖者止于福建海防，今每事遥制，诸司往来奔命，大为民扰。"给事中叶镗也上疏："纨以一人兼辖两省，非独闽中供应不足，即如近日倭夷入贡，舣舟浙江海口，而纨方在福建督捕惠安等县流贼，彼此交急，简书狎至，纨一身奔命，已不能及矣。今闽、浙既设有海道专官，苟得其人，自不必用御史，如不得已，不如两省各设一员。"[2] 对官员的上疏，吏部经过讨论以后认为浙江本就没有巡抚的设置，只是在紧急情况之下设立巡抚，一旦事态平息，立刻裁撤，嘉靖帝遵从了吏部的意见，"浙江巡抚，去岁无故添设，一时诸臣依违议覆，以致政体纷更。今依拟，朱纨仍改巡视，事宁回京。凡一切政务，巡按御史如旧规行"。[3] 走马溪之战后，朱纨不经嘉靖帝同意，便处死了抓获的96名中国和葡萄牙走私商人，这件事情传到京城以后，再次引起了很大的震动，浙江鄞人、左都御史屠侨便唆使御史陈九德上疏嘉靖帝弹劾朱纨"不俟奏覆，擅专刑戮，请治其罪，并坐镗及乔等"。[4] 嘉靖帝得知此事后的震怒可想而知，作为一个对权力十分钟爱的皇帝，这是最不能容忍的事情，尽管他曾经给予朱纨巨大的权力。嘉靖帝仍然保持了一定程度的理智，派遣给事中杜汝桢会同巡按御史陈宗夔调查此事，不过显然这两个官员都属于弛禁一派，或者接受了他们的贿赂，回来向嘉靖帝报告说朱纨所杀的96个人并非是倭寇、海盗，只不过是从事贸易活动的普通商人，虽然贸易

---

① 朱纨：《甓余杂集》卷五"申论不职官员背公私党废坏纪纲事"，四库全书存目丛书集部第78册，齐鲁书社，1997，第114页。

② 《明世宗实录》卷三三八，嘉靖二十七年七月戊戌，史语所本，第6167～6168页。

③ 《明世宗实录》卷三三八，嘉靖二十七年七月甲戌，史语所本，第6167～6168页。

④ 《明世宗实录》卷三四七，嘉靖二十八年四月庚戌，史语所本，第6285页。

不在合法范围之内，但是并没有朱纨所说的海盗行为。兵部会同三法司商议的结果，也认为嘉靖帝虽然赋予了朱纨"便宜行事"的权力，但是此事在二月发生，朱纨到三月才奏报，显然并不属于嘉靖帝赋予权力的范围。这使嘉靖帝再也无法容忍朱纨，一年之前嘉靖帝曾经信任的夏言被处死的原因很大程度上便是夏言企图专权，今天的朱纨再被扣上同样的帽子，自然也免不了悲剧的结局。不过嘉靖帝似乎对朱纨网开一面，仅仅是将朱纨撤职，调回京城接受审查，而将其部下打入了死囚牢。不过朱纨自知嘉靖帝的性格，也知道闽浙参与走私贸易的势家大族的势力强大，"纵天子不欲我死，闽、浙人必杀我。吾死，自决之，不须人也"。① 于是，朱纨选择了自杀，其实施的海禁也就此结束。

对朱纨之死，各方评价不一，有人认为朱纨虽然勇于任事，但是其做法太过绝对，导致沿海平民无以为生，势家大族更是因此断了财路，遂使自己完全站到了当地各种势力的对立面上，怨言四起，最终被罢免自杀。另外则有人认为朱纨是无辜的，如果其在位时间更长，那么沿海的防御体系将会更加牢固，也就不会有倭患的事情发生。然而无论如何，这件事情本身显示了沿海参与走私贸易的集团势力强大，他们在与海禁派的第一次交锋中取得了胜利。此后，"自纨死，罢巡视大臣不设，中外摇手不敢言海禁事"。② 走私贸易变得更加活跃，"自纨死，海禁复弛，佛郎机遂纵横海上无所忌"。③ "自是舶主土豪益自喜，为奸日甚，官司莫敢禁。"④ 王直即是在此背景下得以崛起。然而最大的海禁派就是嘉靖帝本人，虽然一时利用嘉靖帝的刚愎自用杀了朱纨，废除了海禁政策，但是并没有触及问题的根本之处，朱纨也不是因为海禁执行不力被皇帝免职

① 张廷玉等撰《明史》卷二〇五，中华书局，1974，第5405页。
② 张廷玉等撰《明史》卷二〇五，中华书局，1974，第5405页。
③ 张廷玉等撰《明史》卷三二五，中华书局，1974，第8432页。
④ 谷应泰编《明史记事本末》卷五十五"沿海倭乱"，中华书局，1977，第847页。

的，这就使冲突实际上被延缓并且被进一步激化，以至于一场席卷整个东南沿海、历时十数年的倭患终于爆发。

二　王直崛起与再受打击

朱纨自杀以后，沿海的走私贸易再度活跃，先前被朱纨驱赶的海商也有很大一部分重新回到了舟山群岛，虽然双屿港已经不能再作为港口使用，但是仍然有诸如沥港、横港等可以作为远洋船只进出的港口。不过与朱纨实行严厉的海禁政策之前相比，此时的走私活动还是产生了一些差别，即葡萄牙人再未出现在浙江沿海地区，中国商人主导了此时闽浙沿海的走私贸易，其集团化趋势也更加明显，竞争也明显加剧。在这些海商集团中，最为强大的当属王直领导的海商集团，他也引起了嘉靖帝注意并且再次遭受打击。

关于王直的身世，郑若曾曾这样记述：

> 王直者，歙人也。少落魄，有任侠气，及壮多智略，善施与，以故人宗信之。一时恶少，若叶宗满、徐惟学、谢和、方廷助等，皆乐与之游。间尝试、相与谋曰："中国法度森严，动辄触禁，孰与海外逍遥哉？"……遂起邪谋。嘉靖十九年，时海禁尚弛。直与叶宗满等之广东，造巨舰，将带丝绵、硝黄等违禁物，抵日本、暹罗，往来互市者五六年，致富不赀。[①]

从这段记录中我们可以看出，王直是徽州人，徽州是徽商的故乡，有深厚的经营贸易传统，王直受到家乡经商传统的影响，很早就显示出了经商才能。王直首先投入的可能是当时徽商主要经营的盐业，此后由于经营盐业失败或者是由于看到海外贸易利润更高，才转而从事海外贸易活动。王直最初投身海外贸易的时间大概是

---

① 转引自胡宗宪编《筹海图编》卷九"大捷考"，清文渊阁四库全书本，中国基本古籍库，第156页。

1540 年，此时葡萄牙人已经占据马六甲很多年，在中国沿海地区也已经活动多年，因此王直必然与葡萄牙人之间存在着联系。正如前文所述，正是王直带领葡萄牙人首先前往日本，发现了与日本贸易的机会。从日本回来之后，王直加入了已经盘踞在双屿港的许氏兄弟集团，凭借其丰富的海外贸易经验和与日本、葡萄牙人的密切关系，成为许氏兄弟的得力助手。当朱纨率领军队进攻双屿港之时，王直正在外地从事贸易，没有回到双屿港，实力并没有因此受到严重损害。当朱纨被罢免自杀以后，原来盘踞在双屿港的许氏兄弟等人或者被杀，或者不愿意再继续从事海外贸易活动，王直便被推为首领，占据沥港继续从事海外贸易活动。

与许氏兄弟和葡萄牙更多地以武力威胁内陆的势家大族和商人不同，王直更多地选择与地方政府合作。这一方面是为了借助官方的力量打击竞争对手，另一方面，更重要的则是为了能够使海外贸易合法化，更加稳定、长久地赚取利润。地方官员对此问题也有类似的看法。朱纨实行严厉的海禁政策，断绝了走私贸易，使地方财政收入也受到了极大的影响；与此同时，为了打击海商，建立一个强大的沿海防御体系，地方政府的开支又大幅度上升，地方政府和人民难免背上沉重的负担，朱纨十分清楚他的做法给当地民众带来的沉重负担："百凡供亿，皆出小民膏血，亦应常加点阅，使兵皆强壮，毋致闲旷，庶几地方有赖，不致浪费钱粮。"[①] 可是为了能够完成皇帝的任务，却又认为必须如此。不过随着朱纨的自杀，其他官员不愿意再执行这样的政策，"浙中卫所四十一，战船四百三十九，尺籍尽耗。纨招福、清捕盗船四十余，分布海道，在台州海门卫者十有四，为黄岩外障。副使丁湛尽遣散之，撤备弛禁"。[②] 放松了海防虽然使地方政府的财政负担大为减轻，但是也使地方政府无力继续执行在海上的治安任务，地方政府不得不借助愿意与政府合

①　陈子龙等编《明经世文编》卷二〇六"巡阅海防事"，中华书局，1962，第 2177 页。
②　张廷玉等撰《明史》卷二〇五，中华书局，1974，第 5405 页。

作的武装海商的力量。于是双方一拍即合，在解散朱纨建立的水师的同时，浙江海道副使江西人丁湛与王直私下达成了协议，以允许王直贸易作为条件，借助王直的力量维护沿海地区的安全。

嘉靖二十九年（1550 年），卢七、沈九勾引倭夷进攻钱塘，丁湛急忙寻求王直的帮助，王直则立刻前往钱塘，捉拿了卢七等人献给了丁湛。官府在借助王直的力量平定沿海地区海盗的同时，王直也在利用与官府的合作打击竞争对手，垄断与海外的贸易。当时盘踞在舟山群岛的不仅有王直集团，陈思盼是其最大的竞争对手，王直所驻沥港每次出海进港都要经过陈思盼占据的横港，其船只也曾多次为陈思盼所劫，双方的竞争你死我活，王直一时并没有占据上风。但是与王直相对更注重贸易不同，陈思盼可能劫掠成性，不断地兼并在舟山群岛存在的各个走私贸易集团，引起了众怒。一个王姓船主的船只和人员被陈思盼强行兼并以后，引起了他们的愤怒，这些海商便暗自联络王直，消灭陈思盼。这给了王直一个消灭陈思盼的好机会，利用陈思盼出外劫掠未归的时候，王直联络了慈溪一个从事走私贸易的大族柴德美，请他派出了几百名家丁，双方合力一举消灭了陈思盼集团。王直将陈思盼的侄子陈四等一干人等交给了宁波官府，自己与柴德美则将陈思盼的财宝和人员进行瓜分。消灭了陈思盼，从此在舟山群岛再也没有哪个集团能够与王直抗衡，王直的声威大震，所有出海贸易的海商都不得不依附于王直，"由是海上之寇，非受王直节制者，不得自存，而直之名始振詟海舶矣"。[1] "新结帮伙，必请五峰旗号，方敢海上行驶，五峰之势于此益张"，形成了"海上遂无二贼的局面"。[2] 很多明朝将官，也纷纷与王直建立良好的关系，"边卫军官，有献红袍玉带者。把总张四维，因与柴德美交厚，得以结识王直，见即拜伏叩头，甘为臣仆，

---

① 胡宗宪编《筹海图编》卷五 "浙江倭变记"，清文渊阁四库全书本，中国基本古籍库，第 74 页。
② 万表：《海寇议》，明金声玉振集本，中国基本古籍库，第 1 页。

五峰令其送货，一呼即往，自以为荣"。①

王直与地方官府的合作还算愉快，王直借助官府的力量消灭了与之竞争的其他海商海盗集团，扩张了自己的势力，在很大程度上垄断了中日贸易；官府也借助王直的力量消灭了其他海盗，维护了沿海的治安。所以即使对王直颇为不满的都督万表，对浙江海道借助这种办法维持沿海安全也颇为称道，认为这是以贼攻贼的好办法。但是王直与浙江海道的合作仍然是带有私人与地方性质的，并没有得到皇帝的认可，因此这种合作必然是脆弱的，嘉靖帝能否认同这种合作才是合作能否制度化的关键。然而问题便在于此，嘉靖帝虽然罢免了朱纨，但并非由于朱纨执行海禁政策不力，而是朱纨专权触到了嘉靖帝的痛处，嘉靖帝从来也没有放弃过海禁政策的执行，官僚集团也从未能够正面说服嘉靖帝放弃海禁政策。因此嘉靖帝一旦知道沿海地区走私贸易盛行，必然实行更加严厉的海禁政策。

嘉靖三十一年（1552 年），一场更大的冲突事件发生了。是年，"漳、泉海贼勾引倭奴万余人，驾船千余艘，自浙江舟山、象山等处登岸，流劫台、温、宁、绍间，攻陷城寨，杀虏居民无数"。② 当王直接到浙江海道的通知，前往黄岩准备捉拿进犯的海寇之时，这些海寇已经成功撤退。这是朱纨被罢免以来首次出现的重大海盗事件，明朝的县治第一次被海盗攻克。这使一直认为沿海地区经过整顿以后已经平安无事的嘉靖帝意识到自己受到了欺骗，他立刻罢免了浙江海道副使丁湛，同时听从给事中王国祯、都御史朱瑞的建议，再次为沿海地区的安全问题设置了都御史，巡视浙江兼管福、兴、漳、泉军务。一直在太原前线督战与蒙古部落作战的王忬被任命为都御史，并以俞大猷、汤克宽为浙闽参将，辅助剿除海寇。

王忬到达浙江以后，首先面对的问题就是如何处理与王直的关

----

① 万表：《海寇议》，明金声玉振集本，中国基本古籍库，第 2 页。
② 《明世宗实录》卷三八四，嘉靖三十一年四月丙子，史语所本，第 6789 页。

系。嘉靖帝再次设置都御史的目的，仍然是要取缔沿海的走私贸易，而王直正是此时最大的走私贸易集团，显然应该成为被打击的对象。对于王直曾经维持沿海治安，本来就有很多地方官员不以为然，俞大猷和万表就坚决认为王直是东南沿海地区最大的海寇。俞大猷怀疑王直和进攻黄岩的海寇本就是一伙，在接到海道的通知以后，王直没有及时赶到是故意放纵海寇劫掠。万表虽然赞同过以贼攻贼的策略，但是当王直消灭了其他海寇之后，万表就将目标对准了他，"自陷黄岩，屠雾霭，而其志益骄。其后四散劫掠，不于余姚，则于观海，不于乐清，则于瑞安"。① 王忬接受了这些官员的意见，派俞大猷"驱舟师数千围之"。王直对这次突然进攻毫无准备，匆忙突围，只带领了两千余人逃出沥港，逃往日本五岛地区。舟山群岛的走私贸易，在经过了短暂的复兴之后，再次受到严重打击。

三 打击"倭寇"

关于"嘉靖倭患"的起因，一直存在诸多争论，很多当时和现代的学者，甚至将宁波争贡之役看作嘉靖时期倭患的起点。但是如果将嘉靖时期倭患看作一场大规模的动乱的话，那么宁波争贡之役显然不能被看作嘉靖时期倭患的起点。在这场日本地方贵族为了争夺与明朝贸易权而引起的冲突之后，明朝虽然断绝了与日本的朝贡关系，但是日本的使团仍然前来朝贡，明朝方面也都给予了接待，即使是在朱纨执行严格的海禁政策之时，朱纨仍然按照朝贡的礼节接待了日本使团，并且安排使团进京朝贡。因此，将 20 年后才兴起的大规模冲突归结到 20 年前发生的宁波争贡之役显然并不十分妥当。如果非要给"嘉靖倭患"一个明确的起点，那么我们不妨将起点定在王直被俞大猷驱逐之后。

朱纨禁海失败以后，浙江、福建沿海的走私海外贸易再次趋于

---

① 胡宗宪编《筹海图编》卷十一"经略一"，清文渊阁四库全书本，中国基本古籍库，第 189 页。

活跃，虽然有海盗事件发生，但是随着王直与浙江海盗的合作，王直逐渐控制了沿海地区的贸易与治安，沿海虽然仍然有海盗事件发生，但是总体上来说逐渐受到了抑制。如果合作能够继续下去，那么有可能使沿海地区在贸易发达的同时不至于陷入混乱状态。但是这样的假设几乎是不可能的，即使没有黄岩事件，嘉靖帝也绝不允许这样的合作继续下去，这是对其权力的巨大挑战，所以俞大猷驱逐王直的事件可以说是一种历史的必然。然而问题在于通过与官府的合作，王直已经基本控制了沿海地区，所有大大小小的海商与海盗，虽然并不归他的直接管辖，但是基本上服从王直制定的规则，从而使整个海洋和沿海地区的秩序得到了维护。俞大猷在没有做好充分准备的情况下，贸然攻击王直，虽然驱逐了王直，但是海洋与沿海的秩序则从此失控，从而导致了"嘉靖倭患"的爆发。

王直被驱逐导致了沿海地区海外贸易系统陷于瘫痪，很多依附于王直的海上势力，以及前来贸易的各地商人，都因为王直被驱逐失去了生计。其中一些人便铤而走险，变成了真正的海盗。起初这些人并不敢挑战官军，只是在远离官军的地方劫掠。但是一次不期而遇的战斗改变了海盗对官军的看法，当萧显率领一小股海盗劫掠的时候，遇到了官军的围剿，但是萧显轻易地击败了官军，因此海盗们认为官军的战斗力并没有想象中那么强大，尽量避开官军的活动从此变成了直接向官军的挑战，"是时贼魁数辈，而萧显者号为尤狡，率劲倭四百屠南沙，还逼松江。松江守告急"。[①] 王直、徐海等被俞大猷驱逐到日本的海商，也从日本补充了兵员，参与到对沿海地区的进攻中来，一时间，整个东南沿海地区变成了海盗活动的天堂，"南自台、宁、嘉、湖，以及苏、松，至于淮北，滨海数千里，同时告警"。[②] 这次进攻持续了三个月，苏、松、宁、绍诸卫

明清海盗（海商）的兴衰：基于全球经济发展的视角

---

① 焦竑：《国朝献征录》卷五十八"都察院五"，明万历四十四年徐象橒曼山馆刻本，中国基本古籍库，第 2088 页。

② 《明世宗实录》卷三九六，嘉靖三十二年闰三月甲戌，史语所本，第 6971 页。

所，州县被焚掠者 20 余处。[①] 海盗所经过的地方，村舍完全成为废墟，男女或被杀，或被掠，惨不忍睹。此后，海盗开始连年入寇，嘉靖时期倭患大规模爆发。

这场战争持续时间长达十余年，如果以王直被俘作为分界点，可以划分为两个阶段。第一阶段的战场主要在浙江与江南地区，这里是明代丝绸与生丝的生产中心，也是对日贸易最方便的地点，因此在这里发生的战争也鲜明地体现了这场战争的贸易性质。起初，官军在与海盗作战的过程中处于不利地位，这种不利地位既与明朝军队缺乏战斗力有关，沿海地区军队大多参加走私贸易，并不愿意为朝廷卖力，也与明朝上层各利益集团之间的冲突密切相关。在嘉靖时期倭患爆发以后，面对来自海上的进攻，有着丰富抗击游牧民族经验的王忬也束手无策，被嘉靖帝调离，改为任命在湖广地区有着丰富镇压叛乱经验的张经，"不妨原务兼都察院右副都御史，总督南直隶、浙江、山东、两广等处军务，一应兵食俱听其便宜处分，临阵之际不用命者，武官都指挥以下，文官五品以下，许以军法从事"。[②]

张经的经历与朱纨有些类似，均是在文官任上参与镇压叛乱，并取得了很大成就，而且与沿海走私利益集团也几乎没有瓜葛。张经上任以后，与朱纨一样认识到了沿海地区的利益关系，并且认为江浙一带地区官兵战斗力薄弱，完全不可以使用，因此坚决要求使用自己在湖广地区镇压叛乱的狼土兵，希望利用狼土兵一举歼灭进犯的海盗。但是在朝廷中以严嵩为首的一批大臣，对严格禁止海外贸易并不赞同，虽然其中有严嵩收取贿赂的原因，但是这的确代表了很大一部分官僚的意见。严嵩担心对沿海走私贸易的打击过大，也为了自己的权力着想，推荐赵文华前往浙江祭海。嘉靖帝虽然是一个一心要禁止海外贸易的皇帝，但是同时也害怕地方大臣权力过大，授予张经过大的权力之后，也需要对其有所监督，于是同意了严嵩的建议，派遣赵文华前往浙江，名为祭海，实为督军，监视与牵制张经，这就使前线的权力中心变成了两个。赵文华到达浙江以后，便催促张经向海盗发起进攻，但是遭到了张经的拒绝，他坚决要求等待所有狼土兵到齐之后才发动进攻。赵文华无法指挥张经，便心存怨恨，赵文华回到京城以后，上疏弹劾张经："养寇糜财，屡失进兵机宜。惑于参将汤克宽谬言，欲俟倭饱载出洋，以水兵掠余贼报功塞责耳。宜亟治，以纾东南大祸。"① 嘉靖帝便询问严嵩对此问题的了解，严嵩与江南、浙江的望族、大臣交往甚密，便与赵文华一同诬陷张经，不但说赵文华所奏属实，而且还说苏松人对张经此种行为多有怨言，因此应将张经等人治罪。嘉靖帝听从了严嵩的建议，准备将张经、汤克宽等人解送来京治罪。就在此时，前方传来张经取得王江泾大捷的消息，一些官员趁机求情，认为临阵换帅并不是解决问题的好办法，然而严嵩和赵文华却认为张经是在赵文华的压力之下才出兵的，更加证明了张经的罪行，这使嘉靖帝更加震怒，将张经和李天宠抓入了京城。张经虽然上疏自辩，认为等待狼土兵聚齐之后才发动对盘踞在柘林倭寇的进攻是正确的选择。② 但是他的上疏甚至没有送达嘉靖帝的手中，便被处死了。张经被处死后，其调入江浙一带的狼土兵无人能够管理，成为祸害，到处抢劫，比海盗有过之而无不及，继任的两位总督也无所作为，先后被罢免，直到由严嵩和赵文华推荐的胡宗宪成为总督。

胡宗宪，安徽绩溪人，与王直是同乡，嘉靖十七年（1538 年）进士，在刑部短暂任职后，外放山东青州府益都县任县令。刚到任上，便遇到因蝗灾、旱灾导致的流民起义，胡宗宪采用了剿抚并用的手段很快平息了起义，显示了其良好的处理问题的能力。嘉靖二十一年（1542 年），因其母亲、父亲相继去世，丁忧五年，期满后

① 《明世宗实录》卷四二二，嘉靖三十四年五月己酉，史语所本，第 7322 页。
② 《明世宗实录》卷四二二，嘉靖三十四年七月丁巳，史语所本。第 7354～7355 页。

明清海盗（海商）的兴衰：基于全球经济发展的视角

复官，参加了平定湖广苗民的战争，倭患爆发时，其正在江浙任职。赵文华前往浙江祭海时，胡宗宪趁机投靠在赵文华门下，向赵文华提供了很多军事上的帮助，深得赵文华器重，这才有机会被严嵩、赵文华推举为总督。

与朱纨、张经采取严厉的军事手段进攻走私海商不同，胡宗宪主张采用招抚的手段，早在赵文华前往浙江祭海之时，胡宗宪即已经指出王直乃是东南沿海地区最大的危害，其余人不足为虑。但是胡宗宪并不主张一味打击而是主张应当使用招抚之策，并且与赵文华商量具体招抚王直的计划。待其上任之后，便开始具体施行这些计划。

首先，胡宗宪将王直的母亲、妻儿从金华的监狱中放出，然后派蒋洲、陈可愿借市舶提举司之名充正副使前往日本，招抚王直。此时王直的境况也颇不佳，虽然王直与日本沿海地区的大名、贵族、武士交往甚多，但是随着贸易的断绝以及连年战争带来的人员伤亡增多，有些岛屿竟"全岛无一归者"，他们对王直的怨恨情绪也在不断滋长，"风闻外夷，随其颐指者颇少变，而叛贾倚直为渊薮者，多有离心"。① 因此，面对胡宗宪提出的开放互市的条件，王直尽管并不十分信任，但是也只好决定冒险一试。为了表示自己的诚意，胡宗宪将与王直关系不睦的俞大猷调离了舟山群岛，而以曾与王直交好的张四维取而代之。王直到达浙江沿海以后，在岑港驻扎，见到胡宗宪防备森严，心中疑虑大增，然而此时已经没有退路，虽然王直有着强大的武装力量，但是如果没有贸易，他就成为了"无源之水、无根之木"，其武装力量也就会被逐步削弱，于是，他还是选择了冒险只身前往杭州面见胡宗宪。

胡宗宪既然深知王直对东南沿海地区的安定至关重要，自然不愿意对其轻举妄动，一面在杭州城内尽心款待王直，一面上疏朝

---

① 万表：《海寇议》，明金声玉振集本，中国基本古籍库，第5页。

廷，希望能够赦免王直，开放海禁。然而胡宗宪此举立刻招致了朝廷诸多大臣的反对，浙江巡按御史王本固参劾胡宗宪接受了王直的贿赂，这使胡宗宪不敢再坚持自己的意见，放弃了对王直的招抚，转而将其囚禁并且杀害。

正如王直在被擒之前所说："吾何罪！吾何罪！死吾一人，恐苦两浙百姓。"[①] 在闻知王直被捕入狱之后，王直留在岑港的部众便突围而去，前往福建、广东，与那里的海商、海盗合流，"流倭往来诏安、漳浦间，浙江前岁舟山倭移舟南来者，尚屯浯屿，加之新寇遍福、兴、漳、泉诸处，无地非倭矣"。[②] 从此倭患进入第二个阶段。与第一个阶段相比，倭患在活动区域上出现了重大变化，江浙一带的倭患减轻了，福建、广东一带的倭患加剧了，但是更重要的则是"倭寇"的活动不再有王直、徐海这样的大头目，其活动更加分散，抵抗更加坚决，但再也没有继续提出诸如开放海禁的口号与官府谈判。出现这样的变化与王直被俘、政府失去海商的信任有直接关系，这使他们完全放弃了对政府的幻想，坚决地从事反抗活动。嘉靖四十四年（1565年），在广东汕头的南澳岛，广东人吴平率领的海盗与戚继光的军队进行了一次惨烈的战斗，尽管海盗们已经明白孤岛难守，但是他们仍然进行了殊死搏斗，很多人战斗到最后一刻都不肯投降。据说此次战争戚继光俘斩的海盗人数达15000多人，吴平只率领700余人逃脱。[③] 但是他们的实力由此受到了很大的削弱，无论如何，他们缺乏政府可以动用的强大资源，而以戚继光、俞大猷为首的一批将领，已经在镇压叛乱的过程中培养了一支作战顽强的军队，这就使海商、海盗无法继续与政府抗衡。以1565年的南澳之战为标志，活动在东南沿海地区的大规模海盗基本被肃清，持续十余年的"嘉靖倭患"在嘉靖帝去世前平息了。

明清海盗（海商）的兴衰：基于全球经济发展的视角

① 朱九德：《倭变事略》，上海书店，1982，第116页。
② 《明世宗实录》卷四七一，嘉靖三十八年四月丙午，史语所本，第7911页。
③ 〔澳〕雪珥：《大国海盗》，山西人民出版社，2011，第55页。

第四节 "倭患"的影响

一 海外贸易政策的激烈争论与隆庆开海

对朝廷是否应当开放海外贸易，明朝皇帝与官僚集团历来存在诸多争论。当私人海外贸易导致了东南沿海地区的动乱以后，这种争论几乎达到了白热化的程度。其意见归纳起来可以分为四派。

第一派认为互市通番正是引起沿海动乱的最主要原因，主张断绝与国外的一切联系，归有光是这类意见的代表人物，他声称：

> 议者又谓宜开互市，弛通番之禁，此尤悖谬之甚者。百年之寇，无端而至，谁实召之。元人有言：古之圣王，修其德，贵异物。今往往遣使奉朝旨，飞舶浮海，以唤外夷互市，是利于远物也，远人何能格哉？此在永乐之时，尝遣太监郑和一至海外。然或者已疑其非祖训禁绝之旨矣。况亡命无籍之徒，违上所禁，不顾私出外境下海之律，买港求通，勾引外夷，酿成百年之祸。纷纭之论，乃不察其本，何异扬汤而止沸。某不知其何说也。唯严为守备，雁海龙堆，截然夷夏之防，贼无所生其心矣。①

在这里，归有光将海外贸易的繁荣归结到皇室的奢侈生活上，

---

① 陈子龙等编《明经世文编》卷二九五 "论御倭书"，中华书局，1962，第3110页。

如果没有明成祖朱棣派郑和下西洋招徕外蕃进贡，也就不会刺激海外贸易的发展，进而使亡命之徒获得机会勾引外蕃，以致引发动乱。因此，杜绝沿海地区动乱的最主要办法就是抑制人们的奢侈消费，减少对外国产品的需求，并且实行最严厉的海禁政策，阻断海外贸易的进行。但是归有光的意见乃书生之见，又连带批评了皇帝的生活，所以响应者并不多。

第二派虽然也认为互市通番是引起沿海动乱的最主要原因，但是他们认为引起互市通番的原因在于朝贡的道路不够通畅，这使外国尤其是日本不能获得足够的中国商品，因此他们主张海禁的同时，要求恢复与日本的朝贡，这就使私人走私贸易无法继续存在下去，使沿海地区恢复和平。卢镗认为倭患的起因恰是嘉靖二十六年（1547 年），日本前来入贡，因为不到贡期，所以被阻回，于是便前往双屿港参与走私贸易，不再前来朝贡，后来实行海禁，导致贸易途径完全断绝，只好通过劫掠来获得中国产品。[①] 所以，解决问题的根本办法还在于恢复与日本的朝贡贸易，这样就可使日本与沿海奸民的关系断绝。唐顺之也认为日本与明朝的朝贡关系断绝，使其不能顺利获得明朝产品是倭寇参与进攻的重要原因，因此主张恢复明初的旧制："旧制之当复者四也，因旧时之寨，因旧时之兵，因旧时之粮，因旧时之市舶，一切纷纷之议，可以省矣。"[②] 钱薇也说：

> 严宪典，辄擅通番之禁，督巡司下海捕缉之条。方番舶之至，必报官阅视，方得议估，既入其货，立限以偿，凡势要之家，不得投托，务选谨厚之人，自顾家身者，乃得与之交易。

---

① 陈子龙等编《明经世文编》卷二六五"条陈海防经略事疏"，中华书局，1962，第2747 页。

② 陈子龙等编《明经世文编》卷二六五"条陈海防经略事疏"，中华书局，1962，第2749 页。

则狡狯失势，当自敛戢。如此则无永乐以前之患，且舶舡不许
入港，令彼不得觇我虚实，市易之际，差官检押，不得乘机亏
负。如此，华夷各获其利，衅何自生。①

第三派则认为是嘉靖帝实行的海禁政策过严，不仅私人海外贸
易受到打击，而且沿海一带以捕鱼为生的平民百姓也受到牵连。然
而沿海地区多山少田，捕鱼与国内贸易已经成为当地民众维持生存
的一个重要手段，贸易完全禁绝导致沿海普通民众无以为生，只好
加入到海盗的队伍中谋求生存。几乎每一个在沿海执行剿倭任务的
官员都意识到了这一点。如王忬认为国初规定"片板不许下海"，
但是沿海很多居民已经完全以海为生，每到捕黄鱼季节，便有数千
艘海船出海，这都被认为是违法行为，但是如果完全禁绝，既不可
能，也于情不忍，所以应当开放近海捕鱼事项。② 胡宗宪承认杜绝
内地的接济之徒是杜绝倭患的关键，"倭奴拥众而来，动以千万计，
非能自至也，由内地奸人接济之也。济以米水，然后敢久延；济以
货物，然后敢贸易；济以向导，然后敢深入"。但是为此而完全禁
止沿海平民出海捕鱼，则是因噎废食之举，这样只能使内陆无以为
生的小民仇视官府，继而加入倭寇的队伍中。所以重点应在严格盘
查，对于沿海之民，禁二桅以上帆船，查船只在鱼虾之外，是否夹
带番货，如此则既可以保证沿海居民生理，同时又不至于招引为
患。③ 谭纶也认为福建沿海地方，以海为生，但是本来禁止海外贸
易的海禁连同国内贸易也全部禁止了，以至于各地货物不通，生活
难以为继，如此才相互勾结为盗。如果能够开放海禁，允许国内贸
易进行，那么很多人就会从盗贼的队伍中退出来，安心从事贸易，

---

① 陈子龙等编《明经世文编》卷二一四 "海上事宜议"，中华书局，1962，第2243页。
② 陈子龙等编《明经世文编》卷二八三 "条处海防事宜仰祈速赐施行疏"，中华书局，
1962，第2997页。
③ 陈子龙等编《明经世文编》卷二六七 "广福人通番当禁论"，中华书局，1962，第
2823页。

官府打击盗寇的压力就会大幅度减小。① 所以这些在战争前线的官员也大都主张稍微放松海禁，允许沿海捕鱼和国内贸易正常进行。但对海外贸易，则大都避而不谈，或者支持禁止的主张。

第四派则认为私人海外贸易已经经过长时间发展，突然禁绝导致从事海外贸易者无以为生，才导致了倭患的猖獗。郑晓与唐枢是持这种意见的典型代表。郑晓提出私人海外贸易既已形成，忽然完全断绝，导致海商无以为生，乱源遂开。所以海禁应当开放，但是如果贸然开放海禁，问题得不到解决，那些奸豪强横之家，仍然把持着对外贸易。所以最好的办法应该是在扫清这些通番之家以后，朝贡与民间贸易同时开放，但是对民间贸易应该严加管理。② 唐枢则更向前一步，在得知王直被胡宗宪擒拿的消息之后，立刻给胡宗宪去信一封，详细讨论了招抚王直的利弊，指出"中国与夷，各擅土产，故贸易难绝，利之所在，人必趋之"。国初虽然许其朝贡而禁贸易，但是有贡必有市，所以贸易难绝，以至于私人贸易"一向蒙蔽公法，相延数百年"。然而私人贸易既已发展，也是合乎情理的事情，"市者私行，虽公法荡然，而海上晏然百年"，只是到嘉靖初年，严格海禁以后，商人失去生理，不得不转而为寇。嘉靖二十年（1541 年）以后，海禁更严，为寇者也就愈多。打压虽然不可谓不可以，然而打压之后，势必增兵加饷，导致民间更加困苦。而开市贸易，不仅可以使民有生理，而且可以得到税收，以资海上防御。唐枢也预见到如果一旦开市，势必各省商人云集浙江，难免不会发生相互争斗的事情，但是既然"世无无争之地"，所以只要商人之间的冲突不祸及内地就可以了。既然"事局日换，法弊日生，亦是常情常理，虽大智不能先必"，若以此论"市法永不当开，则

① 陈子龙等编《明经世文编》卷三二二"善后六事疏"，中华书局，1962，第 3432 页。
② 陈子龙等编《明经世文编》卷二一八"答荆川唐银台"，中华书局，1962，第 2273页。

明清海盗（海商）的兴衰：基于全球经济发展的视角

恐非细思而详考也"。① 唐枢甚至完全用"市通则寇转为商，市禁则商转为寇"表示了应当开放私人贸易的主张。

在激烈的争论中第四派意见逐渐占据了上风，这也代表了官僚集团对现实形势的判断，私人海外贸易既然已经成为地方经济不可分割的一部分，强行禁止只会带来地方经济的凋敝和人民的反抗，则堵不如疏，既可以增加地方财政收入，又可以平息平民百姓的反抗。然而最大的海禁派就是嘉靖帝，他始终认为开放海外贸易会对皇帝的权威形成冲击，对边境安全不利，因此嘉靖帝在位期间，尽管大臣多次上疏请求开放海外贸易，就连其一度宠信的严嵩等人也主张放开海外贸易，但都没能成功。随着嘉靖帝的去世，以及沿海武装海商基本被剿灭，置于政府管理之下的海外贸易的条件已经成熟了。1567 年，嘉靖帝去世以后，即位的隆庆帝即接受了福建巡抚涂泽民的上疏，开放了私人海外贸易，明朝实行了将近二百年的严厉海禁政策宣告终结，私人海外贸易终于在明朝获得了合法的地位。

二 中外联合剿杀中国海盗

隆庆开海虽然使私人海外贸易合法化，但是不能对这种海外贸易政策有过高评价。从根本目的上来说，开放私人海外贸易只不过是对既定事实的承认，是在完全禁止无效的情况下采取的变通方法，即所谓"于通之之中，寓禁之之法"，因此开放是极其有限度的。涂泽民请求开放海外贸易时已经明确提出禁止前往日本贸易，同时也禁止携带违禁产品出海贸易。为了能够达到控制的目的，能够合法出海的地点仅有漳州月港一地。月港是一个小港，海船进出困难，方便朝廷在此设官管理，防止商民随意携带违禁物品出海，但是极不利于贸易的进行。对于其他地区尤其是福建泉州和广东潮

---

① 陈子龙等编《明经世文编》卷二七〇"复胡梅林论处王直"，中华书局，1962，第2850~2852 页。

汕地区的商人来说，更是极为不便，他们必须将商品千里迢迢运至月港才能够出海贸易，因此这些地区在开放私人海外贸易之后，仍然有走私存在，走私商人也继续组成武装集团与官军对抗。南澳之战后，海盗虽然被大量消灭，但是很快以曾一本、林道乾、林凤为首的海盗集团再次形成，他们占据海岛，一面从事走私贸易活动，一面与官府对抗。但是正如很多在镇压海盗第一线的官员所讲的那样，放开沿海与海外贸易，很多盗寇便自动转化为商人，退出与官府对抗的行列，这使曾一本、林道乾和林凤可以召集的人员数量受到了极大的影响，其规模与王直不可同日而语，他们也更多地寻求前往海外躲避官府的剿杀。但是即使如此，明朝也没有放过他们，而是联合了各国统治者追杀他们。

万历元年（1573年），两广总督殷正茂密令所部官军进攻林道乾。林道乾对此早有防备，适逢其侄儿从彭亨来信，要其前往发展，林道乾便逃离了广东，前往东南亚。但是他并没有前往彭亨，而是在途中停留在了柬埔寨，谋到了一个"把水使"的职务。殷正茂四处打探林道乾的情况，得知其在柬埔寨，不过由于明朝的水师力量有限，殷正茂无法前往柬埔寨，只好命令安南捉拿了一些流落在那里的零星海盗暂以充数。不过林道乾在海外的日子也并不顺畅，因与柬埔寨寨主发生纠纷，林道乾不得不离开柬埔寨。万历五年（1577年）十月，他偷偷回到潮州，取出了自己的财宝，招募了一批人马前往暹罗，设法取得了一块立足之地。当殷正茂得知林道乾又逃往暹罗之后，便与暹罗使者商谈如何擒拿林道乾的事情，并向柬埔寨寨主发出命令，要求其配合暹罗和明朝一道缉拿林道乾。而此时，已经在澳门站稳脚跟的葡萄牙人听说明朝意图剿灭林道乾，便向明朝主动请缨加入剿灭林道乾的队伍。葡萄牙人的海上力量是明朝所没有的，因此对葡萄牙的此种表示，明朝欣然接受。为了表示对葡萄牙人忠心的赏识，该年，葡萄牙人被准许每年可以两次前往广州参加贸易活动。这样，几个国家组成的联合军队对林道乾发动了猛攻,万历七年（1579 年）大败林道乾,虽然没有能够捉拿林道乾,但是其势力几乎被消灭殆尽,再也没有能够恢复,一个强大的海商武装集团就这样被绞杀了。

无独有偶,另一支由林凤率领的海盗队伍在中国无法立足的时候,也选择了前往海外寻求立足之地。万历二年（1574）六月,林凤在广东被官军击败,退往台湾短暂休整以后,再度向潮州发动了进攻,但是其力量薄弱,仍然被官军击败了。此时,恰好其劫掠到两艘从马尼拉贸易回来的商船,从商船上林凤得到消息,那里的西班牙人立足未稳,人数也极少,便决定前往攻击马尼拉。当年十一月,林凤率领 2000 名士兵、2000 名水手以及 1500 名妇女和儿童,分乘满载着种子、农具、牲畜的 62 艘船只到达了马尼拉,并向这个城镇发起了进攻。虽然林凤率领的军队人员数量占据优势,但是他们耽误了进攻的时间,使西班牙人利用高大的城墙从容地组织起了防守。由于缺乏进攻城市的重武器,林凤不愿意有过多的人员牺牲,在几次冲锋失败以后,便放弃了对马尼拉的进攻,转而前往吕宋岛更北部的仁牙因湾建立了一块居留地。

对来自中国的进攻,西班牙人感到异常恐惧,他们立刻组织了一支由西班牙人和土著居民组成的军队,前往仁牙因湾围剿林凤。就在西班牙人围剿林凤的时候,一艘中国战船来到了马尼拉。当西班牙人首次见到这艘明朝战船的时候,感到非常恐惧,以为是更大规模的明朝进攻即将来临,但是很快他们就明白了这艘船的来意,它并不是为了进攻西班牙人而来,而是来捉拿大明的海盗林凤的。西班牙人和明朝官员的目标是一致的,他们很快就达成了协议:西班牙人表示非常乐意为明朝效劳,帮助明朝缉拿海盗,承诺海盗的尸体和俘虏都交由明朝官员带回;明朝执行此次任务的官员王望高则表示可以带领一支西班牙使团前往福建,就其在明朝传教和经商的事情展开谈判,并且保证西班牙使团能够得到良好的待遇。

双方的这次合作并不成功,派往福建的使者虽然受到了热情的接待，但是与明朝建立贸易关系的请求还需要得到皇帝的同意；西班牙围剿林凤的战争结果也不妙，林凤在西班牙人重重包围之下逃跑了，这使西班牙与福建地方政府的关系迅速降温。然而此时对林凤来说，虽然暂时逃脱了西班牙人的围剿，但是却失去了立足之地。他们回到台湾以后，受到了福建和广东水师的夹击，其部下对继续抗击朝廷失去了信心，1712人在其部下的带领下投降了朝廷，使其实力大损，无法继续与朝廷抗衡下去，只好只身远走南洋，不知所终。另一个强大的海盗集团也在中外联合力量的绞杀中灭亡了。就在林凤被剿杀之后，西班牙便因为帮助明朝灭寇有功得到了朝贡的机会，但是西班牙对这种有限制的贸易并不满意。

　　从这些事情上，我们再次看到了明朝开放私人海外贸易的本质并不是鼓励海上贸易的发展，而是为了减轻反抗的压力。明朝统治者的思维方式是防范内部的叛乱比防范外部的进攻更为重要。正如很多在抗倭一线的官员所表述的那样，如果没有内部人的带领，外部的进攻便很难取得成功，因此只要不允许外部人随意踏进国土，禁止内部人与外部人随意接触，就不会造成大的危害。但如果内部人前往海外，则很可能积蓄力量，带来更大的危害。这种思维当然有助于统治的稳定，但也因此缺乏对外界变化的认识。明朝的皇帝和官员虽然也意识到西班牙并非吕宋岛的本岛居民，而且异常凶悍，但也并未过多在意，认为只要能够拒其于国门之外，便不会产生大的影响。这种对外界毫不留意、只在乎约束本国臣民的办法，虽然一时取得了良好的效果，但是牺牲了中国在海洋上的争夺权，被动等待西方国家慢慢积蓄力量击败中国，中国在这场战争中完全是自缚手脚，不战而败。

三　葡萄牙垄断中日贸易

　　如果说在这场对海外贸易问题的争论与斗争中谁是最大受益者，那么既不是中国商人，也不是明朝政府，而是来到中国苦苦寻求贸易机会的葡萄牙。明朝虽然开放了海外贸易，但是仍然禁止中国商人前往日本，这就将中日贸易的利润完全留给了葡萄牙，葡萄牙取得了他们依靠武力都无法达到的目标。

前文已述，未能与中国建立朝贡贸易关系的葡萄牙北上参与浙江、福建沿海的走私贸易，但因为发生余姚谢氏事件，再次被明朝军队驱逐。此后，葡萄牙人便再未回到福建、浙江沿海，而是转往广东，重新在广东谋取贸易机会。

基于驱赶葡萄牙造成的对外贸易萧条的教训，从地方利益出发，此次广东地方政府对葡萄牙的走私活动采取了默认的方式。嘉靖三十三年（1554 年）广东海道副使汪柏与葡萄牙人达成协议，允许葡萄牙人在缴纳 500 两税收的情况下在浪白澳贸易。这笔钱并没有上缴国库，而是由汪柏一个人独吞了，所以葡萄牙人才称这笔钱为"海道贿金"。① 从此以后，葡萄牙取得了在澳门定居的权利，开始以澳门为基地从事中介贸易。显然，汪柏与葡萄牙人达成的协议同样是一个私人协议，并未得到中央政府的认可。至迟至嘉靖四十四年（1565 年），朝廷仍然对葡萄牙占据澳门一无所知，当时"有夷目哑若呖归氏者，浮海求贡。初称满剌加，已复易词蒲丽都家，两广镇巡官以闻，下礼部议。南番国无所谓蒲丽都家者，或即佛郎机诡托也。请下镇巡官详审，若或诡托，极为谢绝，或有汉人通诱者，依法治之"。② 如果当时葡萄牙与汪柏的协议已经为朝廷知晓，葡萄牙便大可不必再去寻求建立双方的正式贸易关系。

然而协议虽然没有为朝廷知晓，但是葡萄牙人聚集在澳门从事贸易的活动仍然引起了朝廷的重视，并且对是否允许葡萄牙人居留在澳门进行了激烈的争论。嘉靖四十三年（1564 年），御史庞尚鹏曾经上疏议论此事，从其疏中可以看出当时对待葡萄牙人在广东贸易的态度主要有四种，第一种是主张填石塞海，彻底驱逐葡萄牙

---

① 〔葡〕徐萨斯：《历史上的澳门》，黄鸿钊、李保平译，澳门基金会，2000，第 25 页。
② 《明世宗实录》卷五〇四，嘉靖四十四年四月癸未，史语所本，第 8803 页。

人，但是这样的工程显然过于浩大，不是财政能够承担得起的。第二种则主张坚决打击葡萄牙人，烧毁他们的房屋，不允许他们在沿海地区贸易，这样的方法已经使用过多次，每次烧毁房屋之后不久，葡萄牙人又会重新回来。第三种则是设立关城，添置官员驻扎。庞尚鹏本人则提出第四种意见，即允许葡萄牙人前来贸易，但是不允许其搭屋居住。最后，朝廷在1569年采纳了陈吾德的建议："今即不能尽绝，莫若禁民毋私通，而又严饬保甲之法以稽之。遇抽税时，第令交于澳上，毋令得至省城，违者坐以法。"[①] 这样，"禁私通、严保甲"便成为明朝对居澳葡萄牙人的基本政策，葡萄牙人获得了中央政府层面的认可，可以停留在澳门进行贸易，而他们在取得这种资格以后，也利用一个适当的机会，将交给海道副使一人的贿赂金变成了向明政府缴纳的地租。[②] 1573年，明朝正式在香山县设立关闸，定期开启，供应葡萄牙人食物等生活必需品。至此，原来由广东地方官员与葡萄牙人私下达成的协议，变成了得到明政府允许的正式协议。

将这个协议与王直和浙江海道副使达成的协议做一个对比，我们可以看到一个极具讽刺意味的结果：葡萄牙与广东海道副使汪柏达成的协议最后由一个私人协议变成了正式的制度认可，而王直与浙江海道副使的协议最终被明朝政府否定。仔细分析就会发现，葡萄牙的协议之所以能够成功转化为正式制度认可，关键是因为明朝缺乏对葡萄牙的控制能力。虽然明朝并非不将葡萄牙人视作海盗，但是葡萄牙人与王直最大的不同在于王直是一个依托于内陆产品供应的没有国家支持的商人，而葡萄牙则是一个不受明朝控制的独立国家，其已经建立起了一个庞大的横跨亚欧的贸易网络，依托这个贸易网络，葡萄牙可以不断地向明朝发起贸易攻势，因此在不断驱逐无效的情况下，只好接受葡萄牙的要求，而地方政府只不过是在

---

① 《明穆宗实录》卷三八，隆庆三年十月辛酉，史语所本，第963页。

② 〔葡〕徐萨斯：《历史上的澳门》，黄鸿钊、李保平译，澳门基金会，2000，第25页。

自身利益的驱动下，先行一步罢了。

由于明朝禁止本国商人前往日本贸易，因此，中国与日本之间的贸易便几乎全部留给了在澳门的葡萄牙人。据全汉升、李龙华估计，在 16 世纪最后的几十年里，日本输出的白银大部分由占据澳门的葡萄牙人运走，每年为五六十万两。[①] 博克瑟则估算，1585 ～ 1591 年（万历十三年到万历十九年），每年运抵日本的中国商品达到 60 万 ～ 100 万克鲁扎多（1 克鲁扎多约合白银 1 两），1600 ～ 1640 年更增加至每年 300 万克鲁扎多。[②] 对于葡萄牙甚至欧洲来说，获得澳门作为贸易基地，是一场胜利，从此建立起了完善的东亚贸易网络，打入了亚洲内部贸易。葡萄牙人每年在澳门购得大量生丝、丝绸、白糖等商品，前往日本换取白银，然后以日本白银购买中国生丝、丝绸、白糖、瓷器等产品贩往印度和欧洲，形成了获利高达数倍乃至数十倍的贸易。葡萄牙不用向中国输入任何产品，仅仅利用明朝禁止本国商人前往日本贸易，便将中国的产品输往欧洲，而中国商人本应获得的利润则损失殆尽。

---

① 全汉升、李龙华：《明中叶后太仓岁入银两的研究》，《中国文化研究所学报》（香港）1972 年第 5（1）期，第 72 ～ 93 页。

② C. R. Boxer, *The Great Ship from Amacon: Annals of Macao and the Old Japan Trade, 1555 - 1640* (Lisboa: Centro de Estudos Historicos Ularamarinos, 1959), p. 169, 转引自万明《中国融入世界的步履——明与清前期海外政策比较研究》，社会科学文献出版社，2000，第 281 页。

第五节　小结

明朝建立以后，为了阻止私人海外贸易的发展培育起来的海上势力，采取了禁止私人海外贸易的方法，由国家以朝贡的方式垄断了全部对外贸易。以郑和下西洋为标志，朝贡贸易达到了中国历史上的最高峰，但也带来了财政上的巨大压力，迫使朝贡贸易的规模不得不大幅收缩，使私人贸易重新获得了发展空间，尤其是日本白银被发现以后，中国商人迅速形成了前往日本贸易的热潮。

此时，恰逢新航线开辟后不久，葡萄牙人来到中国，并发现与中国贸易利润丰厚，因此希望与中国贸易。但是其武装贸易的方式与中国的朝贡贸易方式格格不入，双方发生了激烈的冲突，葡萄牙一时无法取得在中国的贸易据点，只好参与到中国沿海的走私贸易中。葡萄牙参与中国的走私贸易，改变了中国走私贸易的模式，中国商人从事走私贸易并不挑战政府权威，仅是通过贿赂官员进行，但是葡萄牙则将武力引入了走私贸易，既抢劫中国商船，也挑战政府权威，终于使得明朝实行更加严厉的海禁，并且派出官员打击沿海走私贸易。

明朝对闽浙沿海走私贸易的打击使葡萄牙重新回到广东沿海，广东地方官员因为打击葡萄牙导致的贸易萧条使他们与葡萄牙私下签订了协约，允许葡萄牙将澳门作为贸易基地，而闽浙沿海则因为打击走私贸易引发了历时十余年的嘉靖时期倭患，不论是当地经济还是贸易都深受影响。经过嘉靖时期倭患后，明王朝部分开放了海外贸易。如果单单从国内角度来看，这可以说是一场私人海商争取合法海外贸易权利的胜利，但是如果从全球贸易的角度来说，中国商人则因为政府的打击在与西方商人的竞争中经历了第一次失败，虽说这次失败并不非常明显，但利润最大的中日贸易已经不在中国商人手中而完全由葡萄牙垄断了，而这正是葡萄牙凭借武力都没有获得的贸易。

第 四 章

海盗与全球海上霸权的争夺

作为一个自由主义者，亚当·斯密主张重视分工的扩展与市场的扩大对促进国家经济繁荣和进步的重要意义。正是在这个意义上，斯密高度赞扬新航线和新大陆的发现，"美洲的发现及绕好望角到东印度通路的发现，是人类历史上最伟大而又最重要的两件事"。[①] 按照斯密的理论，每个国家都应该从事自己具有比较优势的产业，然后交换彼此的产品。如果按照这个理论，17 世纪荷兰是欧洲航运最发达的国家，它就应该集中从事航运业，而英国则应该专注于农业和纺织品生产。但是奇怪的是，斯密在这个问题上违反了自己一直在论述的原则，支持航海条例，他给自己找出的理由是："由于国防比国富重要得多，所以，在英国各种通商条例中，航海法也许是最明智的一种。"[②] 即连斯密这样坚决的自由贸易主张者都认为应当以武力取得制海权，那就更不要提那些在海洋贸易中看到实际利益的商人与政客了。

斯密的这个例外论，与欧洲海上霸权的激烈争夺是一脉相承的。但是 17 世纪的欧洲，仍然没有能够建立起强大的海军，海盗仍是这个时期挑战与竞争海上霸权最重要的工具，在全球的海洋上有大量的海盗活动，使这个时期成为海洋史上海盗最猖獗的时期。

---

① 〔英〕亚当·斯密：《国民财富的性质和原因的研究》下卷，郭大力、王亚南译，商务印书馆，1983，第 194 页。

② 〔英〕亚当·斯密：《国民财富的性质和原因的研究》下卷，郭大力、王亚南译，商务印书馆，1983，第 36 页。

在亚洲，最早成立的两个东印度公司，虽然被本国赋予在东方贸易的特权，但它们并不是和平的贸易者，武力是它们获取利润的重要手段，亚洲的海洋上持续不断地上演着海上抢劫与战争的故事。而在大西洋上，西印度群岛成为各国海盗的聚居地。利用西印度群岛优越的地理位置，各国海盗频频向西班牙运宝船队和美洲沿海殖民据点发动袭击，造成了西班牙惨重的损失，削弱了西班牙的海上实力，终于使西班牙同意了各国与美洲贸易的权利，西班牙的海上霸权被削弱，代之而起的则是英国、法国与荷兰之间的海上争夺。

第一节 两个东印度公司的扩张

由于新航线的开辟和新大陆的发现，16 世纪全球贸易的扩张十分迅速，1510 ~ 1550 年，跨大西洋贸易总额增长了 8 倍，1550 ~ 1610 年又增长了 3 倍。① 与亚洲的贸易因为新航路的开辟也大大增加。新的贸易机会与高额的贸易利润吸引了西北欧国家的注意，但是西班牙和葡萄牙仍然保持了垄断地位，由于缺乏可供利用的海军，西北欧国家不得不更多地利用海盗向西班牙和葡萄牙发起挑战。但是海盗的力量仍然有限，除了像德雷克和卡文迪许这样能力出众的海盗之外，很少有海盗能够对西班牙和葡萄牙的殖民地和航线构成很大的威胁，金银和香料仍然源源不断地流入西班牙和葡萄牙。无敌舰队虽然失败了，但是西班牙并不是立刻一蹶不振，它仍然拥有强大的实力在很长时间内维持着垄断，西北欧国家不得不在更长时间内使用零星的海盗而不是国家海军力量对西班牙进行骚扰。葡萄牙虽然缺乏实力完全垄断印度洋贸易，以至于 16 世纪中期以后，传统的通过红海和地中海的香料贸易复兴了，威尼斯也重新焕发了活力，但是葡萄牙也成功地垄断了绕过好望角的新航线。

----

① 〔美〕伊曼纽尔·沃勒斯坦：《现代世界体系》第一卷，吕丹等译，高等教育出版社，1998，第 218 页。

一 荷兰东印度公司的扩张

16世纪末期欧洲形势的一系列变化使英国与荷兰开始向伊比利亚半岛国家的垄断地位提出更强大的挑战。1580年，由于葡萄牙国王死后无嗣，西班牙国王菲利普二世继承了葡萄牙王位，西班牙与葡萄牙就此联合在了一起，这也使荷兰、英国与西班牙的斗争殃及葡萄牙，相对来说更为弱小的葡萄牙首先遭受了攻击。

葡萄牙能够在一个世纪的时间里垄断绕过好望角的亚欧香料贸易，一个原因是葡萄牙对航海图实行严格保密，更主要的原因在经济方面。葡萄牙缺乏在欧洲市场销售香料的资本和网络，香料运回里斯本之后需要借助欧洲商人尤其是尼德兰与中欧商人才能够分销到全欧洲，所以葡萄牙仅仅是获得了欧亚香料贸易的一部分利润，甚至只是一小部分利润，大部分利润则被尼德兰与中欧商人获得了。这使在欧洲航运贸易中执牛耳的荷兰商人不必千里迢迢到亚洲便可以获得丰厚的贸易利润。但是随着尼德兰、英国与西班牙的关系先后恶化，传统的贸易受到了严重的干扰。1585年，西班牙驻荷兰总督帕尔马公爵攻占安特卫普，并对这座城市展开了屠杀，大约8000名市民在这场屠杀中丧生，这使英格兰最终下决心军事介入了尼德兰的独立斗争，派遣8000名士兵渡海参战。为了打击尼德兰与英格兰，西班牙国王菲利普二世禁止两个国家的商人前往西班牙和葡萄牙的港口贸易。英格兰则针对西班牙的举措展开了报复，伊丽莎白女王向受到损失的商人颁发了私掠证，因而英吉利海峡与大西洋沿岸成为海盗的天堂，西班牙与葡萄牙的商船受到了极大的打击，从亚洲运回的商品数量明显减少，而运往西北欧的亚洲商品更是急剧下降，在1591～1602年荷兰同西葡两国的贸易中，轮船载货清单中既没有胡椒也没有任何亚洲商品。① 香料数量急剧下降，

① 〔荷〕伽士特拉：《荷兰东印度公司》，倪文君译，东方出版中心，2011，第2页。

明清海盗（海商）的兴衰：基于全球经济发展的视角

连通过威尼斯香料供应的增加也无法弥补，这造成了香料价格的急剧上涨，使荷兰商人萌生了前往亚洲贸易的动机。

动机既已产生，葡萄牙便再也难以垄断欧亚之间的香料贸易，绕过好望角的航线不可能被长久保密。即使在最兴旺发达的时候，葡萄牙也饱受海员缺乏之苦，不得不大量雇用外籍海员，主要是荷兰以及中欧的海员，这就为其他国家获得前往亚洲的航海路线提供了机会，很多海员回到欧洲以后，便将他们的经历写成著作出版，书中包含了丰富的关于航线的记载，其中林旭登的著作产生了很大的影响。1584 年，他同果阿大主教一起离开里斯本，8 年后作为一个商人的代理人回到欧洲，出版了《旅行日志》，对前往亚洲的航线以及亚洲各国的风土人情做了详细的记载，该书出版后在荷兰广为流传。1597 年该书被译成英文后又在英国引起了轰动。后来几乎每个早期来到亚洲的荷兰和英国船长要么读过该书，要么干脆携带该书来到亚洲。

1592 年 4 月，4 艘装备精良、携带大量武器和银币的荷兰商船离开了欧洲，在一位曾长期为葡萄牙的亚洲商栈工作的荷兰人霍特曼的带领下来到了亚洲。虽然经过了精心准备，但这是一次不成功的航行，这主要归因于领导人之间的争吵以及与当地人之间的武装冲突。当 1597 年 8 月船队回到荷兰的时候，240 人的出发队伍仅剩下了 87 人，出售香料得到的收入还不够此次航行的成本。但是这次航行在荷兰仍然引起了空前的热潮，它证明了直接与亚洲贸易是可行的。这次远航之后，立刻有大量商人投资于前往亚洲的贸易，1598 ~ 1602 年，分属 14 支船队的 65 艘商船前仆后继地来到东印度群岛，其中 50 艘安全返回。[①] 而 1591 ~ 1601 年前往亚洲的葡萄牙商船仅仅 46 艘。[②] 葡萄牙已经无力垄断绕过好望角的亚欧贸易。

---

① 〔法〕费尔南·布罗代尔：《15 至 18 世纪的物质文明、经济和资本主义》第三卷，顾良、施康强译，生活·读书·新知三联书店，2002，第 231 页。

② 〔荷〕伽士特拉：《荷兰东印度公司》，倪文君译，东方出版中心，2011，第 7 页。

这些分属于不同城市的商船，相互之间竞争激烈，致使最初荷兰商人在亚洲市场上获得的香料价格奇高，而在欧洲市场上又因为供给过多而价格下跌，贸易利润受到了严重影响。荷兰政府为了降低各公司之间的竞争，敦促这些公司联合在一起。经过激烈的讨价还价，各个城市的公司之间达成了协议，1602 年 3 月 20 日，《公司成立特许状》颁布，荷兰东印度公司（VOC）正式成立，公司被授予荷兰到好望角以东及经过麦哲伦海峡的为期 21 年的航运贸易垄断权；作为讨价还价的结果，所有荷兰共和国的居民都有机会作为投资人或股东加入这家公司。除此之外，《公司成立特许状》还允许荷兰东印度公司以荷兰议会的名义建造防御工事、任命长官、为士兵安排住处以及同在亚洲的列强签署协议。[1] 虽然这并不意味着主权的转移，但是荷兰东印度公司显然获得了充分的授权，再加之其全民均可作为股东的规定，实际上使东印度公司不仅仅是一个单纯的贸易公司，而且还是一个开拓殖民地与贸易的政治军事组织。公司成立之后在亚洲的行动便显示出它的目的并不仅仅是通过经济手段赚取利润，而且是通过军事手段夺得贸易垄断权。1603 年 12 月，第一支完全由公司装备的包括 12 艘配备重武器商船的船队从荷兰起航前往亚洲，这只商船队不但负有通商的重任，而且肩负着进攻葡萄牙在莫桑比克和果阿的据点的重任。此后历次派遣的商船队都肩负与此大概相同的责任。

虽然在海洋上荷兰捕获了一些葡萄牙商船，但对葡萄牙在亚洲据点的进攻大部分失败了。失败使荷兰意识到葡萄牙在亚洲贸易体系的优越性，因而决定仿照葡萄牙的亚洲体系，建立一个由总督负责、由顾问委员会协理的中心指挥部，另外寻找一个作为船只和货物集散中心的港口，该港口同时也是荷兰东印度公司在亚洲的政治中心。

---

① 〔荷〕伽士特拉：《荷兰东印度公司》，倪文君译，东方出版中心，2011，第 15 页。

建立这个体系的关键环节无疑在于寻找一个贸易与行政港口。进攻马六甲的失败使荷兰东印度公司无法在最理想的位置建立自己的亚洲总部，只好退而求其次将目标转移到了巽他群岛。在万丹，由于没有葡萄牙的垄断势力，荷兰东印度公司很顺利地建立了商栈。然而在这个城市实现荷兰的垄断是不可能的，中国商人在该地拥有庞大的势力，而且该地的统治者为了维持自己国际贸易中心的地位，也拒绝给予任何一个国家或者公司以垄断权。在一时难以在万丹建立垄断地位的情况下，公司便在 1610 年于万丹东面的雅加达建立了一个商栈，那里虽然属于万丹王国的管辖范围，但是它实际上是一个独立的地区。在雅加达，荷兰首先建立起了自己坚固的具有堡垒性质的商栈，然后不断以此为基地拦劫过往的各国商船，终于引起了 1618 年荷兰与英国、葡萄牙以及万丹王国的冲突。荷兰依靠其强大的武力击退了几个国家的联合进攻，并将葡萄牙彻底驱逐出了香料群岛的贸易。1619 年，荷兰正式将雅加达更名为巴达维亚，将该地变成了自己在亚洲的行政与贸易中心。

最初的目标达到之后，荷兰东印度公司立刻在更大力度上展开了其在亚洲的贸易扩张。1620 年，荷兰东印度公司总督库恩率领一支 2000 人的军队向班达群岛发动了猛攻，大批岛民在库恩攻占该岛以后被杀死或者流放。通过海盗式的军事行动，库恩将该群岛纳入了公司的统治范围，强迫剩下的居民排他性地向公司提供肉豆蔻。荷兰东印度公司首先取得了对肉豆蔻这一贵重香料的贸易垄断权。

要获得贸易垄断权，不但要占领出产香料的岛屿，而且还要排挤竞争对手，尤其是欧洲的竞争对手，即使是自己的同盟者也不例外。荷兰来到亚洲以后，英国紧随其后也来到了亚洲从事香料贸易，并且比荷兰早两年成立了东印度公司。尽管英国东印度公司比荷兰东印度公司早成立两年，然而其初始资本仅为荷兰东印度公司的 1/10，在香料群岛的贸易中始终处于弱势地位。由于在欧洲本土，荷兰与西班牙的十二年停战协定即将到期，为了换取英国的帮助，荷兰东印度公司与英国东印度公司签订条约，双方将共同迎击亚洲的敌人，英国东印度公司为此需要提供 10 艘船只。作为回报，英国东印度公司将获得购买香料群岛一半的胡椒以及 1/3 的摩鹿加香料的权利。当这个条约 1620 年传到亚洲的时候，库恩十分气愤，他不愿意任何其他商人分享香料贸易，他写信给董事会，声称英国东印度公司"不应当觊觎摩鹿加群岛、安汶和班达群岛的一粒沙"。[①] 为此，库恩终于在 1623 年采取行动，以怀疑英国商馆的 10 名商人通敌为理由，将其抓捕并严刑拷打，取得所要的证词之后，将这些英国商人全部处死。这次事件被称作安汶大屠杀。尽管英国对此事进行了严重抗议，也得到了一些补偿，但是并没有改变英国被从东印度群岛彻底驱逐出去的命运。英国自此以后不得不放弃了东印度群岛的贸易，全力投入到与印度、波斯的通商之中。

驱逐了葡萄牙、英国在东印度群岛的势力以及获得了肉豆蔻的贸易垄断权并非荷兰东印度公司暴力垄断过程的终结。随后，荷兰东印度公司发起了对几个丁香种植岛屿的进攻，毁坏岛上的丁香树（丁香需要 12 年才能成熟结果，这种做法极大地破坏了丁香种植岛屿的经济），并且强迫岛上居民将丁香只卖给荷兰人。1665 年，在持续不断地进攻之下，安汶岛终于投降，被纳入公司的管理范围。稍后，另一丁香的主要种植岛屿特尔纳特也被纳入了公司的统治之下。为了实现对丁香贸易的垄断，荷兰毁掉了除安汶岛以外其他岛屿上所有的丁香树，并且派军舰巡航以防止"走私"丁香。

在向东进攻几个香料岛屿的同时，荷兰也在西面的锡兰岛发动了对葡萄牙人的进攻，力图垄断肉桂的贸易。1637 年，荷兰第一次与肉桂的重要产地锡兰贸易，方式是与深处内陆的康提王国联合。葡萄牙人在锡兰的残暴行动激怒了康提王国，其首领将驱逐葡萄牙

① 〔荷〕伽士特拉：《荷兰东印度公司》，倪文君译，东方出版中心，2011，第 46 页。

明清海盗（海商）的兴衰：基于全球经济发展的视角

人看作自己的使命。在得到了康提王国帮助的情况下，荷兰东印度公司夺得了加勒——锡兰岛上一个位于肉桂产区附近的城市。夺得这座城市还有一个显而易见的好处，那就是该城市处在印度洋上十分重要的位置，可以作为荷兰在印度洋上的前哨基地，在这个基地上荷兰截断了前往马六甲救援的葡萄牙舰队，从而在 1640 年终于攻占了封锁多时的马六甲，控制了连接东西方航运的重要交通要道。1654 年，荷兰东印度公司发起了对科伦坡的进攻，并在 1656 年攻占了该城市。不久之后，公司一举扫荡了葡萄牙在锡兰的最后一个贸易站，将葡萄牙逐出了锡兰，完全垄断了肉桂贸易。但是对葡萄牙的大举进攻并未就此结束，当锡兰被纳入公司的统治范围之后，锡兰对岸的马拉巴尔海岸就成为葡萄牙反攻锡兰的重要阵地，因此荷兰东印度公司继续发动了对马拉巴尔海岸的进攻，夺取了这里最重要的贸易城市柯钦，逼迫当地首领同荷兰签订了垄断贸易协议。

在向东西方向扩展夺得了几种重要香料的贸易垄断权之后，万丹的实力也被大幅度削弱了，终于在这场漫长的与荷兰东印度公司的斗争中败下阵来。1685 年，在经过了一场激烈的战争之后，万丹也被纳入荷兰东印度公司的统治之下。在消除了巽他群岛最重要的贸易竞争对手之后，荷兰东印度公司对香料贸易的垄断得到了进一步加强。但是，荷兰东印度贸易垄断的实现，无论如何也不能被看作通过正常的贸易竞争取得的，作为现代公司制先驱的荷兰东印度公司，其组织效率更多地体现在作为海盗的军事力量上，而不是作为贸易组织的经济力量上。

在争取获得香料贸易垄断权的同时，公司也像葡萄牙人那样发现了亚洲内部贸易的秘密，1619 年荷兰东印度公司的东印度总督科恩写给阿姆斯特丹的理事会的信件中说：

①来自古吉拉特的布匹，我们可以拿来在苏门答腊的海岸

交换胡椒与黄金；②来自（印度西部）海岸的银币与棉货，（我们可以拿来）在万丹交换胡椒；③我们可以用（印度南部的）檀香木、胡椒与银币来交换中国商品与中国的黄金；④我们可以藉由中国的商品把白银从日本弄出来；⑤用来自科罗曼德尔海岸的布匹交易香辛料、其他商品以及银币；⑥以来自阿拉伯的银币交换香辛料及其他形形色色的小东西——环环相扣！所有这一切都不用从荷兰送钱出来即可办到，只要有船。①

因此，荷兰也在极力发展与香料群岛以外的亚洲各地区的贸易，尤其是亚洲内部贸易。

与东印度群岛有所区别，在亚洲其余地方，渴望贸易的欧洲人遇到的是另一种类型的国家。这些国家有着广袤的疆土和强大的势力，他们完全可以将欧洲人阻止在其国土之外。但是这些国家的统治者大多将他们的都城建在内陆，虽然未必不重视贸易，但是对于将贸易权利给予谁并不十分在意，本国商人并不能指望从本国君主那里得到更多的保护，有时甚至受到压制。因此，当欧洲人来到这些大帝国的时候，便可以通过向君主许诺政治与经济利益而得到通商权利，进而排挤本地商人取得贸易特权，在中国、日本、印度、孟加拉和波斯等地，荷兰东印度公司几乎都是通过这种手段获得了贸易特权。

这样，通过一系列的外交和海盗式的军事进攻，荷兰东印度公司建立了一个以香料贸易为基础，以巴达维亚为大本营的庞大的贸易帝国。尽管自范·勒尔提出荷兰东印度公司的船运量与当时亚洲的航运相比较规模仍相当小以来，历史学家普遍认为欧洲商人在16～17世纪的亚洲贸易中是无足轻重的——至少不应像过去认为的那样大，但是必须承认这些贸易获得的利润是惊人的。这种获利不

① 转引自陈国栋《东亚海域一千年》，山东画报出版社，2006，第11页。

仅来自欧亚之间香料价格的巨大差异，而且来自一个庞大的贸易网络所带来的信息优化，与亚洲商人很少进行整个亚洲范围内的贸易相比，荷兰东印度公司拥有庞大的贸易网络和中心指挥部，可以将欧亚各地区的产品价格进行相互比较，进而决定最有利的购买地点以及销售地点。据统计，1640～1688 年，荷兰东印度公司支付了6700 万荷兰盾红利，这些红利全部是用在亚洲赚取的利润购得的货物运回欧洲后所获，公司获得的总利润更是高达 3 亿荷兰盾，[①] 而公司的初始资本不过 642.4 万荷兰盾。[②] 如此巨额的利润为荷兰共和国的富裕与强盛做出了巨大贡献，而后来更多欧洲国家来到亚洲以及欧洲对香料需求的降低，对荷兰的衰落也不能说没有影响。

二　英国东印度公司的扩张

德雷克对美洲的劫掠并没有导致英国立刻在美洲建立自己的贸易基地，16 世纪英国商人的目标仍是东方。随着香料价格的上涨，前往东方贸易的利润变得更高了，也就更加刺激了英国商人效仿荷兰商人直接前往东方贸易。1599 年，由于胡椒价格飞涨，一些伦敦的商人聚集在一起，讨论直接前往印度贸易的问题。时任伦敦市市长的史蒂芬·森尼爵士认为伦敦胡椒价格飞涨是葡萄牙和荷兰垄断胡椒贸易的结果，英国商人必须单独组建公司前往亚洲，虽然印度的胡椒产地已经被葡萄牙占领，但是仍然有大量可供英国商人开拓的地方。在史蒂芬·森尼爵士的鼓动下，伦敦商人纷纷认股，共出资 30133 镑 6 先令 8 便士。[③] 虽然女王对批准东印度公司的成立颇感犹豫，但是商人们还是提前准备了所有装备。1600 年 12 月 31日，伊丽莎白女王终于批准了公司的成立，授予该公司 15 年对东方贸易的特许状。这个特许状授予公司对非洲好望角以东区域的贸

---

① 〔荷〕伽士特拉：《荷兰东印度公司》，倪文君译，东方出版中心，2011，第 152 页。
② 〔荷〕伽士特拉：《荷兰东印度公司》，倪文君译，东方出版中心，2011，第 19 页。
③ 汪熙：《约翰公司：东印度公司》，上海人民出版社，2007，第 24 页。

易享有独占权，并赋予公司在这一带区域有制定法律、受理行政事务和建立贸易据点的特权。英国东印度公司从其诞生之日起便是一个混合着贸易与权力的特殊机构。

1601 年 4 月 8 日，在得到女王授权之后，东印度公司的第一支船队由著名的私掠海盗船船长詹姆斯·兰开斯特率领，离开了伦敦，前往亚洲。在离开伦敦 7 个月之后，兰开斯特在非洲西海岸抢劫了一艘满载的葡萄牙商船，成就了公司的第一笔买卖。由此也可以看出这个公司的性质是集海盗和贸易于一身的。当他们经过一年的航行来到亚齐的时候，利用亚齐与葡萄牙之间的矛盾，英国商人与亚齐王国签订了贸易协议。在这里，他们不但收购了大量胡椒，而且还截获了一艘葡萄牙商船，获得了大量印花布和胡椒。1603 年 9 月，兰开斯特率领的船队回到欧洲，出售产品获得了大量的利润。这为英国继续亚洲贸易开创了良好的条件。

自此以后直到 1612 年，英国东印度公司一共派遣了 16 支商船队前往亚洲贸易，除第四次航行遇到了风暴损失了全部货物之外，其余每次航行都赚取了 3 倍以上的利润。1612 ~ 1616 年，公司总共派遣 29 艘商船前往亚洲，利润虽然有所降低，但是仍然达到 100% 以上。[1] 然而正如前文所述，英国东印度公司在亚洲遇到了荷兰东印度公司的激烈竞争，虽然获利丰厚，但是由于其资本不足荷兰东印度公司的 1/10，因此很难在东印度群岛与荷兰的竞争占据优势。1617 年，始终无法获得在东印度群岛立足之地的英国东印度公司选择了不产香料的望加锡作为自己的贸易基地，但是仍遭到了荷兰的排挤。1619 年，英国东印度公司的四艘商船在东印度群岛被荷兰舰船截获，船上的所有英国水手与船员都被罚做苦工。只是由于荷兰在欧洲需要英国的帮助，7 月，在荷兰东印度公司董事的帮助下，英国东印度公司才获得了在香料群岛贸易的权利。但是荷兰东印度

---

[1]　汪熙：《约翰公司：东印度公司》，上海人民出版社，2007，第 30 页。

公司的总督柯恩对董事会允许英国人参与香料群岛贸易十分不满，终于在 1623 年以英国商馆人员通敌为借口，发动了"安汶大屠杀"。英国政府虽然对此进行了抗议，但是由于詹姆士国王不希望因此破坏英荷关系，所以没有采取报复措施。这导致英国东印度公司在东印度群岛再也无力与荷兰竞争，不得不全部退出了香料群岛的争夺。

虽然英国无力与荷兰东印度公司抗衡，但是在与葡萄牙的交锋中占据了上风。1608 年，英国曾派代表前往印度莫卧儿王朝，希望与莫卧儿王朝建立贸易关系，但是遭到了莫卧儿王朝的拒绝。但是这并没有阻碍英国人前往印度贸易。1612 年，前往印度贸易的英国商船队与葡萄牙商船队在苏拉特附近海域上进行了一场大战，英国船队击败了葡萄牙船队。这场大战的胜利增加了英国人的信心，同时也使对葡萄牙早有不满的莫卧儿皇帝看到了可以以另一个海上力量对抗葡萄牙。于是莫卧儿皇帝允许英国东印度公司在苏拉特建立商馆，展开贸易，英国第一次在印度站住了脚。1615 年，英国与葡萄牙商船队再次在苏拉特海面上展开海战，战争再次以英国的胜利结束。这场战争使英国在印度洋西岸获得了海上优势，也改变了莫卧儿王朝对英国的看法，使英国进一步获得了贸易的机会。此后，英国继续与葡萄牙在印度洋展开激战，以 1622 年联合波斯攻占霍尔木兹为标志，英国彻底排挤了葡萄牙势力，取得了在印度洋西海岸的优势。由于一年后在香料群岛的失败，英国东印度公司便将其目标转向了印度，以垄断经营与印度贸易获得高额利润。

17 世纪时莫卧儿王朝仍然是一个强大的帝国，英国并不敢贸然向莫卧儿王朝发动进攻，只是与莫卧儿王朝联合，取得莫卧儿王朝的欢心，然后排挤欧洲与亚洲其他海上势力，逐步扩张自己在印度的势力范围，先后在孟买、马德拉斯、加尔各答建立了贸易据点并将其扩展为军事堡垒。1686 年，自觉羽翼丰满的英国东印度公司终于露出了自己的扩张野心，利用莫卧儿王朝战乱不断的机会，以武力进攻孟加拉的吉大港。因为其实力不够强大，所以进攻失败。此次事件引起了莫卧儿皇帝的愤怒，威胁不再与英国东印度公司贸易。这使东印度公司异常害怕，立刻向莫卧儿皇帝请罪，才保住了在印度继续贸易的权利。但是随着奥朗则布皇帝的去世，莫卧儿王朝陷入四分五裂的局面，终于使英国利用机会，1757年克莱武依靠贿赂与武力占领了孟加拉，开始了东印度公司在印度和亚洲的大肆扩张。

明清海盗（海商）的兴衰：基于全球经济发展的视角

第二节 西印度群岛的海盗

与欧洲不同，亚洲拥有一些并不十分关心海上贸易的庞大政治实体，他们可以给欧洲商人一些贸易特权。但是美洲的统治者是西班牙，它坚决不允许其他国家商人前往贸易，而将所有的贸易全部留给本国商人，尽管本国商人难以满足美洲日益扩大的需求。所有前往贸易的外国商人都被西班牙看成海盗遭到打击，霍金斯就是一个典型的事例，即使经过了半个世纪，情况仍然没有多大变化，西班牙仍然有实力垄断贸易。因此，对于西北欧觊觎美洲贸易的国家来说，海盗仍然是获取美洲财富的重要手段。

第一个向美洲发动实质性进攻的是荷兰。与德雷克从本土起航前往美洲劫掠不同，荷兰的目的是在美洲得到一块土地，作为打入西班牙在美洲殖民地的楔子。与西班牙的战争虽然让荷兰资产阶级受益匪浅，但是战争毕竟造成了损失，荷兰在波罗的海的贸易份额出现了暂时下降，西班牙与葡萄牙出产的盐更是难以得到。这促使荷兰做出报复行动，前往美洲弥补他们的损失。荷兰人发现并开发了委内瑞拉的阿拉亚盐矿，但是这个盐矿在 1605 年被西班牙毁坏，这加深了荷兰对西班牙的仇恨。1621 年，荷兰与西班牙之间的十二年停战协定到期，双方的战争已经不可避免。就在同年，荷兰成立了西印度公司。按照柯丁的观点，荷兰成立东印度公司、西印度公司的初衷是相同的，即完全为了劫掠。但是两个公司在发展过程中出现了差异。东印度公司很快就发现单纯的劫掠很难维持下去，改变了运作方式，变成了一个垄断贸易的武装集团，并且日渐加强了对东印度群岛的政治控制，直到将东印度群岛完全变成自己的殖民地。① 西印度公司则始终以抢劫为生。1628 年，公司的海军大将皮特·海恩截获一队西班牙运宝船，使西班牙与美洲大陆的联系瘫痪了很多年。

荷兰在美洲的目标主要是巴西，但只在短暂地占领一段时间以后，荷兰便被葡萄牙驱逐了。但是荷兰短暂地占领巴西也并非一无所获，在此期间，他们使用暴力从葡萄牙人那里学来了蔗糖生产技术，并且将这项技术免费传播给了英国人和法国人。这当然不是荷兰人的好心，荷兰人更愿意充当商人和水手而不是艰苦而又利润低微的甘蔗种植与生产者。但又希望殖民地能够繁荣起来，因为这样才能够使他们的航运和奴隶贸易长久维持且有高额利润。荷兰传播蔗糖生产技术吸引了很多英国人和法国人来到西印度群岛定居，荷兰海军则力图发挥"海军屏障"的作用，将西班牙阻止在美洲的海湾，使英国和法国能够在其后建立许多殖民地。②

虽然荷兰力图提供对西印度群岛的保护，但是其目的仍然没有达到，时机显然仍然不够成熟，自美洲金银被发现以后，西班牙虽然已经放弃西印度群岛，但是仍然视其为自己的领地，尤其是西印度群岛在美洲与欧洲航线上的战略地位，更使西班牙难以容忍外人染指。但是 17 世纪已然与 16 世纪大不相同，美洲的财富已经大为增加，西班牙又无法提供美洲所需的全部产品，自然就吸引了更多的人来到美洲，这些人既有海盗，也包括那些希望与美洲殖民地进行走私贸易的商人和一些纯粹的农业垦殖者。西班牙对居住在西印

① 〔美〕菲利普·D. 科丁：《世界历史上的跨文化贸易》，鲍晨译，山东画报出版社，2009，第 145～146 页。

② 〔美〕伊曼纽尔·沃勒斯坦：《现代世界体系》第二卷，吕丹等译，高等教育出版社，1998，第 56 页。

度群岛的人的身份并不加以区分，一律给予严厉打击。西班牙的打击使西印度群岛上无法发展任何种植业，也根本无法开展贸易，这就逼迫来到岛上的居民全部变成了海盗。

最初吸引海盗的主要是伊斯帕尼奥拉岛，这是西印度群岛中最大的岛屿，也是哥伦布首先建立其殖民统治的地方。由于这个岛屿缺乏西班牙感兴趣的资源，所以它从来没有被完全开发过，尤其是北部地区。不过由于缺乏天敌，西班牙从欧洲带来的物种在岛屿上繁殖良好，尤其是牛，从而为留下来的西班牙人提供了良好的生存条件。这些西班牙人并没有完全受到政府的约束，他们通过向前来走私的英国、法国、荷兰等国的商人提供牛肉、皮革和淡水维持着自己的经济，但这显然违背了西班牙一向严禁非本国商人前来美洲贸易的规定，伊斯帕尼奥拉的总督意识到问题以后，便力图将这些与走私者贸易的居民迁到其在岛上的统治中心圣多明各。这个计划虽然理论上十分完美，但是实施起来困难重重，很多人只是暂时迁居到圣多明各，很快就重新跑回了北部，而那些脱离了人的照顾与驯养的牛变成了野牛，反而繁殖得更加旺盛，为来到这里的各色人等提供了丰富的食品与交易产品。为了彻底消灭盘踞在岛屿北部的人，西班牙发动了灭绝性的围剿，但是效果并不大，而且还使海盗们发现了一个更好的庇护场所，那就是伊斯帕尼奥拉北部的一个小岛，这个小岛土地并不肥沃，但是腹地生长着茂密的森林，为躲避西班牙军队的袭击提供了良好的庇护场所。由于这个小岛形似一只海龟，首先来到这里的法国人便称之为托尔图加岛，即法语中"海龟岛"的意思。来到这里的人们凭借岛上良好的自然条件，与西班牙人展开了顽强的斗争，不断袭击过往的西班牙商船。

很难界定这些海盗与政府的关系，他们大多数是法国人，也有很多英国人，在国内他们是受政治和宗教的迫害者以及罪犯，由于受到西班牙的共同攻击，他们联合在一起。但是他们之间仍然存在着清晰的国籍划分，英国人与法国人为了争夺岛屿的控制权展开了激烈的争夺。最后，法国海盗取得了胜利，占领了这座岛屿，英国海盗则前往其他岛屿另谋生路。

正是海盗占领的这些岛屿成为英、法等国的殖民地。欧洲对糖的需求以及荷兰传播的制糖技术，使这里成为良好的生产基地。甘蔗是一种极其耗费土壤肥力的农作物，巴西的土地已经出现衰竭的迹象，这就使西印度群岛成为更吸引人的土地。除此之外，这里还是从事走私贸易的绝佳地点，如果没有一个巨大的仓储中心，从欧洲运过来的产品就很难顺利进入美洲市场。但是所有这一切，都必须得到西班牙人哪怕是最低程度的合作，否则，货物和农作物时刻都会遭到毁灭性的打击，商人和种植园主不但难以获得高额利润，恐怕还会陷入到高额负债中去。英国、法国与荷兰等国家都曾经希望通过政治手段获得西班牙对他们所占领岛屿的承认，但是失败了，武力成了唯一的选择。当时无论是英国还是法国，派遣一支舰队前往加勒比海的成本都太高了，于是他们不约而同地将这个任务交给了海盗。牙买加是英国的基地，托尔图加和圣多明各是法国的基地，库拉索是荷兰的基地。这些海盗为了自己的生存，只能与西班牙人为敌，而且除了西班牙外，其他国家在美洲完全没有商业与贸易，西班牙是各国海盗的天然抢劫目标，海盗抢劫的任何成功都是对西班牙贸易垄断的打击，其他国家则不会遭到任何损失，海盗本来就是这些国家排斥到海外的渣滓人物。

伊丽莎白代表的是土地贵族的利益，克伦威尔代表的是资产阶级的利益，但是这种区分对英国海外贸易政策毫无意义。伊丽莎白的目的是要打破西班牙对西印度群岛贸易的垄断，克伦威尔的目标同样是如此。所以，斯特朗才会写道："克伦威尔是伊丽莎白式的人物。他与雷利、吉尔伯特和哈克卢特属于一类。西印度群岛远征的整个形象是伊丽莎白式的。"[①] 1654 年，刚刚结束了第一次英荷战争的英国又发动了英西战争，作为战争的一部分，英国派遣舰队前往美洲攻打伊斯帕尼奥拉岛；但是由于西班牙在该岛上有着强大的防守力量，进攻失败了，舰队便转而进攻该岛南面西班牙防守薄弱的牙买加岛，并很快取得了胜利。英国在攻占牙买加岛以后，立刻将这里变成了一个海盗基地。1656 年 1 月，克里斯托夫·敏斯船长率领一艘装有 44 门大炮的当时英国最强大的战舰之一"马斯顿摩尔号"来到了牙买加，并立刻联络托尔图加的海盗进攻西班牙美洲海岸。1660 年，克伦威尔去世，查理二世复辟，但是这并没有影响英国在西印度群岛的总体政策，内战期间支持议会的敏斯不但没有获得处罚，反而升任了牙买加总督。尽管英国与西班牙的战争在 1659 年已经结束，但是西班牙并未承认英国对牙买加的占领，也不允许英国商人前往西班牙美洲港口贸易，因此，英国在西印度群岛的政策仍然是进攻西班牙殖民地，尽管这已经不再合法。1662 年 9 月，温瑟勋爵签署了私掠许可证，"目的是镇压我们在陆地、海洋以及整个美洲的敌人"。① 虽然没有指明敌人是谁，但是这已经是心照不宣的事情了。在获得了私掠证以后，敏斯立刻召集 1300 名士兵，对古巴第二大城市圣地亚哥发动了出其不意的进攻，占领了城市，俘获了停泊在港口的七艘商船。第二年，敏斯又带领 1500 名士兵发动了对尤卡坦半岛西侧的坎佩切的更大的进攻，获得了大量的战利品。1665 年，随着英国与荷兰的战争再起，英国暂时与西班牙达成了和平协议，敏斯也被召回国内参加与荷兰的战争，并在战争中身亡。然而对西班牙美洲殖民地的海盗活动并未就此结束，一个更加令美洲西班牙人胆战心惊的人——亨利·摩根——登上了历史舞台。

摩根这样的小人物，在其成名之前是缺乏记载的，只知道 1635 年他出生在威尔士一个农民家庭，年轻时作为一名契约奴前往被英

---

① 〔英〕安格斯·康斯塔姆：《世界海盗全史》，杨宇杰等译，解放军出版社，2010，第 106 页。

国占领的巴巴多斯，英国占领牙买加以后，又来到了牙买加。关于他成为一名海盗的最早时间记录是在 1659 年，1662 年敏斯进攻古巴圣地亚哥以及 1663 年进攻坎佩切的行动，他都有可能参加过，但只是一个小角色。1665 年，敏斯离开以后，其副手曼斯菲尔德领导了一次对中美洲西海岸若干城市的袭击，在这次袭击中，摩根成为一支小分队的领导，并且表现出色，给人留下了深刻印象。回到牙买加之后，他与岛上的英国总督莫迪福德成为好朋友，而莫迪福德本人恰是一个坚决支持以海盗行动打击西班牙人的政客。

1667 年，尽管英国与西班牙签订了互不侵犯的和平条约，英国政府要求牙买加总督派遣舰队攻击荷兰在西印度群岛的殖民地，但是莫迪福德并未遵守英国政府的命令，相反，在 1668 年 1 月，他向摩根发出了进攻西班牙的私掠证，要求其前往古巴侦察是否西班牙正在召集军队做进攻牙买加的准备。在得到私掠证以后，摩根立刻召集了一支由 10 艘船只和 500 名海盗组成的队伍前往古巴，这种规模的军队显然不仅仅是做一次侦察活动。果然，3 月 29 日，摩根率领军队对古巴的普林西比港进行了突袭，占领了城市，并且索要赎金，由于城市太小，摩根在这里停留了两周之后也只索要到了 5 万西班牙银币的赎金。摩根并不满意这个结果，离开这座城市以后，继续向西航行来到了巴拿马地峡处的城市贝略港。这是当时西班牙在美洲仅次于哈瓦那、韦拉克鲁斯和卡塔赫纳的第四大城市，自从 1572 年德雷克洗劫了这座城市以后，西班牙大大加强了这座城市的防务，一般海盗不敢攻打这座城市，但是摩根恰恰看中了这座城市积累的巨量财宝。7 月中旬，摩根带领他的队伍采用突袭的办法占领了城市及其周边的三个要塞，连同战利品和赎金，总共获得了 25 万西班牙银币，此次行动可谓大获成功。

在这次成功的海盗行动后几个月，摩根又组织了另一支海盗队伍，包括 10 艘船只和 1000 名海盗，其中摩根指挥的旗舰"牛津号"是由牙买加总督莫迪福德提供的一艘装有 34 门大炮的皇家海军军舰，这次摩根进攻的目标是美洲最富有的城市卡塔赫纳，由于出发前举行的晚宴上一个水手喝醉酒，枪走火击中了火药桶造成了大爆炸，虽然摩根等人死里逃生，但是"牛津号"完全报废了。丧失了这艘强大的军舰以后，摩根只好将一艘仅配备了 14 门大炮的船只当作自己的旗舰，进攻防守力量强大的卡塔赫纳就变成一件非常困难的事情，有一些海盗也离他而去，最终他的身边只剩下 500人。在这样的情况下，摩根放弃了进攻卡塔赫纳的打算，转而决定进攻马拉开波湖北端的马拉开波城。两年前，一群法国海盗曾经洗劫过这个城市，所以当摩根占领这个城市之后，也没有获得多少战利品，他又转而进攻了该城附近的另一个小城直布罗陀，总共从两个地方获得了 10 万西班牙银币的战利品。在返回牙买加的途中，摩根击败了一支前来堵截他们的西班牙船队，顺便截获了一艘商船，又获得了 2 万西班牙银币的战利品。

当摩根回到牙买加之后，他发现这里的环境已经发生了很大变化，英国政府已经准备与西班牙议和，对在西印度群岛活动的海盗开始采取限制政策，莫迪福德总督撤销了所有的私掠许可证，并签署声明宣布："（对）所有西班牙国王陛下的臣民，即日起如果没有进一步的命令，都应像朋友和邻居一样对待。"① 没有了私掠证的摩根便将他抢劫分到的钱用到了扩大自己在牙买加的庄园上。然而事情并未如此简单地结束。由于通信的障碍，摩根抢劫贝略港和马拉开波的消息传回马德里以及马德里签发针对英国的私掠证花费了很长时间，这就使莫迪福德总督宣布英国停止进攻以后，西班牙的私掠进攻才刚刚开始。1670 年初，一些西班牙私掠船对航行在西印度群岛的英国渔船和商船发动了进攻，这一行为惹恼了英国人，于是，在 1670 年 7 月 9 日，莫迪福德总督再次签发私掠许可证，宣布"摩根为海军中将和负责这个海港的所有战舰的总司令，对所有来

---

① 〔英〕安格斯·康斯塔姆：《世界海盗全史》，杨宇杰等译，解放军出版社，2010，第128 页。

到这个地方的敌船进行攻击、捕获和摧毁"。①在摩根得到这样的授权之后，海盗们立刻蜂拥而至，在很短的时间内，摩根就组织了一支由33艘船和2000多人组成的队伍，在1671年1月向巴拿马地峡另一侧的巴拿马城发动了进攻。尽管巴拿马城的西班牙总督率领他的1200名士兵进行了顽强抵抗，这座城市还是被摩根率领的海盗攻陷了。城陷之后，摩根和他率领的海盗便对居住在城里的居民严刑拷打，索要赎金，直到他们获得了大约75万西班牙银币之后，才撤出了这座城市。3月，摩根带着他分得的40万西班牙银币回到了牙买加。

这是摩根最后一次对西班牙美洲殖民地进行抢劫。1670年，正当摩根准备洗劫巴拿马的时候，英国已经与西班牙正式签订了《马德里条约》，条约中对美洲问题做了如下处理：英国必须放弃向西印度群岛地区的海盗发放私掠证，同时对海盗活动予以打击。作为回报，西班牙第一次承认英国对西印度群岛已占领的地区拥有主权，"最高贵的大不列颠国王陛下，他的继承人和后继者，将永远以全部主权、所有权和占有权拥有、保持并占领大不列颠国王及其臣民此刻保持和占领的……位于西印度群岛和美洲任何地区的一切陆地、地区、岛屿、殖民地和自治领"。②英国已经达到了它的目的，所以海盗策略到了暂告一段落的时候。至于如何比较摩根与德雷克的战绩是一件很困难的事情，德雷克从英国本土出发，数次劫掠了西班牙美洲殖民地，而摩根则是从美洲边缘的牙买加岛屿出发，仅在1665～1671年其辉煌时代，便袭击、焚毁了西班牙在美洲的8座城市、4座市镇以及40个村庄，③给西班牙美洲殖民地带来了恐慌。但是如果放弃这种刻板的比较，我们会发现英国的进逼

① 〔英〕安格斯·康斯塔姆：《世界海盗全史》，杨宇杰等译，解放军出版社，2010，第129页。

② J. H. Parry, *A Short History of the West Indies* (London：Macmillan, 1956), p. 87.

③ J. H. Parry, *A Short History of the West Indies* (London：Macmillan, 1956), p. 93. 原文为1655～1661年，疑误。

和西班牙的退守，经过将近一个世纪的不懈努力之后，英国已经将它的前沿推进到了西班牙美洲殖民地的边缘地带。更重要的标志是德雷克的劫掠引起的是一场战争，而摩根的劫掠带来的则是一纸合约，西班牙已经无力承受英国持续不断的打击，更无力垄断其与美洲的贸易，只好承认英国对西印度群岛实际占领地的权利，并允许英国与西属美洲贸易。

西班牙并不甘心这样彻头彻尾的失败，他们强烈要求惩办莫迪福德和摩根。但是英国对此故意迁延不办，直到 1671 年 6 月，英国派遣到牙买加的新总督才到任，将莫迪福德逮捕，送往了伦敦，而摩根被逮捕送往伦敦更是到了 1672 年 4 月。当摩根回到英国之后，他仅仅受到了像走过场一样的审判。之后随着第二次英荷战争的爆发，摩根又成了伦敦社会的座上客。与德雷克一样，他也受到了英国国王的接见，查理二世兴致勃勃地听他描述在西印度群岛的劫掠情况，然后授予了他贵族头衔。显然，这是对他完成英国战略目标的奖赏。

此后对西属美洲造成更大打击的则是法国海盗。总体来说，法国更关注在欧洲大陆的称霸，其海外扩张的步伐总是走走停停。虽然法国海盗最早给西属美洲带来了威胁，法国在美洲的殖民扩张也并不比英国和荷兰晚，但是到 17 世纪中期，法国已经大大落后于英国与荷兰。但在柯尔贝尔执政后，情况迅速发生了改变，柯尔贝尔致力于发展工商业，当然认识到海外殖民地对工商业的重要作用，因此在他的积极推动下，法国的海外殖民地也迅速扩张，尤其是在他 1669 年转任海军国务大臣以后，就更积极地推动法国海军和海外殖民地的建设，法国在西印度群岛最大的殖民地瓜德鲁普正是在这个时候被纳入法国版图的，而且此时期伊斯帕尼奥拉岛西部也逐渐取代托尔图加，成为海盗的大本营。当法国期望西班牙政府承认它在西印度群岛殖民地的请求并遭到拒绝以后，法国便采用了与英国同样的政策，即利用海盗政策，格拉蒙特正是法国此时期的亨利·摩根。

1672 年，曾经在法国王家海军服役的格拉蒙特袭击了一艘荷兰商船，由于此次袭击发生在 3 月双方宣战之前，因此被认为是一次海盗袭击，格拉蒙特便不能够再回到法国及其合法的殖民地，于是他便来到了伊斯帕尼奥拉岛西部的圣多米尼克，并且很快将这个城市建成一个海盗大本营，向他们认为与法国为敌的人作战。

1678 年 5 月，在欧洲进行的战争已经接近尾声，而此时格拉蒙特却组织了一支包括 19 艘船、1200 名海盗的部队准备对荷兰的库拉索岛发动进攻。然而，由于在距离目标不远处遇到了暴风雨而损失了一些船只和人员，格拉蒙特意识到自己的能力不足以进攻防守坚固的荷兰殖民地，于是调转方向，向西班牙殖民地发动了进攻，马拉开波城、直布罗陀和特鲁希略几个西班牙城市还没有完全从十年前摩根发动的进攻中恢复过来，便再遭打击，法国海盗们又从这里获得了丰厚的战利品。

1680 年 5 月，格拉蒙特又对委内瑞拉海岸发动了一次进攻，不过这次的收获并不大，格拉蒙特还在战斗中受了伤。他并不甘心，1683 年 5 月，他又组织起了一支海盗队伍，包括 5 艘大船、8 艘小船和 1300 名海盗，这次他们的目标是西班牙在美洲最重要的宝藏输出港——墨西哥的韦拉克鲁斯，当年霍金斯便是在这里遭遇到失败的。格拉蒙特没有重复霍金斯的失败，他率领着他的海盗们对这座城市发动了突然袭击，很快就占领了这座富裕的城市，并将城市洗劫一空。这个时期在欧洲并没有战争，因此格拉蒙特的行动是赤裸裸的海盗行为，西班牙对此发出了严重抗议，但是法国政府对此不闻不问，格拉蒙特大摇大摆地回到了圣多米尼克，并且从容地准备了 1685 年夏天对坎佩切的进攻。由于坎佩切曾经数次遭到各国海盗的袭击，因此格拉蒙特虽然攻占了城市，但是并没有得到多少战利品，尽管如此，格拉蒙特还是在圣多米尼克受到了热烈的欢迎，该地的法国总督还授予他海军中将军衔，希望他帮助守卫法国

明清海盗（海商）的兴衰：基于全球经济发展的视角

152

在西印度群岛的殖民地。格拉蒙特得到的待遇与德雷克和亨利·摩根在英国得到的待遇几乎可以比肩。格拉蒙特并没有选择留下来帮助防守，而是选择继续以进攻的方法代替防守，1686 年 5 月，在他再次出发前往西班牙殖民地进行侦察和劫掠时，在佛罗里达附近海域失事死亡。虽然格拉蒙特已经死亡，但是他给法国带来的成果与摩根给英国的一样，西班牙无法继续保护它的美洲殖民地不受攻击，只好承认了法国在西印度群岛的合法占有权。

第三节　小结

　　大航海带来了贸易在全世界范围的迅速扩张。1470～1780 年，欧洲商船的运载量从 1470 年的 12 万吨多增长到 1780 年的 38516 万吨；而从欧洲到达亚洲的商船则从 1500～1599 年的 770 只，增加到了 1600～1700 年的 3161 只和 1700～1800 年的 6661 只。[①] 伴随着海上贸易的扩张及其带来的利润前景，17 世纪成为海盗活动最猖獗的时期。英国、法国与荷兰利用海盗在全世界范围内挑战西班牙与葡萄牙的海上霸权，并相互竞争新的海上霸权。

　　在亚洲，英国与荷兰最早成立了东印度公司。英国东印度公司虽然成立稍早，但稍后成立的荷兰东印度公司具有更强大的实力。它利用武力取代了葡萄牙在香料群岛和东亚的贸易地位，排挤了包括中国商人在内的亚洲各国商人，建立了一个以巴达维亚为中心的贸易帝国，控制了大部分亚欧贸易以及相当一部分亚洲内部贸易，为荷兰带来了滚滚财源。英国东印度公司在其发展初期不如荷兰东印度公司强大，在与荷兰竞争香料群岛的斗争中失败，不得不将注意力转移到了印度。在那里，通过两场与葡萄牙舰队的海战，彻底击败了葡萄牙，取代了葡萄牙在印度的贸易地位，并逐步扩大与控

---

① 〔英〕安格斯·麦迪逊：《世界经济千年史》，伍晓鹰、许宪春、叶燕斐等译，北京大学出版社，2003，第 54、69 页。

制了印度的对外贸易，为其将来在亚洲的海上竞争奠定了坚实的基础。

在美洲，处于美洲和欧洲交通要道上的西印度群岛成为各国海盗的聚集地。英国占领了牙买加和巴巴多斯，法国占领了托尔图加和圣多明各，荷兰则占领了库拉索岛。利用在西印度群岛占领的这些岛屿，各国海盗发动了对西班牙运宝船队和美洲殖民据点的袭击，摩根和格拉蒙特等人就是这个时期海盗的典型代表。海盗活动给西班牙带来了沉重打击，终于迫使西班牙放弃了对大西洋和美洲的垄断，英国、法国与荷兰利用武力进入了美洲贸易。显然，聚集在西印度群岛上的各国海盗并不是简单的流亡者，他们的背后实际上是觊觎西班牙垄断美洲贸易的各国政府。

第 五 章

海上争霸背景下郑氏海商集团的兴衰

随着明末中央政权的衰败，以及欧洲、日本对中国产品需求的增加，中国商人经营的海外贸易再度勃发。但是此时中国商人不得不面对强大的欧洲商人尤其是荷兰商人的竞争，这种竞争对郑芝龙武装集团的形成起到了推动作用。然而随着清取代明，中央集权再度得到加强，海商集团成为中央集权打击的对象，于是，海洋史上精彩的、具有讽刺性的一幕出现了。就在英国颁布《航海条例》打击荷兰人、力图垄断殖民地贸易的同时，清政府却颁布了海禁令，阻止本国商民出海贸易并且联合荷兰打击郑氏集团。两场斗争几乎在17世纪80年代同时结束，英国以武力排挤了荷兰，初步取得了海洋贸易的垄断权，清政府则消灭了郑氏集团，中国商船从此不得不赤手空拳面对全副武装的欧洲商船。即将到来的海上直接交锋，未战结果便已先知了。

第一节 17 世纪初中日贸易的变化

一 中国商人的重新活跃

虽然葡萄牙垄断了中国与日本之间的贸易，但中国商人还是因为葡萄牙自身的衰落以及西班牙来到马尼拉而获得了贸易机会。1565 年，黎牙实比到达菲律宾以后，意识到向南发展与葡萄牙争夺香料群岛并不现实，便转而北上，希望建立与中国的贸易关系，吸引中国商人前来贸易。与葡萄牙一样，西班牙也梦想在中国沿海建立一个贸易基地，如果有可能，派兵征服整个中国。但是西班牙在亚洲的实力过于薄弱，而且中国也不是美洲的阿兹特克帝国和印加帝国，因此西班牙甚至都没有能力向中国发动像样的进攻。由于西班牙怀有武力征服中国的野心，因此错过了帮助明朝缉拿林凤以获得建立贸易关系的机会，只能够以马尼拉为基地，吸引中国商人前往贸易。

多亏西班牙并未向中国发动进攻，明朝并未像对待日本那样关闭与西班牙贸易的大门。西班牙占领马尼拉之后不久，中国与马尼拉之间的贸易就日渐繁荣，居留在马尼拉的华人数量不断上升。在西班牙人占领马尼拉之前，中国人在马尼拉有 150 人左右，到 16 世纪末期已经增加到 3 万余人。这使在马尼拉的西班牙人日益担心华人对他们的统治造成威胁，西班牙本土商人也因为中国商品日益充斥美洲而抗议对他们的利润造成了损失。这使西班牙政府开始限制中国与马尼拉之间的贸易，同时大量中国商人前往贸易，两者叠加使中国与马尼拉之间的贸易利润率出现下滑趋势。[①]

与此同时，日本与中国之间的贸易由于葡萄牙的垄断始终保持了很高的利润率。利润是商人追逐的目标，不论哪国商人都概莫能外。中国与马尼拉之间建立贸易联系，推迟了中国商人渗入中日贸易的时间，但当两者利润差异由于垄断和自由竞争而逐渐拉大时，中国商人便置政府的禁令于不顾，偷偷前往日本贸易了，万历三十八年（1610 年），福建巡抚陈子贞奏报说："奸民以贩日本之利倍于吕宋，夤缘所在官司，擅给票引，任意开洋，高桅巨舶，络绎倭国，将来沟通接济之害始不可言。"[②] 明人的笔记小品也有很多记录了这种情况："自万历三十六年（1608 年），至长崎明商不过二十人，今不及二十年，且二、三千人矣。合诸岛计之，约有二、三万人。"[③]

另外，还有一个对中国商人有利的因素是日本逐步统一。统一之前的日本，在以葡萄牙为中介的中日贸易中同样处于不利地位，各个封建主之间的相互竞争提高了生丝等产品的价格，并且为了博得葡萄牙的好感，纷纷加入了基督教。随着日本逐渐步入统一，幕府政权努力改变葡萄牙卖方垄断的地位，一方面，日本建立起"丝割符仲间"的整批交易制度，实现了买卖双方的对等地位；另一方面，日本也积极通过其他渠道获得中国产品。这些渠道包括恢复与明朝的朝贡贸易关系，派出本国商船出海贸易，吸引葡萄牙、西班牙以外的各国商人前往日本贸易等。

1603 年，德川幕府取得政权以后，即命令萨摩藩主通过琉球国王向明朝请求恢复朝贡关系，但是遭到了明朝的拒绝。1609 年，德川幕府又通过朝鲜向明朝请求恢复朝贡关系，同样遭到了拒绝。这

---

① 全汉升：《中国经济史论丛》（一），香港中文大学新亚书院，1972，第 427 页。
② 《明神宗实录》卷四七六，万历三十八年十月丙戌，史语所本，第 8987 页。
③ 朱国祯：《涌幢小品》卷三十，明天启三十年刻本，中国基本古籍库，第 464 页。

使日本恢复与明朝朝贡贸易的努力失败了。派出本国商船前往海外贸易的行动因为增强了地方大名的实力而使幕府认识到了危险性，幕府对本国商人出海贸易的控制日渐严格，并且最终在 1636 年停止了朱印船贸易，并下令驱逐葡萄牙人，转而将重点放在了吸引葡萄牙、西班牙以外的外国商人——尤其是中国商人前往日本贸易。

自从丰臣秀吉进攻朝鲜以来，中日双方的走私贸易甚至都发生了中断，萨摩藩主岛津义久在日本庆长十一年（1606 年）九月致琉球国王尚宁的信中提到，明朝与日本已经不通商舶十余年。① 贸易的中断导致日本购买生丝困难，东南亚的马尼拉、交趾等地因此成为中日商人贸易的中介地，受益颇多，"我闽浙直商人，乃皆走吕宋诸国，倭所欲得于我，悉转市之吕宋诸国矣"。② 万历二十八年（1600 年）至三十年（1602 年），明商大量贩运生丝到交趾，全部被该地的日本商人买去。③ 吕宋甚至发生了中国生丝的抢购风潮。④因此，在不能建立朝贡贸易以及限制本国商人外出贸易的情况下，幕府只好鼓励中国商人前往贸易。1607 年，泉州商人许丽寰来到日本贸易，受到了萨摩藩主岛津义久的热情招待，并且约定第二年再来贸易。⑤ 1610 年，广东商船开往日本贸易，获得了幕府颁发的朱印状，"广东府商船来到日本，虽任何郡县、岛屿均可随意交易。如奸谋之徒，枉行不义，可据商主控诉，立处斩刑，日本人其各周知勿为"。同年，应天府商人周性如晋谒德川家康，德川家康又发给了他如下朱印状："应天府周性如商船驶来日本时，到处应予保护，迅速开入长崎，其一体周知，若背此旨行不义，可处罪科。"⑥

第五章　海上争霸背景下郑氏海商集团的兴衰

---

① 〔日〕木宫泰彦：《日中文化交流史》，胡锡年译，商务印书馆，1980，第 620 页。
② 陈子龙等编《明经世文编》卷四百九十一，明崇祯平露堂刻本，中国基本古籍库，第 4784 页。
③ 〔日〕木宫泰彦：《日中文化交流史》，胡锡年译，商务印书馆，1980，第 624 页。
④ 傅衣凌：《明清时代商人及商业资本》，人民出版社，1956，第 121 页。
⑤ 〔日〕木宫泰彦：《日中文化交流史》，胡锡年译，商务印书馆，1980，第 621 页。
⑥ 〔日〕木宫泰彦：《日中文化交流史》，胡锡年译，商务印书馆，1980，第 624～625页。

由于幕府的吸引以及明朝和葡萄牙控制能力的相对下降，中国商人前往日本的贸易再度复兴。1609 年 7 月，有 10 艘中国商船驶进了鹿儿岛和坊津。1612 年 7 月 15 日，有明朝和日本商船共 26 艘开进长崎港，为日本带来了白丝二十余万斤；1613 年又有大量明朝船到达日本。[①] 而据估计，1615 年前后日本生丝年需求量在 18 万~21 万公斤，如果超过 24 万公斤，就会引起价格暴跌。[②] 由此可见中国商人在中日贸易中的份额已经逐步上升，日益占有重要地位。

二 荷兰的武力竞争

日本的统一改变了东亚贸易格局，葡萄牙受到排挤，日本商人前往海外贸易也受到限制，为中国商人重新垄断中日贸易开创了良好的外部条件。但是此时已经是一个全球化时代，葡萄牙和西班牙虽然衰落了，但是他们开创的贸易路线已经成为公共知识，新近崛起的西欧国家荷兰与英国循着葡萄牙开创的贸易路线来到了亚洲，并且对亚洲贸易带来了更大的冲击。荷兰与英国来到亚洲的目的十分明确，即获取香料，同时排挤葡萄牙和西班牙在亚洲的贸易。与葡萄牙一样，荷兰也很快发现了亚洲内部贸易的秘密，即通过亚洲产品之间的相互交换盈利，借此不用或者很少需要再从欧洲运出白银。

虽然取代葡萄牙的竞争重点在香料群岛，但是中国也已经进入了荷兰的进攻范围。1600 年，荷兰曾派出船队前来中国谋求建立贸易关系。当时万历帝派驻在广东的税监李凤正强迫居住在澳门的葡萄牙人接受他的加税，葡萄牙人则坚决抵抗，双方正处在僵持状态。荷兰人的出现增加了李凤的谈判砝码，他将荷兰人邀请到广州

---

① 〔日〕木宫泰彦：《日中文化交流史》，胡锡年译，商务印书馆，1980，第 626~627 页。

② 〔日〕速水荣、宫本又郎：《日本经济史》第一卷，厉以平等译，生活·读书·新知三联书店，1997，第 134 页。

居住了一个月，并以准许贸易为条件怂恿荷兰人前去攻打澳门。对荷兰人来说，这是一件天大的好事，正是他们此行的目的。但是葡萄牙在澳门的顽强抵抗使荷兰的计划落空了。在受到荷兰的威胁后，葡萄牙同意了李凤的增税要求，这使荷兰对李凤来说也就无足轻重了。

但是荷兰没有放弃与中国贸易的打算，尤其是 1603 年 6 月，荷兰人俘获了从澳门开往马六甲的葡萄牙大帆船"科特琳娜号"，获取了大量贵重的艺术品、漆器、丝绸和陶瓷，在阿姆斯特丹拍卖收入达 340 万荷兰盾，引起轰动。[①] 7 月 30 日，荷兰舰队又截获一艘从澳门驶往日本的货船"那保丸号"，战利品总价值 140 万荷兰盾，其中生丝一项就有 2800 包，每包值 500 荷兰盾。[②] 因此，与当年葡萄牙在广东失败后的路线一样，荷兰也顺着中国的海岸北上，1604 年 7 月，韦麻郎带领两艘军舰来到福建的澎湖群岛，是时"汛兵俱撤，如登无人之墟，夷遂伐木架屋"。[③] 占领澎湖列岛以后，荷兰人便在中国商人李锦的指引下，向福建驻守太监高寀行贿 3 万两白银，希望能够得到贸易机会。高寀在重金诱惑下，同意了荷兰人的贸易请求。然而当时福建地方官员与高寀之间存在激烈冲突，澎湖又是海防重地，福建巡抚徐学聚便派都司沈有容带兵前往澎湖群岛，要求荷兰人离去。荷兰拒不服从明朝劝告，明朝也无绝对实力发动一场战争，于是实行了海禁政策，禁止居民前往澎湖贸易，断绝荷兰人的粮食供应。荷兰在岛上驻守半年之后，终因无人前来贸易，粮食供给又遇到极大困难，不得不在当年年底退出。

此后一段时间，荷兰因为专注于东南亚地区的争夺，暂时放松了在中国沿海建立贸易基地的行动。1619 年巴达维亚建立以后，荷

---

① 张天泽：《中葡早期通商史》，姚楠译，香港：中华书局，1988，第 135～136 页。

② 张天泽：《中葡早期通商史》，姚楠译，香港：中华书局，1988，第 136 页。

③ 张廷玉等撰《明史》卷三二五，中华书局，1974，第 8435 页。

兰控制了香料群岛的贸易，这使他们的注意力再次集中到打开与中国的贸易上来，无论是从削弱西班牙的实力还是从获得利润的角度讲，与中国建立贸易关系都是极为重要的。由于无法在中国沿海建立贸易基地，荷兰便联合英国，以日本长崎为基地，攻击前往马尼拉贸易的中国商船，这引起了马尼拉西班牙人的强烈抗议，因此日本幕府禁止了荷兰的海盗活动。这使荷兰不得不将目标再次转移到中国沿海，1622 年，荷兰对澳门发动了猛烈的进攻，但是仍然没有取得胜利，他们便再次来到澎湖群岛，以此作为与中国贸易的基地和拦截葡萄牙与西班牙船只的大本营。与葡萄牙人对荷兰人时时保持高度警惕不同，中国并未吸取荷兰人占领澎湖的任何教训，其防卫计划没有做出任何变动，每年春夏派人驻守，秋冬则从岛上撤军，荷兰人再次轻而易举地占领了澎湖。鉴于上次失败的教训，占领澎湖以后，荷兰人便拦截过往的中国商船和渔船，强迫他们给荷兰人在岛上建设城堡，"擒我洋船六百余人，日给米，督令搬石砌筑礼拜寺于城中。进足以攻，退足以守。俨然一敌国矣"。[1] 中国虽然威胁荷兰人离开澎湖，但是由于他们并无必胜的把握，并不愿意为此开战，按照邹维琏的说法，万历三十二年（1604 年）为了劝退荷兰人，已经是"费时两载，费饷十八万"。[2] 此次若是武力相向，耗费的钱粮必然更多，福建地方政府恐怕难以负担。但是明朝官员并非没有办法，他们知道荷兰人占领澎湖乃是为了贸易，便请寓居在日本的华商领袖李旦出面调解此事，"泉州人李旦，久在倭用事，且所亲许心素今在系，诚质心素子，使心素往谕旦立功赎罪，且为我用，夷势孤，可图也"。[3] 由于这些官员掌握着商人贸易的命脉，因此李旦不得不出面前往澎湖与荷兰谈判。关于李旦前往

---

[1] 《明熹宗实录》卷三七，天启三年八月丁亥，史语所本，第 1927~1928 页。

[2] 邹维琏：《达观楼集》卷十八 "奉剿红夷报捷疏"，载厦门大学郑成功历史调查研究组编《郑成功收复台湾史料选编》，福建人民出版社，1982，第 25 页。

[3] 《明季荷兰人侵据澎湖残档》，台湾文献丛刊第 154 种，第 26~27 页。

澎湖谈判的具体历史细节，没有详细的记录，最后双方达成的协议是荷兰退出澎湖，转往台湾，然后由中国商人前往台湾贸易。

荷兰的目的是将台湾变成一个像澳门那样的贸易基地，并且取代澳门的地位，但是显然荷兰在台湾与葡萄牙在澳门面临的是完全不一样的环境。澳门的繁荣在很大程度上是由于明朝政府禁止本国商人前往日本贸易，这使葡萄牙自然垄断了中日贸易；而荷兰在台湾则完全是对原来贸易格局的破坏。荷兰曾打算以和平手段吸引中国商人前往台湾贸易，从而中断中国商人与马尼拉和日本之间的贸易联系，但是这种方法显然是失败的。荷兰本来就缺乏白银，因此在台湾便很难出得起令中国商人满意的价格，"马尼拉的丝价每担240 两，比大员至少贵 100 两"。① 因此，中国商人仍然绕过台湾，亲自前往马尼拉和日本贸易。这就使在台湾的荷兰人无法获得足够的产品参与中日贸易。在和平手段无法吸引中国商人前往贸易的情况下，荷兰便转而采取暴力手段拦截前往马尼拉和日本贸易的中国商船，"在吕宋港口迎击华商，大肆劫掠，舶主苦之"。② 当然，在中国沿海实施这种赤裸裸的海盗行为的时候，荷兰也并非无所顾忌，他们害怕遭到中国的报复。但是依附他们的中国商人十分熟悉中国官场的内幕，"不会引起什么问题，这是受害者的不幸。……军门和都督的住期仅有三年，故不欲与中国治外的人们发生争执，而极力避免之"。③ 事实也果然像中国商人所说的那样，荷兰赤裸裸的抢劫并没有引起中国的报复，甚至连抗议的声音都没有。对明朝官员来说，从事海外贸易的商人都是奸民，只是恐怕完全禁止海外贸易会产生动乱，才会允许商人有限制地从事海外贸易。如果有谁冒犯中国商人，明朝官员只会认为这是商人咎由自取，而不会采取

---

① 程绍刚译：《荷兰人在福尔摩萨》，（台北）联经出版事业公司，2000，第 58 页。

② 张燮：《东西洋考》卷六"外纪考"，谢方点校，中华书局，1981，第 130 页。

③ 荷兰东印度公司编《巴达维亚城日志》，载厦门大学郑成功历史调查研究组编《郑成功收复台湾史料选编》，福建人民出版社，1982，第 228 页。

措施保护他们。荷兰的海盗行为显然对中国商人造成了巨大的影响，中国前往马尼拉的船只数量出现了急速的下降，1621 年有30 ~ 40 艘中国帆船到达马尼拉，但是 1622 年仅有 8 艘，1623 ~ 1624 年则没有帆船到达。① 对于这一点，就连荷兰人自己也毫不隐讳，荷兰东印度公司台湾长官纳茨在 1629 年 1 月 10 日向巴达维亚荷印总督和东印度评议会提交的关于中国贸易问题的报告中说："自从我们定居在这里以及海上有了海盗出没以来，中国船只就很少出海。……所以最近几年来，中国同西班牙人的贸易十分萧条。"② 为了不使贸易中断，西班牙也派兵占领了台湾北部的鸡笼和淡水，吸引中国商人前往贸易。但是明朝政府对近在眼前的事情没有任何反应，任由中国商人被西方殖民者劫夺。

中国商人的海外利益得不到保护，使中国与马尼拉和日本之间的贸易面临进一步被缩短为中国与台湾之间的贸易，贸易利润再次被西方殖民者侵夺的风险。但是也许是机缘巧合，也许是事情发展的必然趋势，一个中国武装海商集团在这纷繁复杂的竞争中脱颖而出，控制了台湾海峡，也控制了中日贸易，使中国商人的贸易利润得以维持和扩大。这个集团便是由郑芝龙开创并由郑成功和郑经父子继承的郑氏海商集团。

① 黄启臣：《明末在菲律宾的华人经济》，《华人华侨历史研究》1998 年第 1 期。
② 甘卫霖：《荷兰人侵占下的台湾》，载厦门大学郑成功历史调查研究组编《郑成功收复台湾史料选编》，福建人民出版社，1982，第 105 页。

第二节　郑氏集团的崛起

一　郑芝龙的崛起

郑芝龙出生在福建泉州南安府石井镇，其父亲做过泉州库吏，其母亲家族则有经商的背景。郑芝龙在十七八岁时前往澳门投奔了舅父黄程，跟随舅父学习经商。在澳门这个中西合璧的地方，郑芝龙不但学习了经商技巧，而且还学会了葡萄牙语，加入了基督教，这对日后他与西方人打交道起到了重要作用，也对他的崛起起到了重要作用。

当时的澳门，是东亚贸易的集散地，葡萄牙人虽然仍然垄断着中日贸易，但是中国商人已经成功地渗透到葡萄牙人控制的贸易中，郑芝龙的舅父黄程便是一个经营中日贸易的大商人。但是黄程很可能只是一个中介商人，并没有亲自经营海外贸易。后来，郑芝龙押运其舅父的一笔货物，搭乘李旦的船只前往日本。这是郑芝龙首次前往日本。关于这次前往日本的时间，各书记载不一，《台湾外纪》认为是在 1623 年，而荷兰学者包乐史则认为是在 1621 年之前。[①] 郑芝龙前往日本后，很可能就在李旦的手下做事，可能由于熟知葡萄牙语的缘故，郑芝龙在 1624 年被李旦派往荷兰人处做

---

① 〔荷〕包乐史：《论郑芝龙的崛起》，袁冰绫译，《福建史志》（增刊）1994 年 7 月，第 21 页。

翻译。

关于郑芝龙在荷兰人那里的情况缺乏详细的历史资料，但是郑芝龙在这段期间与荷兰人展开了合作，1625 年春天，荷兰人即得到了郑芝龙提供的三艘武装民船，袭击厦门前往马尼拉贸易的福建商船。郑芝龙这样做肯定是为了从荷兰人那里换取大炮。① 但是郑芝龙与荷兰的合作时间并不长，按照岩生成一的考证，荷兰文献曾记载，1625 年 1 月，郑芝龙还在荷兰舰队中，但是到 4 月 27 日，郑芝龙已经作为一个外来者访问荷兰舰队了。② 郑芝龙离开荷兰人显然是为了争夺权力，1625 年，李旦与颜思齐这两个重要的海商几乎同时去世，郑芝龙便离开了荷兰人参与到权力的争夺中。关于李旦和颜思齐的关系问题，一直是史学家猜测的焦点，岩生成一认为李旦和颜思齐根本就是一个人，③ 另外有人认为颜思齐是李旦部下，而徐晓望认为李旦是颜思齐部下。④ 但是撇开两个人的关系不论，郑芝龙继承了李旦和颜思齐两个人的遗产，按照一般的意见，李旦是经营中日贸易的大商人，而颜思齐则是一个盘踞在台湾的大海盗，郑芝龙继承了两个人的遗产，势必使他的势力大增，这使郑芝龙初步具备了一个武装商人的特点。

具有了初步实力的郑芝龙显然不再愿意仅仅做一个依附于荷兰的海盗，也不愿意做一个盘踞海外的海盗商人，而是要直接控制中日贸易。这需要获得大陆的贸易基地，因此，郑芝龙提出希望获得招安，在得到否定回答以后，郑芝龙向沿海地区发动了猛烈的进攻。天启五年（1625 年），郑芝龙向厦门发动进攻，大败官军，一度占领厦门，大肆抢劫以后撤退。第二年，郑芝龙再次进攻漳浦，

---

① 〔荷〕包乐史：《论郑芝龙的崛起》，袁冰绫译，《福建史志》（增刊）1994 年 7 月，第 21 页。

② 〔日〕岩生成一：《明末寓居日本支那人甲必丹李旦考》，载许贤瑶译《荷兰时代台湾史论文集》，宜兰：佛光人文社会学院，2001，第 110～111 页。

③ 〔日〕岩生成一：《明末寓居日本支那人甲必丹李旦考》，载许贤瑶译《荷兰时代台湾史论文集》，宜兰：佛光人文社会学院，2001，第 61 页。

④ 徐晓望：《早期台湾海峡史研究》，海风出版社，2006，第 188 页。

官军根本无法与其抗衡。郑芝龙的目的既然是获得贸易基地，因此其行为与纯粹的海盗便有显著的区别，"不许掳妇女、屠人民、纵火焚烧、榨艾稻谷"。① 而且他与明军作战之后，又往往胜而不追，在俘获游击将军卢毓英之后，不但不杀，反而还与他结交朋友，将其放回，并且宣称："苟得一爵相加，当为朝廷效死力，东南半壁可高枕矣。"② 有郑芝龙如此表示，再加之明朝军队无法战胜他，只好派人前往招抚。这次前往招抚的人正是以前有恩于郑芝龙的泉州前知府蔡继善。但是个人的恩情难以与集团的利益抗衡，双方在招抚条件上难以达成协议。明朝政府坚决要求解除郑芝龙的武装，但是郑芝龙的武装是其保护海上贸易的根本，双方无法达成妥协，谈判破裂。

然而此时明朝的控制力已经严重下降，与明朝的对抗没有使郑芝龙遇到困难，而是更增加了他的实力，"郑芝龙之初起也，不过数十船耳。至丙寅（天启六年）而一百二十只，丁卯（天启七年）遂至七百，今（崇祯初年），并诸种贼计之，船且千矣"。③ 而且由于郑芝龙曾经帮助荷兰从事海盗活动，获得了很多先进的西方武器，崇祯元年（1628 年），两广总督说："其船器则皆制自外番，朦艟高大坚致，入水不没，遇礁不破，器械犀利，铳炮一发，数十里当之立碎，此皆贼之所长者。而我沿海兵船，非不星罗棋置，而散处海滨，无所不备，则无所不寡。其船则窄而脆，其器则朽而钝，或能游弋于沿海，而不能远驾以破敌。"④ 官方根本无法与其对抗。天启七年（1627 年），郑芝龙与杨六、杨七一起到厦门请求招抚，并给许心素一笔钱，让他代为疏通，然而许心素只是将这笔钱私吞却未帮其疏通，这一行为惹恼了郑芝龙，使他再次对沿海地区

---

① 江日升：《台湾外记》，陈碧笙点校，福建人民出版社，1983，第 15 页。
② 陈寿祺：《重纂台湾府志》卷二百六十七。
③ 董应举：《崇相集》卷四议二，明崇祯刻本，中国基本古籍库，第 123 页。
④ 《郑氏史料初编》，载台湾文献丛刊第 157 种，第 1 页。

发动了进攻。福建水师提督俞咨皋甚至请荷兰人帮助其进攻郑芝龙都无济于事，仍然被郑芝龙攻破厦门。俞咨皋的水师是福建最精锐的水师，战胜俞咨皋意味着福建已经无水师可以抗衡郑芝龙。而郑芝龙则将厦门变成了自己的基地，拦截过往船只征收"报水"。

俞咨皋并不甘心失败，多次向皇帝请求继续派兵镇压郑芝龙。但是此时明朝已是多事之秋，东北的女真和西北的农民起义军已经向朝廷施加了越来越多的压力，朝廷的财政已经因为这些事情捉襟见肘，东南的海患虽然不能令朝廷安心，但是与东北、西北比较起来，就难称心腹大患了，所以朝廷对俞咨皋的失败虽然愤怒，但也不打算继续追加兵力和财力，只将俞咨皋撤职治罪完事。至于郑芝龙的事情，则仍然要福建自己解决。在这样的情况下，福建地方政府与郑芝龙讨价还价的余地便几乎不再存在，只好接受郑芝龙的请求，允许郑芝龙投降，并且依赖郑芝龙的力量剿灭海盗，确保东南沿海地区安全。

与明朝达成合作对郑芝龙产生了显而易见的好处，不久以后，郑芝龙与明朝的联合水师便歼灭了活跃在广东和福建的李魁奇、钟斌和刘香等海盗集团，同时更重要的是郑芝龙由此可以合法获得中日贸易需要的产品，而不必再通过其他的中间人，这使他在与荷兰的贸易竞争中取得了优势。

二　郑芝龙控制东南沿海

郑芝龙成为一支独立的力量活跃于台湾海峡对荷兰在东亚海域的利益形成了威胁，明朝显然意识到荷兰人是一支可以利用的力量，因此，在天启七年（1627 年），明朝地方官员以允许贸易为诱饵，希望荷兰出兵帮助其剿灭郑芝龙，郑芝龙与荷兰人之间发生了首次冲突。当时荷兰东印度公司负责台湾的军队除留下二十人守城之外，其余全部派往铜山协助明朝水师作战。但是这次战役的结果是荷兰舰队遭到了郑芝龙的打击，损兵折将。郑芝龙对荷兰人的这种行为极其不满，此后，见到荷兰船只便加以捕获，以至于荷兰"船只都不能在中国海岸露面，一露面就要被一官（郑芝龙）截获"。[1] 荷兰人不久以后即对郑芝龙表示妥协，才避免了情况的进一步恶化。

荷兰人在台湾，除了武装拦截中国商船以外，还通过预付定金的方式取得中国产品，其中一个重要的供货人便是厦门的军官许心素。郑芝龙攻破厦门以后，杀死了许心素。1628 年 9～10 月，当荷兰驻台湾长官讷茨听说郑芝龙投降的消息后，认为这是一个好机会，便亲自前往厦门，以致谢为名，将郑芝龙骗到其船上，逼迫郑芝龙与其签订条约，条约的主要内容如下。

（1）一官（即郑芝龙）须于获胜之后，让我们在漳州河进行贸易，对商人来跟我们交易的通路不得有任何限制，而且要热心地向军门争取承诺已久的长期的自由贸易。

（2）掳掠到的李魁奇的戎克船，我们要先选取最好的三、四艘，并取得所有戎克船里的所有商品，而由他取得剩下的船只，以及所有戎克船里的大炮。

（3）不允许戎克船前往马尼拉、鸡笼、淡水、北大年湾、暹罗、柬埔寨等地。

（4）不允许任何西班牙人或葡萄牙人在中国沿海交易，要在所有通路防止他们、阻止他们。

（5）最后，以上条件的全部，他终生都不得违背，去世后，他的继承者还要继续遵守履行，相对地，我们将用我们的船只确保他的地位。尽量在有需要的地方扫荡海盗；而且，他要在尽可能的情况下，帮助荷兰联合东印度公司收回全部的赊账。[2]

---

① 甘为霖：《荷兰人侵占下的台湾》，载厦门大学郑成功历史调查研究组编《郑成功收复台湾史料选编》，福建人民出版社，1982，第 99 页。

② 江树声译：《热兰遮城日记》第 1 册，台湾文献委员会，2000，第 16 页。

此外荷兰人还强迫郑芝龙签署了一个为期三年的贸易协议，该协议规定：郑芝龙每年须向台湾荷兰殖民者提供一千四百担生丝以及若干砂糖和纺织品等物品，同时必须向荷兰购买两千担胡椒。作为交换，荷兰殖民者承诺不攻击郑氏商船，并帮助他剿灭其他海盗。

在这个条约中，可以看到荷兰在中国沿海贸易的全部目的，也力图将郑芝龙变成他们的贸易合作伙伴甚至傀儡。但是郑芝龙并没有答应荷兰的全部要求，尤其是禁止中国商人自由贸易的条款。① 在实际行动中，郑芝龙也根本没有按照双方签订的条约行事，荷兰人期盼的到中国沿海自由贸易郑芝龙根本就没有争取，荷兰人要求郑芝龙向他们提供商品的事情，郑芝龙更是敷衍了事，"他满口答应，要让一两个商人来跟我们交易，但他们运来的货物都只够我们资金四分之一的交易量，剩的资金，都得年年毫无收获地积存下来，造成我们的主人很大的损失"。②

郑芝龙的行为使荷兰人极为不满，于是荷兰再次使用了他们惯常的手段，即以武力逼迫对手遵守协定。1633 年 7 月，荷兰对厦门港发动了突然袭击，摧毁了停泊在港湾中的"约有二十五到三十艘大的战船，都配备完善，架有十六、二十到三十六门大炮，以及二十到二十五艘其它小的战船"，③ 使郑芝龙遭到了严重的损失。但是这并没有让郑芝龙屈服，很快他就组织了反击。一个月以后，郑芝龙便集结了各种战船一百五十艘，联合闽粤水师，于金门料罗湾大败荷兰军队，"计生擒夷众一百八十名，斩夷首级二十颗，焚夷甲板巨舰五只，夺夷甲板巨舰一只，击破夷贼小舟五十余只……而前后铳死夷尸被夷抢去未能割级者累累难数"。④

① 江树声译：《热兰遮城日记》第 1 册，台湾文献委员会，2000，第 18 页。
② 江树声译：《热兰遮城日记》第 1 册，台湾文献委员会，2000，第 108 页。
③ 江树声译：《热兰遮城日记》第 1 册，台湾文献委员会，2000，第 105 页。
④ 邹维琏：《达观楼集》卷十八"奉剿红夷报捷疏"，载厦门大学郑成功历史调查研究组编《郑成功收复台湾史料选编》，福建人民出版社，1982，第 21 页。

郑芝龙的反击使荷兰人意识到郑芝龙的强大实力，不得不再次与郑芝龙签订了条约，承认郑芝龙对台湾海峡地区的垄断权。以武力为后盾战胜荷兰殖民者以后，郑芝龙在中日贸易中占据了绝对优势，1641～1646 年出入长崎的中国与荷兰商船数量之比分别为：1641 年为 89∶9，1642 年为 35∶5，1643 年为 34∶5，1644 年为 54∶8，1645 年为 76∶7，1646 年为 54∶5。[1] 据《长崎荷兰商馆日记》的记载，1643 年唐船到岸总值 10625 贯，郑芝龙即占 8500 贯，占80%。[2] 可见郑芝龙对中日贸易的垄断程度。除了中日贸易之外，郑芝龙还积极发展与东南亚地区的贸易关系，"置苏杭细软两京大内宝玩，兴贩琉球、朝鲜、真腊、占城、三佛齐等国"。[3] 而荷兰则在与郑芝龙的对抗失败以后，不得不面临无法得到中国所产生丝、丝绸的困境，在台湾的贸易日渐困难，加紧了对岛内的盘剥，并且依靠转运孟加拉生丝维持生计，这也是导致台湾民众起义以及台湾日益不受巴达维亚重视的重要原因。

除了贸易利润外，郑芝龙还向过往船只征收"报水"，"海舶不得郑氏令旗，不能往来。每舶例入两千金，岁入以千万计，以此富敌国"。[4] 就连在澳门的葡萄牙人，因为日本禁止其前往贸易，也不得不通过郑芝龙运载他们的货物，佚名的《1643 年末至 1644 年末东印度大事记》中记载："一官（他在早年曾当过澳门葡萄牙人的掮客）派船来到那个城市，装载葡萄牙人运往欧洲的货，他只收运费；事情就这样办妥，澳门从中得益甚多。"[5] 此时的郑芝龙可以说步入了辉煌的顶点，"置第安平，开通海道，直至其内，可通洋船"，[6] 垄断了中国与海外的贸易。

① 夏蓓蓓：《郑芝龙——十七世纪的闽海巨商》，《学术月刊》，2002 年第 4 期。
② 夏蓓蓓：《郑芝龙——十七世纪的闽海巨商》，《学术月刊》，2002 年第 4 期。
③ 计六奇：《明季北略》，中华书局，1984，第 187 页。
④ 连横：《台湾通史》，广西人民出版社，2005，第 391 页。
⑤ C. R. Boxer：《尼古拉·一官兴衰记》，松仪摘译，《中国史研究动态》1984 年第 3 期。
⑥ 江日升：《台湾外记》，陈碧笙点校，福建人民出版社，1983，第 122 页。

我们可以看到，在郑芝龙崛起的过程中，中央政府的态度起到了非常重要的作用。相比于王直，郑芝龙要幸运得多，王直虽然屡次要求明朝政府开放贸易，但是并未得到允许，郑芝龙则得到了允许。但是也不能过分高估郑芝龙与明朝政府的合作。明朝政府并非有意与郑芝龙合作，而是在北方战事吃紧的情况下无暇南顾，才同意郑芝龙的请求，暂时与郑芝龙达成了合作。仅仅依靠获取合法地位，郑芝龙便建立了一支强大的武装，这个武装在与荷兰的竞争中取得了优势地位，使中日贸易的大部分利润被郑氏集团控制，没有落入荷兰的手中。虽然郑芝龙在与西方商人的竞争中获得了优势地位，而且其与明朝政府的关系类似于西方国家与其垄断贸易公司的关系，但是两者仍然有很大不同，西方的贸易垄断公司是政府为了提高财政收入获准成立，并且代表政府进行海外扩张的工具，而郑芝龙与明朝政府的合作则不过是明朝政府在实力下降情况下的无奈之举，双方的财政仍然是分离的，郑芝龙"其守城兵自给饷，不取于官"。[1] 而且彼此仍然心存猜忌。明朝政府极其害怕郑芝龙形成尾大不掉之势，对郑芝龙总是多有限制，一旦沿海局势稍稍稳定，即意图调郑芝龙前往他处，以削弱郑芝龙的实力，"松山兵败，大学士蒋德璟言于朝，欲令芝龙以海师援辽。有言其人庸鄙不可遇大敌，而芝龙亦恋闽惮行，复辇金京师，议遂寝"。[2]

① 王世贞编《明朝通纪会纂》卷七，清初刻本，中国基本古籍库，第 156 页。
② 邵廷采：《东南纪事》卷十一"郑芝龙传"，台湾文献丛刊第 96 种，第 131~132 页。

明清海盗（海商）的兴衰：基于全球经济发展的视角

第三节　清王朝与郑氏集团的对抗

一　郑芝龙在明清之间的投机

随着北京在 1644 年被李自成攻破，崇祯帝在煤山上吊自杀，宣告了明王朝的灭亡。明王朝灭亡之后，整个中国面临着纷繁复杂的局面。在北方，李自成建立的大顺朝对守卫山海关的吴三桂发动了进攻，导致两面受敌的吴三桂转向了清朝，打开了山海关，与清朝军队联合向北京发动了进攻。李自成的军队无力抵抗清军与吴三桂的联合进攻，退出北京，很快便成溃败之势。

在南方，随着明王朝的溃败，散居在各地的明朝王室成员便被推举出来成为抗清力量的领导人物。第一个被推举出来的是朱由崧，其建立了弘光政权。但是这个政权抵抗不足一年，便被清军攻破了，清王朝的势力继续向南推进，福建成为反清势力的前线。这对郑芝龙及其海商集团产生了巨大的冲击，其内部也产生了激烈的争论，并且明显分成了两派。以郑芝龙为首的一派显然已经意识到清王朝取代明王朝成为定局，与新的中央政府合作才是保持其海商集团能够继续存在的重要措施，因此主张投降。但是以郑鸿逵和郑成功为首的一部分成员则对清王朝是否能够与他们合作表示怀疑，认为应当继续支持明政权，与清王朝对抗。

顺治二年（1645 年），败逃的南明唐王朱聿键进入福建，郑鸿逵立刻拥立朱聿键为隆武帝，建立了南明隆武政权，郑芝龙也只好暂时拥立隆武政权，郑氏集团暂时与隆武政权达成了合作。在隆武政权建立初期，双方的合作一度十分和睦。隆武帝希望得到郑芝龙的帮助，从而可以尽快实现自己北伐的愿望；郑芝龙也希望借助隆武帝提高自己的威信。

　　但是双方的蜜月期十分短暂，很快矛盾便暴露无遗。矛盾的首次爆发是在黄道周回到福建之时。按照明朝的传统，上朝议政之时，文臣位置居于武将之上。但是由于郑芝龙拥戴隆武帝有功，因此在黄道周回来之前，郑芝龙一直居于首位，没有任何文臣敢对郑芝龙提出挑战。但是黄道周本人具有极高的威信，同时也是传统的捍卫者，在上朝的第一天，即与郑芝龙发生冲突。对这场冲突，隆武帝偏向了黄道周，使黄道周战胜了郑芝龙，仍然居于大臣的首位。这次事件似乎是以黄道周的胜利为结束，但是黄道周的胜利仅仅是表面的，郑芝龙趁此机会宣布引退。郑芝龙掌控着军队实权，他的引退造成了军队调动不灵，压力便全转向黄道周一方，迫使黄道周只能离开福州。黄道周离开后，郑芝龙才复出，重新掌握了军政大权。

　　此后，双方便进入貌合神离的阶段，其实这也是双方的目标取向不一致的必然结果。隆武帝的目标绝不是做一个偏安的皇帝，而是北伐恢复明王朝的统治；郑芝龙则完全缺乏北伐的兴趣，支持隆武帝只不过是为了得到更多的政治资本，更有利于他垄断对外贸易而已。因此，郑芝龙面对隆武朝廷群臣的北伐呼声，仅仅是拟订了一个庞大的建军计划，并以此为依据要求筹集粮草。福建地少人稠，根本无法筹集到预定的钱粮，郑芝龙便采取措施，预征次年钱粮，要求官员士绅捐资助饷，卖官鬻爵。但是郑芝龙得到了数量众多的钱粮之后，仍然以粮饷不足为由，迟迟不肯发兵，这使隆武帝及其朝臣极为不满。黄道周因此请求亲自带兵出征，但是郑芝龙仅拨给他几千羸弱兵丁和一个月的粮饷，致使黄道周不久便兵败遇害。在已经明白郑芝龙故意迁延的情况下，隆武帝便决定亲征以迅

明清海盗（海商）的兴衰：基于全球经济发展的视角

速摆脱郑芝龙的控制。顺治二年（1645 年）十一月，隆武帝首先派出郑鸿逵和郑彩，分别出征浙东和江西，但是两将受到郑芝龙的控制，只出关几里路便以粮饷不足拒绝前进。十二月，隆武亲自带兵出征，希望尽快到达江西接近忠于他的抗清力量。

郑芝龙一方面与隆武政权不断迁延，另一方面则加紧了与清朝政府的联络。在清朝委任洪承畴为招抚江南大学士处理南方事务之后，洪承畴立刻以同乡的名义给郑芝龙去信，"以书招之，许以破闽为王"。① 郑芝龙则表示："倾心贵朝非一日。"② 对于郑芝龙暗中表达的投降愿望，清王朝表示极为欢迎，双方很快就达成了意向。当清军到达福建之时，郑芝龙便完全放弃了福建的防守，将自己的军队撤往安平，任由清军长驱直入，捉拿了隆武帝及众朝廷官员。

虽然清王朝与郑芝龙双方达成了投降协议，但正如郑芝龙与隆武政权的貌合神离一样，清王朝与郑芝龙同样没有理解对方的意图。对清王朝来说，南下征讨途中他们遇到的投降事件已经司空见惯，这些投降的将领无非是为了获取高官厚禄，对待这些投降的将领，清王朝也已经形成了自己的一套处理方法，即将投降将领扣为人质而使用他们的部下。清王朝的这套处理办法取得了非常有效的成果，降军往往成为南下途中攻城拔寨的主力军。显然，清王朝认为郑芝龙的目的也不过如此，因此当郑芝龙率领一支五百人的队伍来到清军大营时，立刻被清王朝扣押了。但是清王朝这次的如意算盘打错了。郑芝龙投降清朝绝不是为了清朝的高官厚禄，正如他投降明朝不是为了明朝的高官厚禄一样。郑芝龙投降是为了继续垄断海外贸易。由于输出产品主要来自江浙地区，随着清王朝占领江浙地区，他与明王朝的合作也就失去了意义，这才使他转而希望与清王朝合作。由于郑芝龙代表的海商集团是在投降名义下的合作，所以单独扣押郑芝龙不会起到任何促使郑氏海商集团投降的效果，反

① 温睿临：《南疆逸史》卷五十，中华书局，1959，第 424 页。
② 徐鼎：《小腆纪年附考》（下册）卷一十二，中华书局，1957，第 477 页。

而使郑氏海商集团与清王朝处在更加尖锐的对立面上。

前文已经提及，在对待与明清政府关系问题上，郑氏集团内部分为激烈争论的两派。郑芝龙主张投降清王朝，而郑鸿逵、郑成功则反对投降。当郑芝龙与清王朝达成了投降意向，准备前往清军大营谈判时，郑成功便力劝不可，并陈述了自己的考虑。从军事上讲，郑成功认为福建易守难攻，完全不必害怕清王朝；从道义上讲，屡次投降会为人所不齿；从个人安全上讲，如果轻易离开自己的基地，就会使敌人有机可乘。但郑芝龙并未听取郑成功的建议，而是认为自己有实力做后盾，清王朝并不敢轻举妄动。这种对自身实力的过度相信以及对清王朝战术的不了解造成了郑芝龙的个人悲剧，也使郑芝龙在明清交替之际的投机以失败告终。

二　郑成功与清朝的和谈与战争

清王朝虽然扣押了郑芝龙作为人质，但是并没有能够迫使郑氏集团投降，清王朝随后进攻安平并将其焚毁，但这只是使这个海商集团看到清王朝不是要与自身达成类似于与明王朝的协议，因此虽然海商集团暂时因失去了郑芝龙而变得群龙无首，但是并没有出现大规模投降的现象，郑氏部将各据一方与清王朝展开了对抗。由于郑氏集团各部大多偏居海岛，清军缺乏足够的水师，便暂时放弃了对郑氏余部的进攻，使郑成功利用这个间隙统一了郑氏余部，再次建立起一个海商帝国。

郑成功，本名森，1624 年出生在日本平户。在郑芝龙降明以后，他被接回安平，后师从当时著名的儒学大师钱谦益学习。隆武帝逃到福建以后，郑成功被郑芝龙推荐给了隆武帝。为了笼络郑芝龙，隆武帝赐姓为朱，并且改名为成功。但是直到郑芝龙投降之时，郑成功仍然缺乏一支属于自己的军队，也缺乏自己的根据地，郑联、郑彩占据厦门，郑鸿逵占据着安平，并不听从郑成功的调遣。当顺治三年（1646 年）十二月郑成功在金门举义反清之时，仅有十几个人追随。但是一方面是由于他身为郑芝龙之子带来的号召力，另一方面由于个人出色的才能，郑成功很快扩大了自己的势力，成为闽南以及粤东一支重要的抗清力量。这使郑成功感觉十分有必要建立一个根据地，顺治四年（1647 年）十一月，他对部下说："我举义以来，屡得屡失，乃□□□（天未厌）乱，今大师至此，欲择一处，以为练兵措饷之地。"[1] 他首先选定的地方便是广东的潮州地区，这里有一块小平原，粮食在东南沿海地区相对丰富。也正因如此，这里成为众多势力争夺的焦点，郑成功很难在此扩大自己的势力。顺治六年（1649 年）八月，郑成功的叔叔郑芝鹏便劝郑成功不如取金门、厦门两地作为自己的根据地，郑成功认为有理。顺治七年（1650 年），郑成功利用驻守厦门的郑彩离开的机会，采用计策俘获了郑联，取得了厦门。从此以后，郑成功便以金门、厦门为根据地开展抗清活动，并且取得了迅速发展，建立了一个军事商业帝国。

这个军事商业帝国实行了一系列类似西方重商主义的政策，鼓励发展贸易，并且积极保护所属商人的利益。郑成功发展贸易的举措与荷兰在亚洲的贸易利益形成了尖锐的冲突，以至于荷兰人对郑成功采取了更加敌视的态度。顺治九年（1652 年），台湾发生郭怀一起义事件，荷兰镇压了此次事件以后便怀疑起义是由郑成功暗中指使，因此对郑成功前往台湾的船只总是多加留难，同时，还发生了荷兰拦截两艘前往东南亚贸易的商船事件，使郑成功蒙受极大的损失。荷兰不断的挑衅行为对郑成功的贸易构成了极大的威胁。郑成功对此给予了坚决还击，"刻示传令各港澳并东西夷国州府，不准到台湾贸易"。[2] 结果台湾便由于得不到大陆提供的粮食、生丝等产品处于极端穷困的境地，不过两年时间，台湾的荷兰人便前来议和。对此，郑成功并未采取强硬态度，而是同意了荷兰的议和。这

---

① 杨英：《先王实录》，陈碧笙校注，福建人民出版社，1981，第 7 页。
② 杨英：《先王实录》，陈碧笙校注，福建人民出版社，1981，第 153 页。

是由于相对于与荷兰的贸易冲突来说，与清王朝的关系更加关乎这个海商集团的生死存亡。

郑成功占领厦门后不久，即向南发动了一次进攻，清军利用这个机会进攻了厦门。由于守卫不利，厦门被攻破，遭到洗劫，损失惨重，郑成功致父书中说："掠我黄金九十余万，珠宝数百镒，米粟数十万斛，其余将士之财帛、百姓之钱谷何可胜计。"郑鸿逵在致郑芝龙的信中也说："损失黄金宝物近百万。"① 由于这些信件是给郑之龙看的，必然首先被清军看到，郑成功难免借此机会有所夸张，但是损失惨重是肯定的，否则郑成功也就不会放弃南下的打算，迅速地回援厦门，并且将此次防守失误的叔父郑芝莞正法，逼迫与其关系十分密切的叔父郑鸿逵交出兵权。

由于损失惨重，郑成功对清朝展开了报复性攻击，攻克了沿海几个重要的军事重镇，建立了稳固的根据地。郑成功在东南沿海地区发动的大规模攻势让清王朝无法招架，而且此时清王朝需要应付的抗清力量不仅有郑氏集团。顺治九年（1652 年）七月，永历政权所属的大西军攻克了桂林，清王朝在西南地区面临更大的压力。权衡形势之后，清王朝显然将重点放在了西南地区，决定集中力量对付大西军，对郑成功的态度发生了转变，由以军事打击为主转变为以拉拢为主。十月，清王朝要求郑芝龙写信劝降郑成功，表明清王朝的和谈条件："许以赦罪、授官，听驻扎原住地方，不必赴京。凡浙、闽、广东海寇俱责成防剿，其往来洋船俱着管理，稽查奸宄，输纳税课。"② 此时的闽浙总督李率泰在与郑成功多次对垒失败以后，也主张招降郑成功。为了招抚郑成功，浙闽总督李率泰打听清楚郑成功对清军顺治八年（1651 年）偷袭厦门一事仍然耿耿于怀，便奏请皇帝将当年进攻厦门的官员治罪，以示谈判诚意。顺治同意了李率泰的奏请，将几名当年进攻厦门的军官治罪。

---

① 杨英：《先王实录》，陈碧笙校注，福建人民出版社，1981，第 31 页。
② 《清世祖实录》卷六十九，中华书局，1985，第 543 页。

顺治十年（1653 年）五月，清廷正式颁发敕书，封郑成功为海澄公，郑芝龙为同安侯，郑鸿逵为奉化伯，郑芝豹授左都督，并且允许郑成功"镇守泉州等处地方充总兵官"。① 但是显然议和自一开始就是在极不信任的情况下展开的，清王朝和郑成功恐怕都没有对和谈的成功抱有很大希望。清王朝只是为了缓解两线作战的压力，集中力量对付西南的反清势力，而且也正如郑成功指责的那样，清王朝一方面在与郑成功和谈，另一方面却又派军队攻击郑成功。而郑成功也并不愿意坐失一个休整的机会，因此也虚与委蛇，一面强调自己的强大，另一面也提出如果将当年允诺给其父的三省土地交与他驻兵，那么他便会立刻投降。此时清王朝已经控制了浙江和广东，不大可能将这些地方再交给郑成功。但是在西南地区的强大压力之下，清王朝也不愿立刻使谈判破裂，于是也提高了归降条件，提升郑成功为"靖海将军"，并许以"漳州、潮州、惠州三府并泉州四府驻扎，即将水陆寨游营兵饷拨给"，但是不许干涉地方事务。② 顺治十一年（1654 年）正月，清朝的第二个谈判使团来到厦门，将"海澄公"印和"靖海将军"印交给了郑成功，并且再次与郑成功谈判。但是郑成功并无谈判的打算，一方面向派出的使者面授机宜："议和之事，主宰已定，不须尔等言及应对。只是礼节要做好看，不可失我朝体统，应抗应顺，因时酌行，不辱使命可尔。"常寿宁和郑奇逢按照郑成功的要求，面见清朝使者时坚持以主宾见礼，而不行跪拜礼。③ 及至正式谈判之时，一方面，郑成功则坚决要求"兵马繁多，非数省不足安插，和则高丽朝鲜有例在焉"。④ 另一方面，正如郑成功自己所言"清朝亦欲贻我乎？将计

---

① 台湾"中央"研究院历史语言研究所编《明清史料》丁编第一本，中华书局，1987，第 85 页。
② 《清世祖实录》卷七十九，中华书局，1985。
③ 杨英：《先王实录》，陈碧笙校注，福建人民出版社，1981，第 68 页。
④ 杨英：《先王实录》，陈碧笙校注，福建人民出版社，1981，第 69 页。

就计，权措粮饷以裕兵食也"，① "乘势分遣各提督总镇，就福、兴、泉、漳属邑派助乐输"。② 由于郑成功持有清政府颁发的"靖海将军印"，地方官害怕背上破坏和谈的罪名，对郑成功的要求不敢不同意，李率泰在奏疏中对此大倒苦水："今既受抚，而屠掠索饷之文日日见告，初犹在漳泉，今渐及兴、福、汀、延。地方官剿之，既恐有激变之名，而听之，则各有疏防之责。"所以郑成功不过是"名为受抚，实恣剽劫"。③

　　该年九月，清王朝再次派出使者到泉州谈判，但是郑成功坚持认为双方是平等地位，开诏之前绝不剃发。郑成功的态度使清王朝认识到他并无投降的诚意，无法利用招抚之策平定郑成功，因此谈判破裂，双方进入战争状态。顺治九年（1652年）九月，清王朝派出定远大将军济度攻打厦门。因为缺乏强大的水师，再加之遇到了大风，济度大败而回。郑成功则利用清王朝的此次战败发动了对清王朝的反攻，从1658年到1660年，郑成功组织了一系列的北伐活动，并在1660年围困了南京。但是南京战役最终以郑成功的惨败结束。很多历史学家认为郑成功进攻南京失败的原因在于其具体执行的战术存在问题，大将甘辉曾劝其进攻，但是郑成功置其劝告于不顾，而是坚持围城以至于让清军赢得了时间，在结束西南地区的战事以后回援南京，使郑清之间的力量对比发生了显著的变化，造成了郑成功的失败。笔者并不否认这种观点，但是在此基础上笔者认为郑成功缺乏强大的陆军才是他对南京围而不打的真正根源。如果从郑成功一贯的进攻战术来看，不论是1652年攻打福建漳州府，还是1661年攻打台湾的热兰遮城堡，均采用了此种方法。这就表明作为一个主要从事海上贸易的武装集团，郑成功缺乏攻城战的经验和能力。虽然郑成功已经占领了沿海几府土地，但是仍然未

明清海盗（海商）的兴衰：基于全球经济发展的视角

---

① 杨英：《先王实录》，陈碧笙校注，福建人民出版社，1981，第62页。
② 杨英：《先王实录》，陈碧笙校注，福建人民出版社，1981，第74页。
③ 台湾"中央"研究院历史语言研究所编《明清史料》丁编第二本，第106～107页。

能从根本上改变自己以水师为主的结构，而其对南京的封锁能力，显然还未达到一百余年之后英法联合舰队的能力。

清郑之间的战争反映了双方实力与能力的对比，清王朝缺乏强大的水师，因此难以对郑成功占据的沿海岛屿实施有效的进攻；而郑成功同样缺乏强大的陆军，尤其是能够在平原上作战的骑兵，这就使郑成功对内陆地区发起的进攻很难成功。对郑成功来说，如果无法稳固地占领内陆地区，仅凭金门和厦门两个孤岛，难以为其十数万大军提供粮饷，因此南京之战的结果已经决定了双方的历史命运，郑成功不但很难对大陆地区再构成真正的威胁，而且连其自己的生存都成了大问题。虽然郑成功于 1660 年 6 月 17 日在金、厦海面上再次重创清军，确保了金门与厦门的安全，但是这并不能从根本上解决问题，郑成功知道清军仍然会继续发动进攻，仅仅凭借金、厦两岛的资源无法与清军长久对抗，于是郑成功便将其目标瞄准了台湾。

三 郑成功进攻台湾

台湾自 1624 年以来一直处在荷兰的占领之下，而且在荷兰的亚洲内部贸易体系中占据重要地位。但是随着郑氏集团控制东南沿海地区的贸易以及中国大陆陷入动乱，荷兰在台湾的经营也日渐困难，尤其是在郑成功与清王朝对抗之后，在台湾的荷兰人更是很难得到大陆输出的产品，只好以台湾本岛出产的糖与鹿皮以及孟加拉生丝维系自己的运转。由于郑成功与台湾的竞争关系，在台湾的荷兰殖民者非常担心郑成功攻打台湾，尤其是当郑成功在与清王朝的对抗失败以后，更增加了荷兰殖民者的担心，"国姓爷由于处境不利，暗中觊觎福摩萨"①。为了保证自己在台湾的生存，荷兰东印度公司曾经数次向清王朝提出以开放贸易为条件，荷兰派出军舰帮助

---

① C. E. S.：《被忽视的福摩萨》，载厦门大学郑成功历史调查研究组编《郑成功收复台湾史料选编》，福建人民出版社，1982，第 123 ~ 124 页。

清王朝消灭郑成功。但是由于清王朝不愿意开放贸易，双方没有达成任何实质性协议。不过也很难排除为了消灭共同的敌人，双方达成协议的可能性。因此，台湾始终是郑成功与清王朝作战的一个近在咫尺的背后威胁。

不过郑成功进攻台湾更根本的原因还是其自身经济上的问题。郑芝龙在投降明朝之前，一直占据着台湾作为自己活动的基地。但是对明末时期从事中日贸易的贸易者来说，台湾仅仅是一个中介地，而不是一个良好的基地，这也是葡萄牙为何占据澳门而不占据台湾的原因，同时也是荷兰希望在澎湖贸易而不是将台湾作为自己首要占领目标的原因。为了获得中国的产品，大陆沿海地区的港口对外国商人有着更大的吸引力，这也是郑芝龙武力逼迫明王朝将其招降的重要原因。郑芝龙投降明王朝之后，便放弃了在台湾的活动，将自己的主要注意力转移到了安平，在安平修建了豪华的宅邸，并且改造了安平的港口以利于对外贸易。在安平被清军毁掉之后，郑成功选择了金门与厦门作为自己的军事与对外贸易基地。但是与郑芝龙得到明王朝的合作不同，郑成功一直面临着清王朝的封锁，筹集粮饷一直是一个大问题，很多时候不得不依靠抢劫周围地区作为筹集粮饷的办法，这使郑成功与周边地区的关系不睦。南京之败以后，郑成功更丧失了沿海地方几乎全部土地，仅靠金门、厦门两个海岛供养十万士兵根本就是天方夜谭。为了能够保证粮饷供应，郑成功不得不一次次派出军队抢粮。顺治十七年（1660 年）七月，"遣右武卫周全斌、提督亲军骁骑镇马信率左右虎卫镇、后冲、中冲、正兵、奇兵等镇北征，略地取粮"。八月，再派人在福清、兴化、长乐、澄海一带地方联络征饷。[①] 十一月，再派周全斌南下，攻破潮州潮阳县凤山寨，取得粮米。[②] 如此频繁地为了军队供应出战，显然不是长久之计。如果要确保自己不被消灭，最重要

① 杨英：《先王实录》，陈碧笙校注，福建人民出版社，1981，第 241～242 页。
② 杨英：《先王实录》，陈碧笙校注，福建人民出版社，1981，第 243 页。

明清海盗（海商）的兴衰：基于全球经济发展的视角

的问题便是找到一个可以提供足够粮食的地方。而按照何斌的说法，台湾乃是"田园万顷，沃野千里，税饷数十万，造船制器，吾民鳞集，所优为者"。因此郑成功才"欲平克台湾，以为根本之地，安顿将领家眷，然后东征西讨，无内顾之忧，并可生聚教训也"。①可见，不论是从消除荷兰的军事威胁来看，还是将台湾作为一个粮饷来源地来看，进攻台湾都是此时最正确也最迫切的选择。

就在郑成功决定进攻台湾而又不得不提防清王朝进攻之时，顺治十八年（1661 年）二月，顺治帝在北京去世，这引发了清朝内部激烈的权力斗争。当消息从北京传来的时候，郑成功判断清王朝将陷于这场内乱，一段时间内难以对金门和厦门发动进攻，于是决定利用这个机会攻打台湾。但是郑成功的这个想法遭到了很多将领的反对，吴豪说："风水不可，水土多病。"② 除此之外，他还认为"炮台厉害，水路险恶，纵有奇谋而无所用，虽欲奋勇而不能施，是徒费其力也"。③ 吴豪的观点得到了很多将领的赞同，事实也证明吴豪的言论有其正确性，在进攻台湾的过程中，大量的士兵死于疾病，很多士兵因为不堪忍受疾病、饥饿与思乡之情而逃跑了。不但其部下反对，而且友军也是如此。一直坚持在浙东沿海岛屿抗清的名将张煌言在听到郑成功的打算之后，便从忠君和军事利弊等方面力劝郑成功放弃攻打台湾的想法。虽然这些劝告均颇有道理，但是如果不能够得到台湾，郑氏集团便毫无生存之地，所以这些劝告并未改变郑成功攻打台湾的决心。

顺治十八年（1661 年），郑成功向台湾发动了进攻，并且在康熙元年（1662 年）攻占了台湾，赶跑了荷兰殖民者。但是郑成功能够取得这场胜利，与其说是军事进攻的胜利，还不如说是贸易竞争的胜利。自郑芝龙投降明朝并且联合明朝战胜荷兰以后，荷兰人

---

① 杨英：《先王实录》，陈碧笙校注，福建人民出版社，1981，第 244 页。
② 杨英：《先王实录》，陈碧笙校注，福建人民出版社，1981，第 244 页。
③ 江日升：《台湾外记》，陈碧笙点校，福建人民出版社，1983，第 156 页。

在台湾的生存便一直受到郑芝龙的压制。明朝覆灭以后，荷兰在台湾的生存更加举步维艰，不得不加大了对岛内的盘剥，这也是造成1652年郭怀一起义的重要原因。由于很难获得大陆产品，台湾的生存状况并不能够令巴达维亚总部满意，所以才有放弃台湾的打算，只是由于台湾荷兰殖民者的强烈呼吁，才使巴达维亚方面派出了援救的队伍。但是救援队伍的战斗力是值得怀疑的。1660年9月，巴达维亚派出的一支由12艘战舰、1453人（其中600名士兵）组成的队伍援助台湾，但是舰队司令与驻守台湾的长官发生了严重的争执，舰队司令坚持认为郑成功并无进攻台湾的企图，在对厦门进行了一番简单的考察之后，舰队司令更坚信了自己的观点，这支舰队仅留下了4艘船、600名士兵之后在1662年2月撤退了。就在两个月之后，郑成功便起兵攻打台湾了。在热兰遮城堡受到围困的时候，尽管一艘船冒险顶着南贸易风沿菲律宾群岛航行，花了50天时间将此消息带回了巴达维亚，[①] 但是巴达维亚方面并没有派兵积极支援。正是由于没有得到巴达维亚方面强有力的支援，才使台湾荷兰殖民者在被粮饷供应极其困难的郑成功围困九个月之后，被迫投降。但是正如张煌言等人所言，如果攻取台湾，势必造成力量的分散，金门与厦门就更容易受到清王朝的攻击。只不过这些大陆沿海岛屿的失去并非清王朝的能力所及，而是荷兰联合清王朝进攻的结果。

四 清王朝与荷兰联合进攻郑氏集团

荷兰自从来到中国沿海后，便与中国商人形成了贸易竞争关系。为了垄断中国的对外贸易，荷兰不惜采用武力对付中国商人。但在郑芝龙崛起之后，荷兰在与郑芝龙的武力对抗中屡遭失败，因而难以继续采用海盗手段获取中国的对外贸易，只好对郑

---

① C. E. S. :《被忽视的福摩萨》，载厦门大学郑成功历史调查研究组编《郑成功收复台湾史料选编》，福建人民出版社，1982，第141～142页。

氏集团妥协，承认郑氏集团对台湾海峡的控制权以及承诺不拦截郑氏商船。

　　由于强劲的对手的存在，荷兰在中国沿海的贸易受到了严重的影响。郑芝龙投降明朝以前，明朝曾与荷兰联合进攻郑氏集团，但在郑芝龙降明以后，情况便发生了逆转，明朝与郑芝龙联合起来，完全压制了荷兰。随着明朝的覆亡以及清王朝迅速南下，清郑之间的矛盾日益凸显，又使荷兰看到了与清王朝联合的可能性。为此，荷兰加紧了与清王朝的联络，尤其是在郑成功攻台的可能性越来越大的时候。1653年，荷兰东印度公司派遣使者来到广州，要求建立通商关系。但是清朝对开放对外贸易持谨慎态度，因此以既无表文、又无贡品为由拒绝了荷兰的请求。荷兰并不甘心，1656年，荷兰东印度公司再次派出使者携带表文和贡品来到北京，礼部经过审核以后认为符合程序，拟议准许荷兰五年朝贡一次，贡道由广东进入。顺治帝虽然同意了与荷兰建立朝贡关系，但是以"道里悠长，风波险阻，舟车跋涉，阅历星霜，劳绩可悯"为理由，只允许荷兰"八年一次来朝，员役不过百人，止令二十人到京，所携货物，在馆交易，不得于广东海上私自货卖"。[①] 荷兰虽然没有完全得到自己想要的自由贸易，但是在与清朝的关系上取得了重大进展，为以后联合清朝进攻郑氏集团打下了良好的基础。

　　随着局势不断变化，清王朝与荷兰为了对付共同的敌人日益联合在了一起。1661年，几艘荷兰船只被郑成功打败后逃往大陆，向清朝地方官员请求补充水、食品和木柴。当靖南王耿继茂见到这些荷兰人后，主动表达了希望与荷兰联合进攻郑氏集团的想法，"靖南王对公司表示好感，特别希望联合攻打强盗国姓爷，并加以消灭"，[②] "他十分慷慨地建议提供一切可能的援助，但也请我方派两

---

① 《清世祖实录》卷一〇三，顺治十三年八月甲辰，中华书局，1985，第803~804页。
② 荷兰东印度公司编《巴达维亚城日志》，载厦门大学郑成功历史调查研究组编《郑成功收复台湾史料选编》，福建人民出版社，1982，第288页。

艘战船前去消灭仍留在中国大陆的国姓爷军队"。① 荷兰东印度公司台湾评议会响应了耿继茂的建议,派出巴达维亚援台舰队司令考乌带领三艘装备最好、航速最快的帆船,配备了最善战的士兵,带足了粮食、弹药和其他军用物资,"打算用这支兵力同鞑靼人联合,进攻并消灭国姓爷留在中国的其他军队。他们希望这样可以牵制国姓爷对福摩萨的包围。而我方船只又可以运回必要的物资以供应大员的守城军队"。② 如果这个计划成功,郑成功攻占台湾势必将面临更大的压力,或许还会造成郑氏集团更早的灭亡。但是考乌是一个贪生怕死的家伙,并没有前往大陆联合耿继茂的军队进攻郑成功在大陆的军队,而是趁着这个机会溜回了巴达维亚,才使清、荷第一次联合进攻郑氏集团破产了。

丢失台湾使荷兰丧失了与中国贸易的基地,更迫切地希望与清王朝建立贸易关系。1662 年 8 月,荷兰东印度公司派遣波特率领的由 12 艘夹板船、1284 名士兵组成的舰队来到福州,声称前来协助清王朝剿灭郑成功,并且请求贸易。靖南王耿继茂虽然早就有联合荷兰的打算,对于建立贸易关系的事情却不敢轻易做主,于是请求朝廷的认可。荷兰等不及清政府的回复,便独自出兵进攻郑成功,结果被击败。直到 1663 年二月,朝廷的批复才到达福州,认可荷兰帮助朝廷剿灭郑成功,因此特准贸易,荷兰得以将携带的全部货物售卖。临行前,波特与清方商定入夏后继续派遣舰队协助清朝剿灭郑成功。该年八月,波特率领由 16 艘夹板船、1600 名士兵组成的舰队携带兵器和贸易货物从巴达维亚来到福建,靖南王耿继茂和福建地方官员给予了热情的接待。荷兰非常希望借此机会获得与清王朝自由贸易的权利,但是清王朝对此仍然不予答复,只是看在荷

---

① C. E. S. :《被忽视的福摩萨》,载厦门大学郑成功历史调查研究组编《郑成功收复台湾史料选编》,福建人民出版社,1982,第 172 页。

② C. E. S. :《被忽视的福摩萨》,载厦门大学郑成功历史调查研究组编《郑成功收复台湾史料选编》,福建人民出版社,1982,第 171 页。

兰积极协助清朝剿灭郑成功的基础上，放宽了荷兰朝贡的期限，特准许荷兰由八年一贡变成"二年贸易一次"。[①] 荷兰由于要急切地攻击郑成功，所以与清朝达成了协议。该年十一月，清荷联合水师对郑成功发动了进攻，荷兰凭借其船只高大，枪炮威力大，为清朝船队起到了先锋的作用，正如张煌言所言，由于郑成功的主力调往台湾，而在大陆沿海地方的防御十分薄弱，根本无法抵御荷兰强大的进攻，因此丢失了金门、厦门和浯屿等几个重要的地方。然而正如荷兰人所说，清王朝的水师力量薄弱，战争中根本不敢冲锋，由此可以看出，如果没有清王朝与荷兰的联合，清军单凭自己的力量很难取得金门与厦门两岛。在取得金门与厦门之后，清王朝与荷兰的目标再次发生分歧。清朝的目标是首先尽力收复沿海岛屿，而荷兰的目标则是进攻台湾，双方没有达成协议，故而分道扬镳。荷兰舰队单独对澎湖发动了进攻。但在占领澎湖以后，荷兰明显人力不足，难以进攻台湾，不得不返回了巴达维亚。1664 年 8 月，波特再次率领一支由 12 艘船只组成的船队来到中国，攻占了澎湖、台湾北部的鸡笼，但是在进攻郑氏集团占领的台湾南部时遇到困难，不得不再次寄望于清朝收复台湾后将其转让给荷兰，故此退兵。与此同时，清朝向台湾发动的三次进攻也全部失败了。这表明双方的单独行动都难以对郑氏集团构成真正的威胁。从此，荷兰便放弃了重新占领台湾的打算，清王朝也不得不与郑氏集团隔台湾海峡形成对峙局势，荷兰与清王朝也因为无法在贸易问题上达成一致而放弃了合作。

康熙十七年（1678 年），随着三藩之乱的逐渐平定，清朝开始寻求机会进攻远在台湾的郑氏集团。鉴于水师力量的薄弱，福建总督姚启圣再次上疏希望借助荷兰的合作进攻台湾，朝廷对此表示赞同，派遣在闽荷兰商人将此消息带往巴达维亚。然而荷兰殖民者对清王朝拒不开放贸易不满，便以被海寇所阻、难以到达作为借口，

---

① 《清圣祖实录》卷八，康熙二年三月，中华书局，1985，第 138 页。

并未发兵。清朝便决定"荷兰国人为寇所阻，何以不行扑灭，俾得前行？音问既不能通，舟师必不能如期而至。如此，则我兵遇有机会，可不俟荷兰舟师"。① 姚启圣并不同意朝廷的决定，而是坚持认为只有在获得荷兰的支援之后才能够进兵台湾。这是姚启圣谨小慎微的表现，但是同时也确实说明清朝的水师难以承担进攻台湾的重任。在姚启圣的一再坚持之下，清朝决定正式派遣使者前往巴达维亚，请求荷兰出兵支援。但是荷兰此次仍然没有响应清朝的请求，这与此时亚洲的形势密切相关：一方面，荷兰与爪哇王国的斗争此时正处在关键时刻，无力分兵支持清朝；另一方面，在康熙四年（1665 年）清王朝取消荷兰两年一贡的优惠贸易措施之后，荷兰发现很难打开同清朝的自由贸易，便转变了策略，由试图在中国沿海获得一个立足地变成了吸引中国商人前往巴达维亚贸易，这就使荷兰对收复台湾的兴趣减小了很多，在清朝不做出允许自由贸易的许诺前并不愿意出兵。在无法获得荷兰帮助的情况下，清王朝只好加强自身的水师建设，并通过启用郑成功旧将施琅取得了攻打台湾的胜利。

虽然借助荷兰的帮助并不是清王朝战胜郑氏集团的最主要原因，但是在与郑氏集团对抗的过程中，清王朝始终不忘借助荷兰的船坚炮利作为攻击台湾的重要手段，并且多数情况下均是以贸易为诱饵主动请求荷兰出兵协助。这与荷兰对待本国东印度公司的态度形成了鲜明的差异。同是海外贸易集团，荷兰东印度公司被本国政府授予了各种特权，而郑氏集团则受到了本国政府的压制。虽然清朝对开放与荷兰的贸易仍然持谨慎态度，才使荷兰始终没有和清朝达成协议共同对抗郑氏集团，但是清王朝不惜以牺牲本国对外贸易利益而与外国联合进攻本国的对外贸易群体，这一行为确实是在帮助西方国家控制本国的对外贸易。

---

① 《清圣祖实录》卷七十九，康熙十八年二月，中华书局，1985，第 1012 页。

第四节　迁界、招降与台湾的去留

在不能以武力消灭郑氏集团的情况下，清王朝不得不使用海禁政策。这种政策并非清王朝的独创，至少自明朝开始以来，为了能够消灭日渐活跃的沿海走私集团，这种方法就一直在使用。贸易的扩张使清王朝建立之初就必须面对一个更加庞大的海商集团，为了消灭这个海商集团，清王朝也就必须使用更加严厉的海禁措施。

一　海禁与迁界的提出与执行

清王朝与郑氏集团对抗之初，其对自己使用武力征服郑氏集团是怀有信心的。但是顺治十三年（1656 年）清军攻打厦门的失败使清王朝认识到单纯凭借军事手段很难取胜郑氏集团。在与郑氏集团长期对抗的过程中，清王朝逐渐认识到贸易对郑氏集团的重要作用，因此将抑制贸易作为消灭郑氏集团的主要手段。

顺治十三年（1656 年），清王朝颁布谕令：

> 严禁商民船只私自出海，有将一切粮食货物等项与逆贼贸易者，或地方官查出，或被人告发，即将贸易之人，不论官民俱行奏闻正法，货物入官，本犯家产尽给告发之人。……处处

严防，不许片帆入口，一贼登岸。[①]

但是严厉的海禁措施并没有对郑氏集团的贸易产生多大影响，其五大商组织仍然运转良好。关于郑氏集团的五大商组织，缺乏详细的历史记录。五大商的建立似乎可以追溯到郑芝龙投降明朝在安平立足时期。郑氏集团对外贸易所需生丝与丝织品大多来自江浙地区，郑芝龙便在江浙地区设立了山五商，负责购买生丝与丝织品；又在厦门设立了海五商，负责货物的出口事宜。郑成功重新统一了海商集团以后，这个组织的运转也恢复了，每年有大量商品通过这个组织出口。这个组织是直接由郑成功管理的，其联络方式似乎极其机密，很多投降清王朝的官员并不知道它是如何运作的。因此虽然屡有郑氏部将投降，清王朝也实施了严厉的海禁政策，但是并未对这个组织的运转产生致命的影响。

在郑成功占领台湾后，清王朝借助荷兰的力量攻占了金门与厦门两岛，便无力再向前进军，这使清王朝更加迫切地需要采取其他手段来消灭郑氏集团。刚刚掌握权力的鳌拜要求各官员提出更加切实可行的政策，此时显示出郑氏降将黄悟对郑氏集团赖以运作的根本的了解以及致命弱点的作用。

> 郑成功未及剿灭者，以有福兴等郡，为伊接济渊薮也，南取米于潮、惠，贼粮不可胜食矣；中取货于兴、泉，贼饷不可胜食矣；北取材于福、温，贼舟不可胜载矣。今虽禁止沿海接济，而不得其要领，犹弗禁也。[②]

对此他提出了更严厉的平郑五策，其中前两项便是实行严厉的

① 《清世宗实录》卷一〇二，顺治十三年六月，中华书局，1985，第789页。
② 王先谦：《东华录》卷六“顺治十四年三月丁卯”，清光绪十年长沙王氏刻本，中国基本古籍库，第613页。

①金厦两岛，弹丸之区，得延至今日而抗拒者，实由沿海人民走险，粮饷、油铁、桅船之物，靡不接济。若将山东、江、浙、闽、粤沿海居民尽徙入内地，设立边界，布置防守，则不攻自灭也。

②将所有沿海船只，尽行烧毁。寸板不许下水。凡溪河，坚椿栅，货物不许越界，时刻瞭望，违者死无赦。如此半载，海贼船只无可修葺，自然朽烂。贼众许多，粮草不继，自然瓦解。此所谓不用战，而坐看其死也。①

迁界政策一经提出，便在朝廷和地方上引起了轩然大波，尤其是地方大员，因为此政策将严重损害其利益而持强烈的反对意见。但是在有更好的消灭郑氏集团的办法以前，鳌拜还是坚决采用了这种办法，并在顺治十八年（1661 年）发布了迁界令："前因江南、浙江、福建、广东滨海地逼近贼巢，以致生民不获安宁，故尽令迁徙内地，实为保全民生。"② 当年年底，福建即开始实行大规模迁海，广东、浙江、江南、山东稍后也开始迁界。但是大臣的激烈反对也并非没有起到作用，沿海地区迁界的程度并不一样，其中福建和广东距离台湾最近，普遍向内迁徙五十里，而在江浙地区，迁界程度则稍轻，至于山东、直隶地区，因为与台湾贸易往来不多，因此几乎没有受到迁界令的影响。

二　迁界的影响

迁界是一项两败俱伤的政策，它对清王朝及郑氏集团都造成了严重的影响。

---

① 江日升：《台湾外记》，陈碧笙点校，福建人民出版社，1983，第 164～165 页。
② 《清圣祖实录》卷四，顺治十八年八月，中华书局，1985，第 91 页。

迁界令下达以后，清王朝地方官员立刻强迫大量居民内迁，造成了大量耕地荒芜，沿海渔业与造船业陷于一片萧条，康熙二十二年（1683年）被派往沿海巡视迁界情况的杜臻报告说福建当时共有5府18县涉及迁界，荒芜土地21600顷；广东则有7府25县涉及迁界，荒芜土地30849顷，这些还是康熙八年复界以后的数字。①内迁的人民因为没有可以耕种的土地大量死亡，人口锐减，以福建建宁府为例，明朝万历年间人口数已达384443，到康熙三十二年（1693年），经过迁界，人口锐减至141066，②几乎减少了2/3。清朝财政收入也因迁界大幅度减少，康熙十二年（1673年），福建总督范承谟上疏描述迁界之后福建的窘境："闽人活计，非耕则渔，一自迁界以来，民田废弃两万余顷，亏减正供，约计有二十余万之多，以致赋税日缺，国用不足。"③广东巡抚王来任也上报说每年弃地丁钱粮30余万两，而被迁之民，颠沛流离，以致被迫相聚为盗。康熙十八年（1679年），任江宁巡抚的慕天颜则对海禁造成的海外贸易损失直言不讳："揆此二十年来所坐弃之金钱，不可以以亿万计，真重可惜也。"④

海禁和迁界对清王朝造成了严重的影响，那么海禁与迁界对郑氏集团造成了影响吗？它的影响又有多大？学者一般在论及此问题的时候，多喜欢引用清代学者郁永河在《裨海纪游·伪郑遗事》中的记载：

我朝严禁通洋，片板不得入海，而商贾垄断，厚赂守口官

---

① 万明：《中国融入世界的步履：明与清前期海外政策比较研究》，社会科学文献出版社，2000，第360、362页。

② 万明：《中国融入世界的步履：明与清前期海外政策比较研究》，社会科学文献出版社，2000，第369页。

③ 贺长龄辑，魏源修订：《清经世文编》卷八四"兵政十五"，清光绪十二年思补楼重校本，中国基本古籍库，第2218页。

④ 贺长龄辑，魏源修订：《清经世文编》卷二六"户政一"，清光绪十二年思补楼重校本，中国基本古籍库，第659页。

兵，潜通郑氏，以达厦门，然后通贩全国，凡中国各货，海外人皆仰资郑氏，于是通洋之利，唯郑氏独操之，财用益饶。暨乎迁界之令下，江、浙、闽、粤沿海居民，悉内徙四十里，筑边墙为界，自是坚壁清野，正计量彼地小隘，赋税无多，使无所掠，则坐以自困，所谓不战而屈人之兵，固非无见。不知海禁愈严，彼利益著，虽智者不及知也。

按照这个记载，海禁与迁界不仅没有造成郑氏集团的困境，反而有助于郑氏集团垄断海外贸易，并且促进了郑氏集团的发展。因此清王朝的迁界政策是失败的，郑氏集团的灭亡不是清王朝实行海禁的结果，只是郑成功的后代子孙缺乏郑成功那样的雄才大略，才导致了郑氏集团的灭亡。

在此仅仅凭一个文人的一面之词就断定海禁与迁界政策是否失败并非实事求是的态度，但可以通过几个简单的类比看出海禁措施对贸易造成的不利影响。第一个例子是 1655 年，郑成功前往南洋贸易的商船遭到荷兰抢劫，郑成功要求荷兰赔偿未果，于是"传令各港澳并东西夷国州府，不许到台湾通商。由是禁绝两年，船只不通，货物涌贵，夷多病殁"。[1] 荷兰人也不得不承认海禁带来的巨大影响："1654～1655 年，很少商船或大船航行于中国和福摩萨之间，这个行动大大妨碍了公司在北方的商业活动。……（福摩萨）从 1652 年到 1657 年曾经一度陷于萧条。"[2] 这次海禁迫使在台湾的荷兰殖民者不得不主动前往郑成功处要求和解，愿"年输银五千两，箭坯十万支，硫磺千担"。[3] 在荷兰人请求纳贡以后，郑成功才恢复了与荷兰的贸易关系。另一个例子则是英国，在其崛起的过程中，一直奉行"大陆均势"政策，不停地变换支持对象，目的即是防止某一国家在欧洲大陆形成霸权，以至于对其对外贸易造成影响。1798 年尼罗河之战后，法国彻底失去了其海洋力量，再难以挑战英国的制海权，拿破仑遂以"大陆封锁"的海禁政策削弱英国。1807年和 1810 年，拿破仑先后颁布"米兰敕令"和"枫丹白露敕令"，禁止英国商品输入法国及法国控制的所有地区，同时也禁止欧洲大陆的原料输往英国。尽管英国拥有庞大的殖民地，但是其经济仍然受到了严重影响，粮食价格上升，贸易萎缩，工业生产因得不到原材料下降。据统计，1807 年 1 夸特小麦为 66 先令，1808～1809 年上涨为 94 先令，到 1810 年竟高达 117 先令。[①] 1811 年，英国的出口总值下降到 3950 万英镑，只相当于 1805 年的 82%，相当于 1810年的 65%。[②] 英国全部工业生产的指数在 1810 年为 74.8，在 1811年为 64，到 1812 年才恢复到 65.3。[③] 经济萧条引起了大量人口失业，致使 1811 年和 1812 年骚乱不断发生，政府动用了大量的警察才将骚乱镇压下去。如果法国能够有足够的实力将这场封锁进行下去，那么英国经济很快就将崩溃，法国就能够实现其在全世界的经济霸权地位。但是法国自身经济虚弱，也未能控制欧洲其他地方与英国广泛发展的走私贸易，因此大陆封锁政策实施时间并不长，便随着拿破仑的军事失败土崩瓦解了，英国的经济也在经历此次危机以后再次迅速发展。可以说，英国凭借其美洲和印度殖民地，躲过了这次危机，来自美国、印度的粮食和棉花等在封锁期间都大幅度增长。

从以上两例中可以看出，切断贸易联系对严重依赖贸易的经济实体会产生何等重要的影响。郑氏集团作为一个严重依赖贸易维持

① 黄增强：《拿破仑大陆封锁政策及其影响》，《云南社会科学》1998 年第 1 期。
② 〔法〕乔治·勒费弗尔：《拿破仑时代》下册，河北师大外语系译，商务印书馆，1978，第 130 页。
③ 黄增强：《拿破仑大陆封锁政策及其影响》，《云南社会科学》1998 年第 1 期。

运转的集团，贸易通道对其生存的重要性自然是不证自明的。所以深知郑氏集团弱点的黄悟在投降清朝以后才会一针见血地指出必须从根本上切断贸易联系才能够战胜郑氏集团。郑氏集团所占领的金门、厦门与台湾等地方，无论是在资源还是物产上都无法与英国相比，而其所面对的清王朝又是一个比法国更庞大、更统一的中央集权国家，其实施海禁的能力也就强于法国很多，郑氏集团在台湾的处境与荷兰在台湾的处境更加相似而不是与英国的处境相似，因此海禁与迁界对郑氏集团造成的打击是毁灭性的。事实也正如黄悟的分析，海禁与迁界从三个方面切断了郑氏集团的经济来源，即贸易产品、粮食和造船用木材，造成了郑氏的凋敝，以至于后来的招降政策和军事进攻接连发生成效，瓦解了郑氏集团。

在郑氏集团赖以为生的贸易方面，在工业革命以前，商人资本与产业资本是严重分离的，郑氏集团的产品严重依赖大陆尤其是江浙地区提供，海禁与迁界势必造成产品来源的断绝，致使贸易出现困难。

表 5 - 1 为 1635 ~ 1662 年由中国前往日本的商船数。

表 5 - 1 1635 ~ 1662 年由中国前往日本的商船数

单位：艘

年份	1635	1637	1639	1640	1641	1642
商船数量	40	64	93	74	97	34
年份	1643	1644	1646	1647	1650	1651
商船数量	34	54	54	29	70	40
年份	1652	1653	1654	1655	1656	1657
商船数量	50	56	51	45	57	51
年份	1658	1659	1660	1661	1662	
商船数量	43	60	45	39	42	

资料来源：1650 年以前数据来自黄启臣《黄启臣文集》，香港：天马图书有限公司，2003，第 303 页；1650 年以后数字来自韩振华：《一六五〇——一六六一年郑成功时代的海外贸易和海外贸易商的性质》，载厦门大学历史系编《郑成功研究论文选》，福建人民出版社，1982，第 149 页。

迁界实行以后，很难再找到中国商船前往日本贸易的详细数字，只能够通过一些史料的记载窥见郑氏集团在台湾的贸易情况。关于台湾郑氏的贸易情况，江日升曾记载："装白糖、鹿皮等物，上通日本，制造铜熕、倭刀、盔甲，并铸永历钱。下贩暹罗、交趾、东京各处以富国。从此台湾日盛，田畴市肆，不让内地。"① 朝鲜文献《漂人问答》记载：1667 年，有曾称大明福建官商林宾观、曾胜、陈得等，本舡装载白糖、冰糖二十万斤，鹿皮一万六千张，药材、苏木各五千余斤及胡椒、纱绸、毡缎等货，欲往日本国笼仔纱箕贸易，不意洋中遇风。② 从这些史料记载中，可以得知迁界以后，郑氏集团主要以台湾所产鹿皮和糖进行贸易，大陆生产的丝绸、生丝、药材、书籍等产品已经很难获得。那么贸易额是否也如郁永河和江日升所言没有受到影响呢？下面一则史料提供了证据。1670 年，台湾为了发展贸易，允许英国在台湾设立商馆，据该年首次到达台湾的英国船长克里斯普报告："台湾有大小船舶 200 艘，今年有 18 艘开往日本，其中大半为郑经本人所有。他垄断了台湾对日本的鹿皮和糖的贸易，鹿皮在台湾每年可出产 200000 张，每100 张在台湾价 20 比索，而在日本可卖到 70 比索；糖在台湾每年可生产 50000 担，每担 2 比索，在日本则为 8 比索。"③ 由该记录可看出，1670 年前往日本贸易的商船数额远低于迁界实施之前任何一年中国前往日本贸易的商船数额。按照该记录，当年即使将台湾产鹿皮和糖全部销往日本，贸易额也不过 54 万比索，折合白银约 39万两，而在迁界之前中国前往日本的贸易额平均在 100 万两上下。④通过以上比较可以清楚地看到郑氏集团在迁界实施之后很难获得大

① 江日升:《台湾外记》，陈碧笙点校，福建人民出版社，1983，第 192 页。
② 厦门大学历史系编《郑成功研究论文选续集》，福建人民出版社，1984，第 16 页。
③ 台湾银行经济研究室编印《十七世纪台湾英国贸易史料》，（台北）众文图书公司印行，1960，第 27 页。
④ 韩振华:《一六五〇——一六六一年郑成功时代的海外贸易和海外贸易商的性质》，载厦门大学历史系编《郑成功研究论文选》，福建人民出版社，1982，第 149 页。

陆产品，只能以台湾土产与日本贸易，因而其贸易额受到了很大影响，迁界在遏制郑氏贸易上起到了良好作用。

郑氏集团在台湾除了应对迁界造成的难以获得贸易产品的困难之外，还需要面对粮食供给困难。郑成功占领台湾的目的之一是解决粮食供给困难问题，占领台湾之后便积极在台湾实施屯垦。在攻占台湾的当年，他即只留勇侍二旅留守安平镇和承天府，其余官兵则按镇分地开荒，"有警则荷戈以战，无警则负耒以耕"。为了能够调动官兵开发土地的积极性，当年五月颁布了一个有关屯垦的八条命令，其中最重要的包括，"各处地方或田或地，文武各官随意选择，创建房屋，尽其力量，永为世业"；"各镇及大小将领官兵派拨汛地，准就彼处择地起盖房屋，开辟田地，尽其力量，永为世业"。① 允许文武官员眷属开发土地并归私人所有。同时，为了能够尽可能地提高粮食产量，郑成功的户官杨英还建议每社发农民一人，铁犁、耙、锄各一副，熟牛一头，教高山族人民使用先进的生产技术。② 郑成功去世后，迁界政策使台湾更加难以获得大陆的粮食，陈永华便更加不辞劳苦地开发台湾的农业资源，"亲历南北二社，劝诸镇开垦，栽种五谷，蓄积粮糗"。③ 经过郑氏屯垦，台湾农业有了长足的进步，但是郑氏仍然不得不面临粮食作物与经济作物争夺土地，以及越来越多的人迁入台湾造成的需求迅速增加问题，官兵乏粮成为经常见于记载的事件。康熙十九年（1680年），清朝平定三藩之乱后，集中兵力向郑经控制的海坛、厦门等地发动了进攻，郑经在战场上没有经历多少失败的情况下便下令撤军也是由于"久已无粮，尽皆退溃"。④ 一旦遇到灾年或者政局不稳，缺粮情况则更加严重，台米经常贵至"每石价银五、六两"。⑤ 康熙二十一

---

① 杨英：《先王实录》，陈碧笙校注，福建人民出版社，1981，第254页。
② 杨英：《先王实录》，陈碧笙校注，福建人民出版社，1981，第260页。
③ 江日升：《台湾外记》，陈碧笙点校，福建人民出版社，1983，第191页。
④ 阮旻锡：《海上见闻录》，福建人民出版社，1982，第73页。
⑤ 施琅：《靖海纪事》上册"海逆日蹙疏"，台湾文献丛刊第13种，第114页。

年（1682年），台湾出现了严重饥荒，"米价腾贵，民不堪命"。至康熙二十二年（1683年）二月，"米价大贵，人民饿死者甚多"。[①]至七月，情况仍不见好转，当时在台湾的英国商人记录了这件事情："台湾因米粮缺乏，军民之间怨声不绝。在大约10日之内，几乎无米可买，以后亦即昂贵。贫民非混食番薯不能果腹。若无米粮从暹罗、马尼拉等处运来，则不免饿死。"[②]从英国记录的史料来看，当时台湾不但遇到了严重的饥荒，而且根本无法从大陆获得粮食供应。此外，日本史料《华夷变态》"唐人共申条"也记载了前往日本贸易的人员常常报告郑氏军粮不足的问题。

除了粮食与丝绸之外，木材是迁界后得到了有效控制的第三种贸易产品。福建商人历来使用福建北部山区出产的木材造船，郑氏集团也不例外。然而木材作为一种运输成本高昂的产品，水运是唯一经济的运输方式，这就使郑氏集团的木材来源更早地受到了海禁的影响。顺治十二年（1655年），清朝破获了一起通洋接济大案，当时的福建巡抚刘汉祚奏称林行可等人"用逆贼旭远印记购买造船巨木，差伊侄林凤廷同腹党王复官、林茂官公然放木下海，直至琅琦贼所，打造战船。且串通伪差官颜廷瑞，令官匠林九苞等敢于附省洪塘地方制造双桅违禁海船，令海贼洪二等亲驾出洋，更散顿巨木数千株于矼窑、芹洲、南屿、阮洋、董屿诸港，乘机暗输"。[③]这件案子的查获对郑成功的打击肯定不小，使其木材来源顿时大受影响。此后，为了防止郑成功获得木材，清王朝在沿途河流之上均设置了官兵看守，一旦发现大量木材即刻烧毁或者没收。为此，郑成功此后的出征，不但要注意夺取粮食，而且还要注意搜集木材。顺治十五年（1658年），郑成功大举北伐之时，派遣一支队伍前往温

---

① 阮旻锡：《海上见闻录》，福建人民出版社，1982，第76页。
② 台湾银行经济研究室编《十七世纪台湾英国贸易史料》，（台北）台湾银行，1959，第42页。
③ 厦门大学台湾研究所、中国第一历史档案馆编辑部编《郑成功档案史料选辑》，福建人民出版社，1985，第208页。

州，不但负责搜集粮食的任务，而且还征集了"造舡板木六堆，大桅木七株"。① 顺治十七年（1660年）九月，为了攻打台湾，郑成功命令各镇修补船只，但是直到第二年二月，在郑成功已经准备出征的时候，船只仍未修理完毕，郑成功只好派部分军队先行出发。② 以郑成功的治军严明，如果是人为原因造成船只没有修理完毕，郑成功一定会将其治罪。但是情况却是没有人因此受到惩罚，那么解释很可能便是因为缺乏修理船只用的木料、桐油等各种材料才导致了修理无法按时完成。

郑氏集团丢失金门与厦门之后，得到大陆的木材就遇到了更大问题。康熙五年（1666年）七月，洪旭向郑经报告说："地方已定，船只第一紧要。况东来已有数载，诸烦船、战舰悉将朽烂。速当修葺坚牢，以备不虞。"郑经对此深表同意，于是"着屯兵入深山穷谷中，采办桅舵含檀，令匠补葺修造。旭又别遣商船前往各港，多价购船料，兴造洋船、鸟船"。③ 由这段史料不难看出，台湾虽然盛产木材，但是其大多远离沿海，再加之台湾缺乏方便的河流运输，迫使郑氏集团不得不从日本和东南亚地区进口木材造船，致使其造船成本不断上升，船只的更新遇到了很大困难，到台湾不过五年大部分船只便已经腐烂不可用。康熙二十一年（1682年），清王朝攻打台湾前夕，郑经为了备战，集合了包括洋船和文武官员私船在内的所有船只，也不过只有二百余艘。④ 出现这样的事情也就不足为怪了。

从以上三方面，不难看到海禁与迁界起到了打击郑氏集团贸易的作用，使台湾岛面临越来越严重的生存危机。为了克服危机，郑经不得不一次又一次加重税收。大将刘国轩等人对郑经加重税收的

---

① 厦门大学台湾研究所、中国第一历史档案馆编辑部编《郑成功档案史料选辑》，福建人民出版社，1985，第275页。
② 杨英：《先王实录》，陈碧笙校注，福建人民出版社，1981，第242~244页。
③ 江日升：《台湾外记》，陈碧笙校注，福建人民出版社，1983，第192页。
④ 陈希育：《中国帆船与海外贸易》，厦门大学出版社，1991年版，第100页。

做法极其不满，"噫！弹丸之地，有限之民，正供之外，又有大饷、大米、杂饷、月米、橹桨、棕、麻油、铁钉、灰、鹅毛、草束等项；最可惨者，又加之以水梢、毛丁、乡勇。民力已竭。科敛无度"。① 屡次劝郑经减少税收。为了减少郑氏集团的财政困境，刘国轩还主动辞去自己的俸禄，并且拿出自己的其他收入充作自己军队三个月的军饷。在刘国轩的带动下，一大批武将也都照此行事。② 但是这并不能从根本上解决郑氏集团粮饷紧缺的问题，郑经仍然一次又一次地加税。康熙十八年（1679年），为了筹集军饷，郑氏再次加税，"渡载猪牙酒税铁岸油灰诸类，虽孤寡亦不免，又令思明知府李景，附会其说，倍加派输，百姓怨声载道，欲逃无门"。③ 康熙二十年（1681年），为了解决财政困难，再次加税，"凡所有村落民舍，计周围丈量，以滴水外，每问每丈宽阔征银五分"。④ 连这些最细微的产品都已经在征税之列，可以看出郑经在台湾的生存困难程度。

三 招降政策的配合

在军事进攻和和谈失败以后，清王朝认识到不可能在短期内消灭郑氏集团，便首先采取经济措施，对其加以制裁，同时还配合招降政策以逐步瓦解郑氏集团。

认识到郑成功已经没有投降的希望，清王朝首先将希望寄托在招降郑氏部将上。顺治十三年（1656年）六月，清王朝在发布海禁令的同时，也给江南、浙江、福建、广东督抚镇等官发布了招降令：

明清海盗（海商）的兴衰：基于全球经济发展的视角

① 江日升：《台湾外记》，陈碧笙点校，福建人民出版社，1983，第181~282页。
② 江日升：《台湾外记》，陈碧笙点校，福建人民出版社，1983，第289页。
③ 江日升：《台湾外记》，陈碧笙点校，福建人民出版社，1983，第297页。
④ 江日升：《台湾外记》，陈碧笙点校，福建人民出版社，1983，第320页。

从海逆郑成功者实繁有徒……原其本念未必甘心从逆……今欲大开生路，许其自新。该督、抚、镇即广出榜文晓喻，如贼中伪官人等能悔过投诚，带领船只、兵丁、家口来归者，察照数目，分别破格升擢，更能设计擒斩郑成功等贼渠来献者，首功封以高爵，次等亦加世职。其前此陷贼官民及新归人等，该地方官问明来历，尽心安插。原有田产，速行察给。即无田产，亦设法周恤，务令得所。①

当年八月，郑成功的重要部将黄悟投降，清王朝不仅对其大加赏赐，而且封其为海澄公，以此作为榜样招揽其他郑成功部将投降。顺治十四年（1657 年）五月，清王朝批准了李率泰"以抚佐剿"的方针，从此将招抚作为一个有意识的手段加以使用。

但是这个时期清王朝的招降政策作用并不显著。据统计，郑成功在世期间投降清王朝的部将有记录的不过十几人，而且其重要部将黄海如、施琅以及黄悟均是在清王朝颁布招降政策之前投降的，相反，同一时期，清朝投降郑成功的却有十几人。② 招降令并未发挥应有的作用，一方面是清王朝的执行力度不够，使投降者很难得到真正的利益。如黄悟举海澄而降，被封为海澄公，但是很快他就发现自己处于十分尴尬的境地，部将被浙闽总督李率泰全部抽走，自己毫无兵权。③ 黄悟感到后悔，又欲重新归降郑成功，但是遭到郑成功坚决拒绝。顺治十六年（1659 年），黄悟不得不向清王朝诉苦说：自己投顺"已逾两载，而常禄未沾。千岁蒙大将军世子王月命有司暂给爵俸银三十两，而禄米概未有及"，都不够其全家吃饭的，更不要论及其他。④ 如此重要的部将尚且只能得到这种待遇，

---

① 《清世祖实录》卷一〇二，中华书局，1989，第 789~790 页。
② 邓孔昭：《郑成功与明郑台湾史研究》，台海出版社，2000，第 107 页。
③ 阮旻锡：《海上见闻录》，福建人民出版社，1982，第 31 页。
④ 台湾"中央"研究院历史语言研究所编《明清史料》甲编第五本，中华书局，1987，第 429 页。

其他降将的命运可想而知。郑氏集团降清人数少的另一方面原因也是郑成功此时尚有充分的回旋余地，从事贸易与渔业的福建居民不愿意轻易投降。

当郑成功去世以后，情况发生了很大变化。郑成功的去世使清王朝看到了重新通过和谈招降郑氏集团的希望，便又派出使者招降郑经。郑经继承了其父亲的立场，只是由于面临全面控制台湾的困难，才假造人员、器械总册，并且交还了历年缴获清王朝的印札，给清王朝一副准备投降的假象，然后利用此机会迅速出兵平定了台湾内乱，掌握了局势。这使清王朝认识到郑经也很难通过招抚平定，只好继续坚持招抚其部下的政策，并且多次派人前往浙闽粤沿海地区进行招抚，取得了一定的效果，吸引了一些将卒前来投降。康熙十七年（1678年），姚启圣就任福建总督以后，招降取得了更加显著的效果。

姚启圣就任之初，即将招降工作看成平定郑氏集团的关键，提出了"从海之人皆吾赤子"的口号，对郑经以下大小将官以及士兵全面招降，采取了如下几种方法：

（1）对投诚者给予赏赐。对不同的投降者，姚启圣规定了不同的投降赏格，而且对那些跟随郑氏集团越久的人颁给的赏赐越多，"投诚兵丁……制造银牌于初到时分别给赏，长发者给牌重三两，长发已半者给牌重一两五钱，短发者给牌重八钱"。① 赏赐规定颁布以后，引发了郑氏集团官兵大量投诚的现象，虽然其中有些人为了获得赏赐，屡次逃走后又来投降，但是姚启圣对此也并不加以追究，使这项政策坚持了下来。

（2）安置投诚官兵士民。仅仅有投诚时的赏赐并不足以形成长期效应，还必须使这些投诚的官兵士民得到良好的待遇，才能够源源不断吸引郑氏集团人员来降。为此，清王朝同意了姚启圣的建

---

① 姚启圣：《忧畏轩文告》卷一，台湾文献汇刊本，九州出版社，2005。

议，对前来投诚的文武官员，文官按照原衔报部补官，武官一律保留原职，如果武艺出众者，还可以得到提升，甚至有时还可以根据投诚官员的要求，将武官改授文官。对前来投奔的士兵和平民，除了赏赐之外，对其职业选择也给予充分尊重，入伍或回乡自便。为了使回乡兵民有可耕之地，清王朝将迁界荒芜土地，除了核查有主的归还主人之外，"尽给投诚官兵开垦"。①

（3）采取攻心战术。跟随郑氏到达台湾的官兵士民大多是福建沿海居民，他们的亲戚朋友大多仍留在大陆，很多人十分迫切盼望与家人团聚。此前清王朝将这些人的亲戚朋友当作奸细看待，而姚启圣则下令对沿海各地与郑氏官兵有乡邻戚党关系的人加以保护，不允许加以迫害。与此同时，在漳州设立了一座"修来馆"，专门负责海上文武官员士兵平民的投降事宜。对前来投诚的官兵士民华服游街，让郑氏官兵感受到投诚的莫大荣誉。同时经常派人前往郑氏集团内部散布谣言，或言郑氏官兵某将来降，或送礼给郑氏官兵某将又将之故意泄露于外，引起郑氏官兵内部相互猜忌。对于郑经派来的间谍，则以厚利诱为己用。

上述政策有效地破坏了郑氏集团的内部稳定，大量官兵从台湾回到大陆投降清朝。据姚启圣自己的统计，"自康熙十七年（1678年）六月初四日起至康熙十九年七月暂止，节次招抚到投诚官兵共赏银一十二万六千九百九十八两"。②虽然其中不乏屡次领赏之人，但还是可以看到投诚官兵的数量之多。投诚官兵的数量也表明了郑氏在台湾的生存困境，否则便不会有大量官兵出逃。

郑氏集团在清王朝海禁与招降政策的打击之下，经营日渐困难，虽然也利用三藩之乱的机会反攻大陆，一度占有七府土地，但是一旦清王朝恢复秩序，郑氏集团便难以坚守陆地，不得不退回台湾。而在台湾，又因为海禁无法同大陆贸易，同时面临强大的军事

---

① 姚启圣：《忧畏轩奏疏》卷四，台湾文献汇刊本，九州出版社，2005。
② 姚启圣：《忧畏轩奏疏》卷四，台湾文献汇刊本，九州出版社，2005。

压力，经济危机日益加重。与此同时，清王朝统治地区则是另外一幅画面。随着满族政权在中国的统治日渐牢固，社会动荡局面逐步结束，社会生产开始恢复，清王朝虽然在局部地区承受了严重的财政损失和人民的生命损失，但是并不影响清王朝动用全国其余地方的资源为进攻台湾做准备。为了建立一支庞大的水师，清王朝在沿海地区缺乏木料的情况下，不计成本从内地运输木材至海边造船。所以清军能够攻占台湾，并不应只看到施琅等水师将领的功劳，还应该看到清王朝可以动用强大的资源是施琅进攻获胜的根本保障。康熙十七年至二十二年（1678～1683年），为了进攻郑氏集团，福建官兵数量一直维持在八万人到十万人，满汉兵合计每年需要粮饷三四百万两，而福建一省的钱粮收入每年不过九十万两，不足部分全靠户部拨给或从其他省取得。[①] 所以姚启圣才说："集如许满汉官兵之力，费各省无数协济之饷，方有今日，难而又难。"[②] 而郑氏集团在面对清王朝强大的水师时居然没有做出激烈的抵抗并不仅仅是因为郑氏子孙的无能，而且与其资源耗尽也有重大的关系。此前一直是坚决主战派的刘国轩，在澎湖之战结束之后，态度立刻来了一个一百八十度的大转弯，便是清醒地认识到连自己的俸禄都已经捐出去支撑的军队无法与清王朝继续抗衡了。因此与其说台湾是被施琅武力征服的，倒不如说是长期坚持海禁与迁界的结果，武力只不过是在一座即将倒塌的墙上的最后轻轻一推，恐怕如郑成功的雄才伟略对此也无可奈何。这也是郑芝龙早已预料到的结局，虽然他曾试图通过投降清王朝避免这种结局，但是清王朝并不欲与他合作，因而他也无力改变这种局面，只好做一个阶下囚，免不了被人杀戮的命运。

① 邓孔昭：《郑成功与明郑台湾史研究》，台海出版社，2000，第 165 页。

② 姚启圣：《姚启圣题为舆图既广请立洪远规模事本》，载厦门大学台湾研究所、中国第一历史档案馆编辑部编《康熙统一台湾档案史料选辑》，福建人民出版社，1983，第 301 页。

明清海盗（海商）的兴衰：基于全球经济发展的视角

四 台湾的去与留

康熙二十二年（1683 年）六月二十六日，施琅在澎湖战役之后，立刻上疏朝廷，一面讨论继续进攻台湾的问题，一面请求朝廷定夺台湾的去留问题。

> 今澎湖已克取，台湾残贼必自惊溃胆落，可以相机扫荡矣。但二穴克扫之后，或去或留，臣不敢自专。合请皇上睿夺，或遴差内大臣一员来闽，与督臣商酌主裁，或谕令督抚二臣会议定夺，俾臣得以遵行。[①]

可见在平定台湾的郑氏集团以后，台湾的去留问题便摆放在了当政者面前。对此问题，姚启圣首先表达了自己的意见：

> 今幸克取台湾矣，若弃而不守，势必仍作贼巢，旷日持久以后，万一蔓延再如郑贼者，不又大费天心乎？故臣以为，台湾若未窃作贼巢，守亦不必守，此自然之理也。今既窃作贼巢矣，则剿故不可少，而守亦不可迟，此相因而至之势，亦自然之理也。……况台湾广土众民，户口十数万，岁出钱粮似乎足资一镇一县之用，亦不必多费国帑，此天所以为皇上广舆图而大一统也，似未敢轻言弃置也。[②]

但是朝廷里很多官员主张放弃台湾，认为台湾"孤悬海外，易

---

① 施琅：《靖海纪事》（上卷），"飞报大捷疏"，载《台湾文献史料丛刊》（第六辑），（台北）台湾大通书局，1987。

② 姚启圣：《姚启圣题为舆图既广请立洪远规模事本》，载厦门大学台湾研究所、中国第一历史档案馆编辑部编《康熙统一台湾档案史料选辑》，福建人民出版社，1983，第 301 页。

薮贼，欲弃之，专守澎湖"。① 康熙帝拿不定主意，询问重臣李光地，这位力保施琅、力主武力进攻台湾的大臣的意见居然也是放弃台湾。

> 台湾隔在大洋之外，声息皆不通。小有事，则不相救，使人冒不测之险。为其地之官，亦殊不情。上云：然则弃之乎？曰：应弃。上曰：如何弃法？曰：空其地任夷人居之，而纳款通贡，即为贺兰有，亦听之。贺兰岂有大志耶？彼安其国久矣。事久生变，到彼时置之不顾，便失疆土，与之争利，或将不得人，风涛不测，便为损威，终非善策。②

在李光地以及众大臣的影响之下，康熙似乎倾向于放弃台湾，认为台湾"弹丸之地，得之无所加，不得无所损"。③

但是此时收复台湾的功臣、降将施琅亲到台湾考察后认为应当保留台湾，他首先向康熙帝展示了台湾的富饶："亲历其地，备见野沃土膏，物产利薄，耕桑并耦，鱼盐滋生，满山皆属茂树，遍处俱植修竹。……实肥沃之区，险阻之域。"④ 接下来，施琅又力陈放弃台湾可能造成的危害。

> 该地之深山穷谷，鼠伏潜匿者，实繁有徒，和同土番，从而啸聚，假以内地之逃军闪民，急则走险，纠党为祟，造船制器，剽掠滨海；此所谓藉寇兵而赍盗粮，固昭然较著者。甚至此地原为红毛住处，无时不在涎贪，亦必乘隙以图。一为红毛所有，则彼性狡黠，所到之处，善能蛊惑人心。重以夹板船

① 魏源：《圣武记》卷八，孙文良点校，中华书局，1984，第242页。
② 李光地：《榕村续语录》下，陈祖武点校，中华书局，1995，第709页。
③ 《清圣祖实录》卷一一二，康熙二十二年十月，中华书局，1989，第155页
④ 施琅：《靖海纪事》下卷，"恭陈台湾弃留疏"，载台湾文献史料丛刊第六辑，（台北）台湾大通书局，1987，第60页。

明清海盗（海商）的兴衰：基于全球经济发展的视角

只，精壮坚大，从来乃海外所不敌。未有土地可以托足，尚无伎俩；若以此既得数千里膏腴复付依泊，必合当夥窃窥边场，迫近门庭。此乃种祸后来，沿海诸省，断难晏然无虞。至时复勤师远征，两涉大洋，波涛不测，恐未易再建成效。如仅守澎湖，而弃台湾，而澎湖孤悬汪洋之中，土地单薄，界于台湾，远隔金厦，岂不受制于彼而能一朝居哉？是守台湾则所以固澎湖。①

在施琅极力主张保留台湾的情况下，康熙二十三年（1684 年）正月，康熙帝再次请众大臣商议台湾去留问题，此时大学士李霨、王熙也同意施琅的意见，认为台湾"有地数千里，人民十万，则其地甚要，弃之必为外国占据，奸宄之徒窜匿其中，亦未可料，臣等以为守之便"。康熙帝才认为"台湾去留所关甚大"，② 开始倾向于保留台湾。同年四月，康熙帝正式在台湾设立一府三县，将台湾纳入版图。

从以上叙述可以看出，清朝在剿灭郑氏集团以后，对将台湾是否纳入版图的问题进行了激烈的争论，一部分官员认为应当遵循明朝旧制，只在澎湖设立巡检司，每年春夏驻防即可，甚至包括李光地这样的重臣都认为台湾无足轻重，甚至让给别国也毫不可惜。但是以姚启圣和施琅为代表的一直处在剿灭郑氏集团最前线的官员则认为应当将台湾纳入版图管理。康熙帝起先倾向于李光地的意见，认为台湾无足轻重，但是随着施琅力陈放弃台湾之危害，才使他逐渐改变了主意，进而将台湾纳入版图，设立行政机构加以管理。从此，台湾在行政上也成为祖国不可分割的一部分。对姚启圣、施琅和康熙帝的这种贡献，应当予以充分肯定。他们的英明决策也使台

① 施琅：《靖海纪事》下卷，"恭陈台湾弃留疏"，载台湾文献史料丛刊第六辑，（台北）台湾大通书局，1987，第 60～61 页。

② 《康熙起居注》第二册，中华书局，影印版，第 1127 页。

湾在有清一代获得了迅速发展，人口大量增加，土地开垦范围不断扩大，为清王朝提供了大量钱粮税赋。但是如果换一个看问题的角度，就会发现完全不同的结果。无论是姚启圣还是施琅，其论证应该保留台湾的理由与现今对台湾的重要地理位置的认识截然不同，与当时西方殖民者窃取台湾的目的也截然不同，他们并不是将台湾看作南海的重要门户和通往东北亚的重要航道，而是认为之所以应该保留台湾，是因为如果放弃这块土地，就会使海盗再次将此地作为一个对抗朝廷的基地，一旦这种状况出现，便很难收拾，因此不如将台湾置于政府的管理之下，从根本上杜绝再次产生像郑氏集团那样的武装贸易集团。因此，将台湾纳入清朝的版图，虽然促进了台湾农业的发展，对中国的对外贸易却是沉重的打击。没有了郑氏集团这样的类似西方的武装商人集团，清王朝又不注意保护本国的对外贸易，中国商人便无法再与西方商人对抗。因此，台湾虽然没有再次被西方殖民者占领，但是中国的海外贸易则日渐被西方国家控制，中国商人在海外也日益沦落为西方商人的附庸。

第五节　小结

　　郑氏集团是在全球贸易不断扩张的大背景下兴起的。当时荷兰已经来到中国沿海，占据了台湾，不断骚扰中国商人的海外贸易。为了对抗荷兰，在福建沿海出现了郑氏集团这样从事海外贸易的武装集团。对这个武装集团来说，首要的任务仍然是如何处理与中原王朝的关系。明王朝虽然十分警惕这个集团的兴起，但是其力量衰微，只好暂时与这个武装集团达成了合作协议。利用这个机会，郑氏集团得到发展壮大。但是随着清王朝的建立，郑氏集团不得不再次面临来自中原王朝的不断绞杀。虽然这个集团掌握着中国的海外贸易，通过海外贸易丰厚的利润支撑了其抗清的活动，然而其海外贸易产品来自内陆，清王朝实行的海禁政策不可避免地导致了其海外贸易产品来源受阻，海外贸易遇到了很大的困境，最终导致了这个海商集团的衰败与灭亡。

　　郑氏海商集团衰败最直接的后果便是东南亚地区的航海贸易完全被荷兰控制，中国在与西方争夺海上贸易主导权的过程中，第一次彻底丧失了东南亚地区的主导权。我们看到，在郑成功时代，荷兰人在东南亚的贸易中占有优势，但是并不能达到完全控制的地步。荷兰人要求所有商船必须驶往巴达维亚贸易，然而郑氏集团的商船仍然自由往来于东南亚各地。为了实现贸易垄断，荷兰人曾经拦截两艘开往东南亚贸易的郑氏集团商船，遭到了郑成功的激烈抗议，在交涉没有结果的情况下，郑成功中止了荷兰的贸易，造成了台湾一片萧条，最后荷兰人不得不服从了郑成功的条件，双方的贸易才回到正常状态。但是正如下文叙述表明的，当郑氏集团灭亡以后，荷兰人便不再有这样的压力，他们可以非常容易地强迫中国商人必须前往巴达维亚贸易。这样，荷兰人就可以将产品的价格压得很低，同时要求中国商人不得从巴达维亚输出白银，必须将全部产品换成香料以后运回中国，这就使荷兰人在贸易中处于有利地位。所以随着郑氏集团的覆灭，中国在东南亚地区的海外贸易主导权彻底丧失了。

第 六 章

中国海外贸易的衰落：丧失
海上霸权的结果

第一节　中国海商的衰落：没有武装
海商集团的后果

　　16～18 世纪是全球贸易迅速发展的时期，我们看到这个时期中国海外贸易在国外对中国商品需求以及中国对白银的需求下迅速发展，白银大量流入中国。弗兰克估计，1545～1800 年，世界有记录的白银产量的一半流入中国。① 那么具体数字是多少呢？沃德估计，美洲白银在 16 世纪产出约为 1.7 万吨，17 世纪约为 4.2 万吨，到了 18 世纪约为 7.4 万吨，总计约为 13.3 万吨。② 如果再算上日本所产的 9000 吨白银，那么在这两个半世纪中，白银产量约为 14.2 万吨，一半流入中国，那么就是 7.1 万吨，平均每年 278 吨或者说 7413426 库平两（1 吨白银 = 2000÷1.2×16≈26667 库平两）白银流入中国，与此同时，中国则向欧洲、日本和东南亚等国家或地区平均每年出口价值约 278 吨白银的货物。但是在出口货物迅速增加的同时，中国海商的数量发展没有相应的增加。陈希育估计清代海商船只的数目高峰时维持在 300 艘左右，至 18 世纪中叶，在贸易日益增加的情况下，中国海商的船只数量反而出现了下降，这也就

---

① 〔德〕安德烈·贡德·弗兰克：《白银资本：重视经济全球化中的东方》，刘北成译，中央编译出版社，2000，第 257 页。

② 〔德〕安德烈·贡德·弗兰克：《白银资本：重视经济全球化中的东方》，刘北成译，中央编译出版社，2000，第 203 页。

是说在全球贸易迅速扩张且中国出口贸易量增加的情况下，中国海商反而衰落了。那么究竟是什么原因造成了中国海商的衰落呢？我们毫无疑问应将其归于中国海商在海外经营贸易时缺乏有效的保护，而这完全是明清政府镇压海商集团的结果，使单枪匹马、赤手空拳的中国海商面对强大的仗剑经商的西方商人。当西方不能直接获得中国产品时，中国海商尚可以前往海外贸易，但当西方商人获得与中国直接贸易的权利后，情况就会发生改变。本节即以中国海商在东南亚和日本贸易的遭遇为例，表明在无法形成集团对抗的情况下中国海商的命运。

一　中国商人在马尼拉的贸易

中国与菲律宾之间很早就存在贸易关系，公元 10 世纪时，中国商人即与菲律宾群岛建立了密切的贸易关系，岛屿上一些国家与宋王朝建立了朝贡贸易关系。至明朝，菲律宾与中国的贸易关系更为密切，洪武至永乐时期，有数个国家十余次前来明朝朝贡，其中 1417 年苏禄国王还曾亲自来到明朝，病逝后葬于中国，留下了中菲交往的佳话。但是菲律宾物产并不丰富，因此与东南亚其他地区相比，中国与菲律宾的贸易并不兴盛。当西班牙人首次到达马尼拉时，居住在马尼拉的中国商人大约仅有 150 人。在西班牙殖民者占领马尼拉之后，中国与马尼拉之间的贸易才开始迅速发展。

西班牙占领菲律宾的最初目的是能够得到名贵的香料，但是黎牙实比在占领宿务以后，在棉兰老遇到了土著居民激烈的抵抗，这使他们认识到继续向南发展困难重重。西班牙人在菲律宾本地也没有发现黄金和名贵的香料，相反在他们听说中国商船向吕宋贩运绢、陶器以及安息香之后，认为打开与中国的贸易更加有利可图，于是便放弃了南下的打算，转而北上占领了马尼拉，将此作为与周边国家贸易的大本营，尤其是发展与中国的贸易关系。这也就是西班牙殖民者在刚刚来到菲律宾群岛时还在抢劫中国商船，而很快又对中国商船礼遇有加的重要原因。由于西班牙殖民者掌握着大量白银，在林凤事件之后又无法建立与中国的直接贸易关系，因此极力鼓励中国商人前往马尼拉贸易。西班牙的鼓励政策产生了效果，前往马尼拉贸易的中国商船迅速增加。1572 年，至菲律宾群岛经商的中国商船只有 3 艘，1575 年增加到 15 艘，16 世纪 80 年代以后则维持在 30 艘上下。伴随贸易的发展，侨居马尼拉的中国商人数量也迅速增加。据统计，至万历十六年（1588 年），在菲律宾定居的华人已超过 16000 人，万历三十一年（1603 年），菲律宾华人增加到 30000 余人。贸易量的增长以及华人定居马尼拉数量的增加引起了西班牙的不满和猜疑，开始限制贸易和华人的活动，主要表现在以下几个方面。

（一）利用税收和行政手段限制中国商船贸易数量

最初，为了鼓励中国商船前往马尼拉贸易，对中国商人十分优待，仅需每船缴纳 25 ~ 50 比索的系船税。但是随着中国商人前往马尼拉贸易数量的增加，马尼拉对中国商船征收的税款也不断上升。1581 年，系船税改为按照吨位征收，每吨征收 12 比索，税额大幅度提高。在系船税之外，同年还开征了三分税，即对中国进口货物按照货值征收 3% 的关税。1606 年，税率进一步提升至 6%。①

为了赚取更多的利润，马尼拉的西班牙殖民者还实行了整批交易制度，以此压低中国商品的价格。起初，中国商人前往马尼拉是自由贸易的，但是很快西班牙人便发现这种自由贸易制度对他们不利，因此在 1589 年成立了由数名西班牙人组成的委员会，负责在中国商船入港时与华商代表谈判议定货价，然后按照此价格整批收购中国货物。这个制度不仅可以使西班牙殖民者组成一个集团与中国商人议价，压低了中国商品的价格，而且掌握估价权力的有关人员还趁此机会对中国商人大肆勒索。这就使中国商人的利润进一步

---

① 金应熙主编《菲律宾史》，河南大学出版社，1990，第 177 页。

降低。

更为重要的是中国商品大量运往西属美洲，冲击了西班牙本土产品的市场，对西班牙商人的利益造成重大的打击，因此他们便向国王抗议，要求限制马尼拉大帆船运往美洲的商品数量。1586 年，西班牙印地院一名官员写信向菲利普二世反映中国丝绸大量行销墨西哥，已经严重损害了西班牙对美洲领地的出口，建议下令禁止中国丝绸输入美洲。1589 年，塞维利亚商会又向菲利普二世抗议："当（西班牙）船队到达（美洲）的时候，货物销路不佳，因为市场上有了来自中国和菲律宾的较廉价的商品供应。结果是王室收入遭到重大损害，（同美洲领地的）贸易也受到沉重打击，因为船队载回去的货物明显没有从前那样多，回程所带的金、银也减少了。"[1] 因此商会强烈要求取消马尼拉大帆船贸易。当时西欧流行金银即是财富的重商主义观点，任何金银的外流都被认为财富的损失，因此在国内激烈的反对声音下，菲利普二世决定停止马尼拉大帆船贸易。只是由于停止马尼拉大帆船贸易会使西班牙在菲律宾的殖民陷入严重的经济困难，要面临丧失这个东亚的前哨阵地的危险，因此菲利普二世不得不做出了折中的决定：1587 年，菲利普二世撤销了禁止马尼拉大帆船贸易的决定，但是为了保证西班牙本土商人的利益，人为地划分了市场，禁止墨西哥将中国纺织品转卖至秘鲁。四年后，又禁止秘鲁直接同中国、日本和菲律宾贸易。1593年，菲利普二世发布敕令，明确规定马尼拉大帆船贸易是王室垄断贸易，但是允许菲律宾群岛上的西班牙公民分享贸易利益。同时，为了限制中国商品对西班牙商品的冲击，敕令对马尼拉帆船贸易的货物价值做出限制：每年从马尼拉向墨西哥出口的商品总值不得超过 25 万比索，而回程的货物价值则不得超过 50 万比索。每年仅允许两艘载重为 300 吨的船只前往墨西哥，并且商品不允许转销秘鲁

① W. L. Schurz, *The Manila Galleon* (New York: E. P. Dutton & Co, 1959), p. 405.

等处。① 虽然此项措施由于马尼拉西班牙人的斗争，西班牙王室在18 世纪不得不三次放宽了贸易数额，最后在 1776 年，菲律宾向墨西哥出口货物和回程货物的总值分别增加到了 75 万比索和 150 万比索，而且由于走私活动，这些政策并没有得到完全的执行，但是它确实起到了限制马尼拉大帆船贸易的作用，使西班牙本土商人不至于被摧垮。由于马尼拉仅仅是一个转口港，因此限制马尼拉大帆船贸易也就是限制中国商人与马尼拉之间的贸易。

（二）限制中国商人自由和屠杀中国商人

前往马尼拉的中国商人数量的增加，引起了西班牙殖民统治阶层的疑虑和猜忌。当时在马尼拉的西班牙人不过两千余人，他们极其担心中国商人发动叛乱，推翻他们的统治，因此对中国商人严加防范。1582 年，西班牙人即下令强制将马尼拉华人集中到马尼拉城外东北角巴石河南岸的荒地上（被称作八联、涧内）居住，不允许华人到八联以外的地方居住，更不允许华人在菲律宾旅行。在马尼拉关闭王城以前，所有华人都必须回到八联，否则处以死刑。这是西班牙集中管理中国商人的开始。此后，由于火烧、屠杀等原因，中国商人的集中居住地八联曾经先后七次移址，但是不论地址移动到哪里，八联都处在马尼拉王城炮台的有效射程之内。为了有效地防范华人，西班牙殖民者不允许华人使用石头盖房子，只能够用竹、木搭建，这使华人以后在历次遭到屠杀时，连最基本的武器都难以得到。

但是即使如此严格的防范也不能打消西班牙殖民者对中国商人的疑虑，经常怀疑他们会成为中国进攻马尼拉的内应，一遇风吹草动即对中国商人大开杀戒。1604 年，由于明朝听说吕宋机宜山（即甲米地）盛产金银，便派人前往勘察。但在明朝官员没有发现任何金银之后，便离开了菲律宾回到了国内。这件事情使马尼拉西

---

① 金应熙主编《菲律宾史》，河南大学出版社，1990，第 156 页。

班牙殖民者认为是明朝进攻菲律宾的前兆，因此发动了对马尼拉华人的清洗，杀死了大约 22000 名华人。1639 年，马尼拉华人不堪忍受西班牙殖民者的盘剥，揭竿而起，再次遭到了西班牙殖民者的镇压与屠杀，大约 22000 名华人被杀害。1661 年，郑成功占领台湾以后，对西班牙殖民者虐待马尼拉华人表示谴责并且要求马尼拉向郑氏集团进贡。这使马尼拉西班牙人十分惊慌，做出了战斗准备并且再次对华人大开杀戒，前后约有 4000 名华人被杀。1762 年，英军进攻马尼拉，华人趁机起义，但被西班牙殖民者镇压后，再次遭到屠杀，单是冯嘉施兰一处被杀华人即达到 6000 人。

华人在马尼拉遭到屠杀以后，完全没有得到来自本国政府的保护。1604 年屠杀发生以后，西班牙殖民者本来惶惶不可终日，但是明朝仅将报告错误消息的木匠张嶷处死了事。1661 年屠杀发生以后，郑成功本打算进攻马尼拉，但是由于他的病逝以及清郑之间的战争而被迫取消了。1762 年的屠杀发生之后，清朝则更是比照巴达维亚红溪事件，将侨居国外的华人视作弃民，不予保护。因此，中国商人虽然有着极好的可以利用的条件，但是政府不但不为本国商人利益着想，还时时限制本国商人在国外的发展，因此中国商人面对西班牙殖民者的屠杀无可奈何。屠杀过后，为了获取利润则仍然要前往马尼拉贸易。

由于得不到本国政府强有力的支持，还时时受到限制，中国商人的贸易在长达两百余年掌握商品优势的情况下，始终被局限在中国与马尼拉之间，毫无前往美洲贸易的可能性。而从全球贸易的视角来看，中国与马尼拉之间的贸易仅仅是中国与西属美洲贸易的一部分，马尼拉只不过充当了一个转口港的作用，这就使中国商人的利润仅仅是整个贸易利润的一部分，而且往往是较小的一部分。在中国与马尼拉之间的贸易不过一两倍的利润，而且随着前往马尼拉贸易的中国商人数量增多，中国商人的利润率还在进一步下降。与此同时，中国商品的低成本以及在美洲的畅销，经常可以使经营马尼拉大帆船贸易的西班牙殖民者获得超乎想象的高额利润。南美洲拉普拉塔河区主教洛约拉说过,菲律宾的西班牙人在 16 世纪最后 20 年间从丝绸贸易中获得的利润有 10 倍。[①] 菲律宾官员调查,1620～1621 年,在马尼拉生丝价格约为一担 200 比索(1 比索约合 0.72 两白银),广州缎子一匹 5 比索,织锦一匹 4 比索,倭缎(天鹅绒)一巴拉(约相当于 0.84 公尺)0.5 比索,而上述商品在利马的售价分别为 1950 比索、50 比索、40 比索和 4 比索。两者比较,利马的市价比马尼拉高 8～10 倍。[②]

然而中国商人即使只赚如此微薄的利润,仍然受到来自其他国家的竞争。17 世纪初,由于荷兰殖民者打击西班牙的贸易,因此拦截前往马尼拉贸易的中国商人,给中国商人带来了极大的损失。与此同时,葡萄牙也利用与西班牙合并的机会发展澳门与马尼拉之间的贸易关系。1608 年,由澳门运至马尼拉的商品已经价值 20 万比索。1616 年以后,马尼拉进口税额中澳门所占比重迅速上升,由 1615～1620 年的 13.2% 上升到 1626～1630 年的 27.5%。[③] 1638 年,日本由于宗教关系,驱逐了在日本的葡萄牙人,并且禁止葡萄牙前往日本贸易,使澳门的贸易备受打击。为了弥补损失,葡萄牙人更加注意发展前往马尼拉的贸易。1641～1642 年,前往马尼拉贸易的葡萄牙商船达到了最高峰,其缴纳的税收占据了马尼拉进口税的 50% 以上。为了垄断与马尼拉之间的贸易,葡萄牙人恐吓中国商人说马尼拉运来的白银不足,不能偿付货款,而自己则趁机将中国货物运往马尼拉贸易。如果这些手段不能奏效,葡萄牙人便在海洋上公开抢劫中国商船。由于中国商人的减少,而且不让马尼拉的西班牙人信用赊账,葡萄牙人趁大帆船必须及时起航的时机抬价,使自

---

① E. H. Blair and J. A. Robertson, *The Philippine Island 1493 – 1898*, Vol. 12. (Cleveland: 1904), p. 60.

② E. H. Blair and J. A. Robertson, *The Philippine Island 1493 – 1898*, Vol. 19. (Cleveland: 1904), pp. 304 – 306.

③ 金应熙主编《菲律宾史》,河南大学出版社,1990,第 157 页。

己在与马尼拉的贸易中获利丰厚。1632年，马尼拉市政委员会的备忘录指出，葡萄牙人已经占去原先中国人同马尼拉的贸易，造成商品价格大幅度增长。[①] 虽然他们运去的产品远不及中国商人的多，但是每年从马尼拉运走的银币，竟达过去中国商人所运输量的3倍，[②] 可见其获利的丰厚程度。更令西班牙殖民者难以忍受的则是澳门的葡萄牙人希望直航美洲，直接向美洲推销中国产品，获取更高的利润，这是中国商人从来不曾想到的事情。对比中国商人和葡萄牙商人在中国与马尼拉贸易中的行为，我们可以清楚地发现拥有国家支持与否的重大差别。当时葡萄牙与西班牙虽然合并了，但是两国仍然分别保持了很大的独立性，葡萄牙在澳门的贸易，仍然是葡萄牙国家利益的一部分，因而澳门的葡萄牙人仍然是作为国家的代表与西班牙交涉，不惧怕西班牙的武力威胁。这使葡萄牙人可以利用自己掌握的商品优势，获取比中国商人高得多的利润。相反，明朝政府不仅不为商人的利益着想，还压制前往海外贸易的本国商人，防范他们在海外组成武装集团，因此中国商人之间是自由竞争的，这使西班牙由于处在买方垄断地位而得益。由于葡萄牙商人远比中国商人难对付，因此，葡萄牙1640年从西班牙独立的消息传到亚洲以后，马尼拉的西班牙人立刻禁止了澳门的葡萄牙商人前往马尼拉的贸易。

但是这并未使中国商人前往马尼拉的贸易出现重大转机，此时明清之间的战争波及江南地区，已经使丝绸和生丝生产出现了急剧下降。此后，清朝政府为了消灭郑氏集团实行的海禁以及郑氏集团与马尼拉的紧张关系，使中国与马尼拉之间的贸易关系再次遇到危机。这使马尼拉不得不寻求更广泛的贸易对象，他们派出船只前往暹罗、巴

---

① E. H. Blair and J. A. Robertson, *The Philippine Island*, *1493 – 1898*, Vol. 25. （Cleveland: 1904）, pp. 14 – 15.

② 全汉升：《明代中叶后澳门的海外贸易》，《香港中文大学中国文化研究所学报》第五卷第1期，1972。

达维亚、交趾支那和印度等地贸易。荷兰、英国、法国等国家也都寻求前往马尼拉的贸易获取他们急需的白银，其中则尤以英国商人最为成功，而这在很大程度上要归功于英国掌握了印度的棉布。

1644～1645 年，印度苏拉特的英国商馆派出"海马""供应"两条船试航马尼拉，销售携带的印度棉布，获得了丰厚的利润，这使英国意识到马尼拉贸易可以作为一个获取美洲白银的重要途径。由于西班牙殖民者禁止欧洲商人前往菲律宾贸易，英国商人便采用从亚洲属地派出船只并登记为亚洲人所有的方法，同时重金贿赂马尼拉的西班牙当局官员，终于打开了马尼拉市场。1670 年以后，以英国东印度公司退休职员为主要力量、以印度货物为主要商品的印菲贸易已经广泛发展起来。运到马尼拉的印度棉纺织品数量在1670～1700 年增长了 6 倍。[①] 1684 年，清王朝重开海禁之后，中国商人虽然恢复了前往马尼拉的贸易，但是其显然已经感受到了来自英国港脚商人的竞争，表 6－1 即为中国与印度科罗曼德尔船只前往马尼拉的数量。

表 6－1　中国与印度科罗曼德尔商人在马尼拉的缴税比例变化情况

单位：%

年份	中国	科罗曼德尔	年份	中国	科罗曼德尔
1686～1690	51.03	29.33	1726～1730	44.35	6.50
1691～1695	53.36	2.35	1731～1735	44.35	22.74
1696～1700	55.71	10.95	1736～1740	60.51	14.46
1701～1705	55.60	14.37	1741～1745	41.37	14.21
1706～1710	60.84	9.39	1746～1750	48.71	5.09
1711～1715	50.79	9.43	1751～1755	34.77	—
1716～1720	36.51	10.39	1756～1760	57.15	2.97
1721～1725	31.73	20.17			

资料来源：基亚松：《1570～1770 年中菲帆船贸易》，《东南亚研究》1987 年第 1～2 期，第 102 页。

[①]　金应熙主编《菲律宾史》，河南大学出版社，1990，第 158 页。

如果考虑到印度船只普遍载重量在 200～400 吨，而中国商船仅仅不过 100～200 吨，而且马尼拉当局对中国与印度货物的不同征税比例，就可以看到印度商品对中国商品造成的巨大冲击。对此，中国商人往往无能为力，他们仅仅是普通的小商人，完全没有能力排斥英国商船前往马尼拉贸易，而且，还不时地受到英国商船的袭击。

与英国商船利用亚洲商品排挤中国商人相比，英国在拉丁美洲的走私贸易活动以及对马尼拉大帆船的海盗活动对中国商品造成了更大的冲击。1713 年，西班牙王位继承战争结束后，英国获得了巨大的利益，通过《乌特勒支条约》，英国南海公司获得了向西班牙每年提供 4800 个奴隶的权利，英国即利用此机会大肆向西属美洲走私。1738 年，西班牙严厉制裁了英国走私船，这引起了英国的强烈不满，为此发动了詹金斯耳朵战争，这场战争在一年以后卷入了一场更大的奥地利王位继承战争，英国赢得了这场战争的胜利，从而使西班牙彻底无力制止英国向西属美洲的走私活动。1761 年，仅英国与西属美洲的贸易额即达到 6000 万比索，远远超过了西班牙与其殖民地的贸易额。[①] 为了配合英国商品在西属美洲的销售，马尼拉大帆船成为英国军舰打击的对象。1743 年，英国军舰在太平洋上俘获了卡瓦东加号大帆船，获得了 150 万比索的战利品；1762 年，英国军舰再次俘获"圣三一号"，获得了 200 万比索以上的战利品。英国商品的占领以及英国军舰的打击使马尼拉大帆船贸易在利润降低的同时风险大大增加，1753 年，阿卡普尔科的市场已经被英国商品占领，大帆船运去的中国与印度商品因为毫无销路而被迫满载商品返航。马尼拉大帆船贸易实际上已经无以为继，中国商品在英国商品和武力的双重夹击下在美洲消失了。中国与马尼拉之间的贸易也因为马尼拉大帆船贸易的衰落而衰落了。

---

① 金应熙主编《菲律宾史》，河南大学出版社，1990，第 159 页。

二　中国商人在南洋的贸易

当葡萄牙商人来到东方以后，中国商人在南洋的香料贸易首先受到冲击。葡萄牙商人在马六甲首次遇到中国商人的时候，中国商人给他们留下了良好的印象。由于经常遭到马六甲当局的欺辱，中国商人曾希望葡萄牙人提供帮助，但是遭到了葡萄牙人的拒绝。当葡萄牙人占领马六甲之后，他们对待中国商人的态度较马六甲国王有过之而无不及。马六甲国王只不过是提高中国商人的税收，但是葡萄牙人则完全要排挤中国商人的贸易。马六甲"既为佛郎机所据，残破之，后售货渐少。而佛郎机与华人酬酢，屡肆辀张，故贾船希往者。……佛郎机见华人不肯驻，辄迎击于海门，掠其货以归。数年以来，波路断绝"。① 据 1510 年阿劳乔的记载，以前每年有 8～10 艘中国商船到达马六甲，然而在葡萄牙人攻占马六甲之后，即 1513 年，驶抵马六甲的中国商船下降到了 4 艘，② 从西亚到亚齐则已经看不到中国商船的踪迹了。③

但是，随着葡萄牙在亚洲占领越来越多的殖民点，其人力资源不足的问题日益显露，并且由于当时欧洲并没有多少产品可与亚洲交换，因此葡萄牙将刚刚发现了大量白银的日本作为重点贸易对象，千方百计地取得了在中国澳门的贸易基地，利用明朝政府对倭寇和从事海外贸易商人的反感控制了中日贸易，这就使葡萄牙未能继续深入香料群岛，控制香料群岛的贸易。利用葡萄牙实力下降的机会，位于苏门答腊岛北端的亚齐王国多次向葡萄牙控制的马六甲发动军事进攻，并且开辟了一条绕过马六甲的新航线，连接了香料群岛与南亚次大陆西岸的印度城市古吉拉特，这样，传统的地中海

① 张燮：《东西洋考》卷三"旧港条"，谢方点校，中华书局，1981，第 70 页。
② M. A. P Meilink - Roeloyse, *Asian Trade and European Influence*（The Hague, 1962），p. 142.
③ M. A. P Meilink - Roeloyse, *Asian Trade and European Influence*（The Hague, 1962），p. 143.

贸易又复兴了。由于葡萄牙人经过好望角到达亚洲航线历时长，运输过程需要跨越几个季节，面临巨大的风浪，造成其运回欧洲的香料往往变质，传统商路的复兴使葡萄牙的香料贸易遭到沉重的打击。1513～1519 年，葡萄牙运回欧洲的香料曾经高达每年 37493 昆塔尔（1 昆塔尔约相当于 1 担），但是 1547～1548 年年均已经降至 33950 昆塔尔，1571～1580 年年均降至 26942 昆塔尔，1591～1600 年更降至 14320 昆塔尔。[①]

利用东南亚各国抗击葡萄牙的武力进攻以及葡萄牙自身实力下降的机会，中国商人也复兴了自己在东南亚的贸易。与亚齐王国一样，中国恢复东南亚贸易网络的方法也是通过开辟新航线，避开马六甲的葡萄牙人实现的。当时中国商人开辟了两条新的航线，一条是自南中国海至马来半岛东岸的北大年、彭亨和柔佛诸港，另外一条是自婆罗洲西岸和苏门答腊分别至西爪哇万丹和小巽他群岛的帝汶岛。中国商人的重新活跃也促进了新的市场形成，万丹、占碑、新村等地都因中国商人的活跃而繁荣起来。

但是中国商人的黄金时期持续时间并不长，因荷兰商人来到香料群岛而再次受到打击。荷兰商人与中国商人在香料群岛是既竞争又合作的关系：一方面，荷兰商人来到香料群岛的目的主要是得到香料，而中国商人由于是香料群岛最大的主顾，每当贸易季节来临的时候，大量的中国商人就会乘着东北季风来到这里收购香料，香料的价格也会因为中国商人的收购出现大幅度的上涨，这对希望低价收购香料的荷兰东印度公司而言显然十分不利；但是与此同时，中国商人来到香料群岛也会携带大量的丝绸、生丝和瓷器，这些产品在欧洲一直有很好的销路，因此荷兰东印度公司将这些产品运往欧洲可以获得巨额利润，在无法与中国建立更密切的贸易关系之前，中国商人的运输是荷兰东印度公司获得这些产品的主要来源。

① CHH Wake, "The Changing Pattern of Europe's Pepper and Spice Imports, ca 1400 – 1700," *Journal of European Economic History* 8（1979）：377.

明清海盗（海商）的兴衰：基于全球经济发展的视角

在这种既竞争又合作的关系下，荷兰东印度公司并不愿意将中国商人完全驱逐出香料群岛，就像他们对待葡萄牙人和英国人那样。因此，荷兰在香料群岛采取的措施是将中国商人变成他们的附庸。

与中国商人比较起来，荷兰人不论是在贸易网络方面还是经商技巧方面都无法胜出，然而荷兰人拥有中国商人无法拥有的优势，那就是武力。每一艘荷兰船只上都配备了 20～30 门铜制重炮，可以展开远距离海战，而中国商船则完全没有任何武器，因此荷兰人与葡萄牙人一样，以海盗方式对付中国商船。他们在万丹、占碑和新村等港口外埋伏，拦截回航的中国商船，抢劫中国的货物或者强迫中国商人以低价交出所有的香料。除了持续不断的抢劫活动外，荷兰在 1619 年以后，还动用军事力量对万丹展开了长达十年的封锁，导致万丹粮食价格猛涨，香料价格急剧跌落，1617 年，当中国商人到达时，万丹胡椒价格可达每担 8～10 里亚尔，但是封锁后的 1619 年，则降低至 2 里亚尔，1620 年竟然跌落至 0.5～0.75 里亚尔。[①] 这使失去牟利机会的中国商人纷纷外逃，很多人被迫迁往巴达维亚。虽然通过武力手段，荷兰东印度公司将中国商人置于其保护之下，但是中国商人丧失了自由贸易的权利，成为荷兰东印度公司的附庸。

但是，荷兰东印度公司迫使中国商人迁往巴达维亚，并没有立刻使中国商人经营的贸易衰落。在台湾海峡，因为遇到郑氏集团的激烈竞争，荷兰始终没有全面控制中日贸易。清政府与郑氏集团发生战争期间，荷兰曾因帮助清政府攻打郑氏集团获得了朝贡国地位，但清政府对外国商人来华贸易持怀疑态度，始终不肯满足荷兰人频繁朝贡的要求，八年一贡显然不能满足荷兰人的要求。由于不

---

① 迈林克－罗洛夫斯：《1500～约 1630 年印度尼西亚群岛的亚洲贸易和欧洲的影响》，海牙，1962，第 144 页，转引自陈勇《1567～1650 年南洋西南海域贸易势力的消长》，载吴于廑编《十五十六世纪东西方历史初学集续编》，武汉大学出版社，2005，第 325 页。

能获得与中国正常的贸易关系，荷兰东印度公司只好放弃了与中国的直接贸易，转而依靠中国商人将产品运至巴达维亚，然后再由其将产品运往欧洲和印度销售，这样荷兰人反倒可以获得更高的利润。荷兰东印度公司策略的改变直接促进了中国与巴达维亚之间贸易的繁荣，1691～1700 年，平均每年有 11.5 艘中国船只到达巴达维亚，1701～1710 年，年平均数增加到 13.6 艘，最高峰的 1731～1740 年，则达到了平均每年 17.7 艘的水平。①

但是贸易的繁荣并不意味着中国商人掌握了贸易主导权，而没有贸易主导权的贸易利润是不可持续、仰人鼻息的，正如布罗代尔指出的，巴达维亚的贸易是尽量避免使用现金的以货易货贸易。②这显然是荷兰人为了节约宝贵的白银而有意为之的策略。利用在巴达维亚的控制权，荷兰东印度公司操纵着巴达维亚市场上的商品价格，根据自己的需要任意抬高香料价格，压低中国商品价格。这一点可以从 1718～1721 年清政府禁止中国商人前往南洋贸易的后果看出来。1717 年，因为康熙帝怀疑内地大米和商船的走私，下令禁止前往南洋贸易，之后中国商船便不再出现在巴达维亚，荷兰东印度公司本打算派商船前往广州贸易，但是因为害怕中国商人报复，放弃了这个打算，巴达维亚市场上的中国商品便全部由清王朝特准的葡萄牙人经营了。葡萄牙垄断中国商品供应之后，巴达维亚市场上的茶叶价格迅速上升，荷兰东印度公司的贸易很快就由顺差变成了逆差，公司的税收也遇到了严重困难。③这使巴达维亚当局不得不千方百计吸引中国商人前往贸易，以打破葡萄牙人的垄断，对茶叶价格也不再拼命压低。

然而这种没有主导权的贸易繁荣完全建立在荷兰人需要的基础

① Leonard Blusse, *Strange Company : Chinese Settles, Me sizo Women and the Dutch in VOC Batavia* (Leiden, 1986), pp. 123 – 124.

② 〔法〕费尔南·布罗代尔：《15 至 18 世纪的物质文明、经济和资本主义》第三卷，顾良、施康强译，生活·读书·新知三联书店，2002，第 243 页。

③ 吴建雍：《清前期中国与巴达维亚的帆船贸易》，《清史研究》1996 年第 3 期。

明清海盗（海商）的兴衰：基于全球经济发展的视角

上，一旦外部情况发生变化，即对中国商人产生极其不利的影响。18世纪20年代以后，欧洲市场上茶叶的消费量越来越大，恰在此时清政府对外贸易的政策也发生了改变，允许西方国家直接前来广州贸易。很多欧洲国家直接派船到广州贸易，降低了茶叶运往欧洲的成本，其中以奥地利的奥斯坦德东印度公司给荷兰带来的冲击最大。十七人理事会指示巴达维亚当局要尽可能前往中国购买茶叶，以抵御奥地利商人的竞争。但是巴达维亚当局缺乏前来广州购买茶叶的白银，无法执行来自理事会的命令。无法通过商业竞争战胜奥斯坦德东印度公司，荷兰便联合英、法等国，通过外交途径向奥地利政府施加压力，迫使奥地利在1732年解散了奥斯坦德东印度公司。但是该公司的解散并没有缓解荷兰东印度公司的竞争压力，其他欧洲国家纷纷组织商船来中国直接贸易，将大量茶叶运回欧洲。这促使荷兰加快了与中国直接通商的步伐，自1727年开始，荷兰已经能够派出商船直接来中国贸易了。

贸易模式的改变使中国商人与巴达维亚的荷兰商人形成了直接的竞争关系。竞争在荷兰与中国直接通商的初期并不尖锐，主要是荷兰人尚无能力大规模展开与中国的直接贸易，欧洲茶叶市场的快速增长使荷兰东印度公司依然依赖中国商人向巴达维亚输出茶叶。因此，1725～1740年，中国商人前往巴达维亚贸易的数量仍然持续增长。但是随着荷兰航运实力的不断增长，两者之间的冲突也变得越发尖锐了。虽然巴达维亚当局仍然宣布并不会禁止中国商人继续贩运香料，但是显然荷兰商人需要越来越多的香料，不能够继续容忍中国商人贩运更多香料，终于引起1740年的红溪事件。在这场惨案中，中国经营茶叶贸易的商人大部分被杀害或者流放。

惨案过后，清政府内部产生了激烈争论，福建籍侍郎蔡新坚决认为如果以海禁报复荷兰人，只会使福建商人出海受到阻碍，重演清朝初年海禁的悲剧，至于那些被杀的华人，则全是他们咎由自取："汉商本皆违禁久居其地，彼弃化外，名虽汉人，实与彼地番种无别。揆之国体，实无大伤。"① 蔡新的建议被乾隆帝采纳，因此并未对荷兰人采取报复措施，荷兰商人依旧可以来广州贸易，而中国商人也未被禁止前往巴达维亚贸易。虽然蔡新本意上可能是防止出现康熙年间海禁产生的消极影响，但是他并没有认清这场屠杀的实质是贸易主导权的争夺，因而恰恰发生了他所预料的情况，由于没有得到政府的支持，中国商人的贸易权利再一次被剥夺，两国商人控制的茶叶贸易量出现了重大转折。1741～1750 年，荷兰东印度公司平均每年从广州直接购买的茶叶价值达到了 249702 荷兰盾，是惨案前的两倍，而中国海商运往巴达维亚的茶叶则仅有 16247 荷兰盾，仅相当于惨案前的 11%。② 通过武力，荷兰再次扭转了双方的贸易力量。此后，中国商人前往巴达维亚的贸易，便主要经营荷兰人不愿意经营的产品如中草药、粗制瓷器以及草帽等小商品。中国商人在巴达维亚的贸易便衰落了。

三　清朝开海后与日本的贸易

　　清朝实行的海禁政策目的是削弱郑氏集团的实力，但是清朝自身的财政收入以及人民生活都受到了严重的影响，因此开海呼声一直不断。随着郑氏集团因为海外贸易受到打击，其实力日益衰落，清朝也逐渐放开了海外贸易。康熙十八年（1679 年），在兵科给事中丁泰的建议下，康熙帝首先开放了山东的海外贸易。山东的先例使其他地方政府官员也纷纷要求开放海外贸易。康熙二十二年（1683 年），清朝平定了三藩之乱，消灭了台湾的郑氏集团，开海呼声也日益高涨，康熙帝也认为开放海外贸易能够带来种种好处："向令开海贸易，谓于闽、粤边海民生有益，若此二者民用充阜，财货流通，各省具有裨益。且出海贸易，非贫民所能，富商大贾，

---

① 蔡新：《缉斋文集》卷四，清乾隆刻本，中国基本古籍库，第 48 页。
② 吴建雍：《清前期中国与巴达维亚的帆船贸易》，《清史研究》1996 第 3 期。

懋迁有无，薄征其税，不致累民，可充闽粤兵饷，以免腹里省份转输协济之劳。腹里省份钱粮有余，小民又获安养，故令开海贸易。"① 康熙二十三年（1684 年），清朝正式宣布停止海禁，并且将江苏松江、浙江宁波、福建泉州和广东广州列为对外贸易港口，同时在此四地设立海关管理对外贸易事务。康熙帝开海之后，海外贸易发展迅速，商人踊跃前往海外贸易。其中，由于清朝未像明朝一样禁止商人前往日本贸易，因此前往日本贸易在开海之后异常活跃。1683 年、1684 年，前往日本贸易的船只仅有 26 艘、27 艘，但是此后则迅速上升，1685 年达到 85 艘，1686 年 102 艘，1687 年136 艘，1688 年更是达到了 194 艘。②

中国商船前往日本贸易的大幅度增加加剧了日本白银的外流，引起了幕府的高度警觉。为了应对中国商船前往日本急剧增加的形势，幕府 1686 年发布了"贞享令"，作为应对中国商船前往日本增加的对策，这个法令的主要目的就是限制中国商人在日本的贸易，其主要内容包括：①限定中国商船的最高贸易额一年为银 6000 贯，超出部分视为非法，不允许交易；②限定中国商船前往日本的数量及地域。入港唐船限定为 70 艘，并且按照来源地域分配；③限制中国商人的活动，取消中国商人在日本自由活动的权利，限定中国商人的贸易必须在唐馆或者长崎会所内进行。

幕府的限制政策对华商的贸易打击极大。贸易规则是日本方面单独制定的，完全考虑日本方面的利益而忽视了中国商人的利益。从日本方面来看，长崎的港口管理者很容易判断中国商船是否达到了 70 艘，但是中国商人数量众多而分散，因此他们在起航前很难判断自己是否能够在 70 艘船只之列，一旦他们来到长崎以后，发现自己不属于 70 艘船只之列，那么就必须要返航，这势必造成很大的经济损失。因此在"贞享令"实施的当年，中国船主程敏公、

① 《清圣祖实录》卷一一六，康熙二十三年九月甲子条，中华书局，1985，第 212 页。
② 黄启臣：《清代前期海外贸易的发展》，《历史研究》1986 年第 4 期。

吴士彦、林二官等 51 人便联名上疏，请求幕府同意其进行货物交易：

> 旧岁即奉新令定额，公等咸蒙派卖，惟足此间费用，遵将原货载回。但公等来货，俱依日本式样，别无脱处，不已。……若复原货载回，可怜商经两载，本丧殆尽。固知贵国立法如山，敢求宽假。奈公等私情迫切，不已。哀恳王上俯垂慈悯，格外开恩，于额卖之外，酌准兑换贵国货物，庶公等不至空回，稍获微利。[①]

但是中国商人的请求并没有得到日本幕府的同意，从"贞享令"到"正德新令"出台的 28 年间，一共有 343 艘中国商船被迫返回，[②] 平均每年达约 12 艘，这是一个极高的数目。但是这还不是全部超出日本规定限额的船只，实际上有许多船只通过走私的方式实现了与日本的贸易，"此时长崎之庶民因交通不易，多陷于饥饿。孱弱者与留住之唐人相通，在馆中私相交易。强有力者则去长崎，待唐船于海上，进行走私贸易。外国人近年亦不由固定海路而来，而出没于近海，待我国奸商相私贩"。[③] 走私贸易的盛行使日本限制金银铜等金属外流的政策大打折扣，引起了日本进一步改进政策，这就是 1715 年《海舶互市条例》即"正德新令"的出台背景。在"正德新令"中，幕府调整了前往日本贸易的中国商船数量及贸易额，但是更重要的则是为了防止中国商船的走私推出了信牌制度。只有那些服从日本规定的中国商人才能够得到信牌，继续前往日本贸易。在信牌中，规定了中国商船携带的商品数量、品种，航海路径以及不得在港内耽搁、不得私自交易、不能够携带假冒伪劣产品

① 新井白石：《折焚柴记》，周一良译，北京大学出版社，1992，第 171～172 页。
② 荆晓燕：《明清之际中日贸易研究》，博士学位论文，山东大学，2008，第 100 页。
③ 新井白石：《折焚柴记》，周一良译，北京大学出版社，1992，第 173 页。

明清海盗（海商）的兴衰：基于全球经济发展的视角

等，违者将会被吊销资格。

"正德新令"的推出意味着幕府将赴日贸易的垄断权交给了部分中国商人，这些商人将因为获得信牌而获取巨额利润，但是同时也意味着不能获得信牌的商人将会永久地丧失与日本的贸易的机会，遭受巨额的经济损失，因而引发了不能获得信牌的中国商人的不满，他们不能向日本幕府提出抗议，便转而向清政府提出控诉。康熙五十四年（1715年），一些没有获得信牌的船主到浙江鄞县控告获得信牌的船主使用外国年号的信牌，属于背叛朝廷的行为。由于涉及朝廷年号问题，鄞县地方官不敢擅自判案，因此将案件交由浙江督抚二院处理，但因没有获得信牌的船主对浙江督抚二院的判决不满，因此继续到南京上诉，引发了浙江与江苏对海外贸易的利益之争，最后案件不得不交由中央政府裁决。对此问题，户部的意见是反对承认日本的信牌，认为这是对中国的侮辱，应该以断绝中日贸易作为对日本的惩罚。但是康熙帝并未同意户部的意见，而是认为此事并不值得大惊小怪，"倭子之票，乃彼等彼此所给记号，即如缎布商人彼此所认记号一般。各关给商人之票，专为过往所管汛地以便清查，并非旨意与部中印文。巡抚以此为大事奏闻，误矣。部议亦非。着九卿、詹事、科、道会同再议具奏"。① 在康熙帝的干预下，清朝承认了日本的信牌，使中日贸易并没有受到多大影响，得以继续进行。而对中国商人要获得日本信牌才能前往贸易给不能获得信牌的商人带来的损失问题，康熙帝也给出了应对之法，"但有票者得以常往，无票者货物壅滞。俱系纳税之人，应令该监督传集众商，将倭国票照互相通融之处明白晓谕。每船货物均平装载，先后更换而往"。②

对于康熙帝处理信牌风波的问题，学者普遍表示赞同，认为康熙帝的妥善处理使中日贸易能够继续进行下去。但是骆昭东提醒我

---

① 中国历史第一档案馆编《康熙起居注》，中华书局，1984，第2303页。
② 中国历史第一档案馆编《康熙起居注》，中华书局，1984，第2373页。

们不能单纯地以开放与否判断一个国家的对外贸易政策，同时还应注意贸易主导权的问题，沃勒斯坦也曾强调 16 世纪东欧的开放性是导致东欧成为边缘国家的重要原因。因此，康熙帝承认日本的信牌并非中国商人的福音，中日贸易由盛而衰的转折点正是这次信牌风波之后的事情。如果回顾康熙帝开海以后中日贸易的发展，就会发现中国一直是在丧失贸易主导权而日本则是在不断得到贸易主导权。"贞享令"发布之后，中国商人并没有向本国政府提出抗议日本限制商船贸易的不合理政策，而是由民间商人直接向幕府交涉，请求幕府取消禁令，日本从本国利益考虑，自然拒绝了中国商人的请求，这就使中国商人在中日贸易中处于被动不利的地位。但是中国商人在与幕府交涉失败后为何仍然不向本国政府申诉这件事情呢？恐怕还是由于清政府在这件事情上也不会考虑本国商人的利益。由于中国商人并未要求本国政府出面保护商人利益，因此康熙帝是否知道中国商人所受的待遇就不得而知了。但是即使康熙帝知道了，也很难说他就会做出有利于中国商人的裁决，在信牌风波中康熙帝表现出来的态度已经能够说明这个问题了。对康熙帝来说，他并不关心中国商人在日本的贸易情况，也不注意中国商人是否能够占领日本市场的问题，而仅仅关心中日贸易能否继续的问题。康熙四十年（1701 年），康熙帝曾经专门派出杭州织造乌林达莫尔森前往日本秘密调查。关于此次乌林达莫尔森前往日本调查的结果，没有具体的史料记载，但是后世雍正帝曾经谈到这次事件："当年圣祖曾因风闻动静，特遣织造乌林达莫尔森改扮商人往彼探视，回日复命，大抵假捏虚词，极言其儒弱恭顺。嗣后遂不以介意，而开洋之举继此而起。"[1] 正是这次考察使康熙帝认为日本对清朝并无多大威胁，因此为了保证铜的供应，康熙帝才在处理信牌风波时表现出了务实的态度。然而就在信牌风波发生的第二年，康熙帝即因为

明清海盗（海商）的兴衰：基于全球经济发展的视角

---

[1]　王之春：《清朝柔远记》，中华书局，1989，第 73 页。

234

前往南洋贸易人数过多实行了"南洋禁航令"。两件事情的处理，如果单单从开放的角度来看，确实是互相矛盾的，但是如果从是否保护与支持本国商人的利益来看，则是完全一致的，康熙帝在这两件事情上，都不打算对本国商人的利益进行保护。

信牌风波事件的发生，完成了清王朝在国家层面上对日本主导中日贸易的承认，从此以后，中日贸易开始被严格地限定在日本规定的范围以内，虽然仍然有走私行为的发生，但是已经规模不大了，相反，中国商人不得不为争夺有限的信牌向日本主管官员大肆行贿。18世纪中叶以后，随着日本银铜资源的枯竭，中日贸易也衰落了。虽然很难说中日贸易衰落的直接原因是清政府不支持海商，但是如果将清政府实行的政策与西方国家实行的政策对比，还是可以发现两者之间的差别。第一个占有广大殖民地的欧洲国家西班牙虽然并不是一个工业强国，但是其十分注意垄断殖民地市场，禁止其他国家商人前往美洲贸易，也禁止其他国家的产品销往殖民地，以便为本国商人谋求足够的利润。只是其能力不够，才导致了大西洋广泛的走私活动。英国为了垄断其与本国殖民地的市场，与荷兰进行了三次英荷战争，终于迫使荷兰承认了《航海条例》，退出了英国与其殖民地的航运业务。为了保证本国工业品的销售，英国还严格禁止北美殖民地发展自己的工业。通过与葡萄牙签订《梅森条约》、与西班牙签订《阿森托条约》、与法国签订《艾登条约》，英国在这些欧洲国家获得了广泛销售其工业产品的权利，不断地扩展了自己的工业品市场。因此，西方国家的政策中充满了独占外国市场的精神，而清朝政府虽然对待日本贸易方面持开明态度，但那仅仅是为了获取铜资源的权宜之计，根本无意利用本国工业品去占领日本市场，也无意给本国商人更多的支持。因此，中国与日本之间的贸易与世界贸易发展大趋势并不吻合，当全球贸易不断扩张的时候，中国与日本之间的贸易反而萎缩了，双方都发展了各自的替代产业。对日本来说，由于害怕金属资源外流，幕府鼓励植桑养蚕事业的发展，而清朝政府则大力开发云南的铜矿资源，在 18 世纪以后，云南的铜产量已经大幅度提高，日本铜的重要性则到了微不足道的地位。

因此，中日贸易的衰落不是受到西方直接打击的结果，而是与国家不支持商人存在密切关系，正因为不是在国家层面上解决商人占领市场的问题，而是尽量依赖本国资源，才导致了中日贸易的衰败，日本市场的丧失。如果政府允许海商集团的存在或者支持建立商人组织，那么历史可能是另一种结果。

我们可以看到，西方商人到处组成武装集团，争抢海外贸易。当中国商人组成了武装集团之后，便可以与西方的武装贸易抗衡，就像郑氏集团所做的那样，但是中国商人在政府的干预下，不允许武装集团从事海外贸易活动，造成了中国海商在与西方商人竞争中失败，几乎丧失了全部的海外贸易。

第二节　嘉庆年间的海盗：海外贸易衰败的结果

一　嘉庆年间海盗的爆发

18 世纪末期，嘉庆帝即位以后，自消灭郑氏集团以后一直平静的东南沿海地区再次爆发了大规模的海盗活动，广东的张保仔集团、郭婆带集团以及福建的蔡牵、朱濆集团等给清朝的统治带来了极大的威胁。关于这些海盗的起因，很多学者将之归结为越南西山叛乱。如魏源即认为"及嘉庆初年而有艇盗之忧。艇盗者，始于安南，阮光平父子窃国后，师老财匮，乃诏滨海亡命，资以兵船，诱以官爵，令劫内洋商船以济兵饷，夏至秋归，踪迹飘忽，大为患粤地。继而内地土盗凤尾帮、水澳帮亦附之，遂深入闽、浙。……而是时川陕教匪方炽，朝廷方注意西征，未遑远筹岛屿，以故贼氛益恶"。① 美国学者穆黛安也认为"海盗依靠自身的力量无法完成组织化，清朝对沿海的控制依然强大。只是外力的骤然增加才使海盗的力量突然增长，而这个外力便是越南西山政权的建立"。② 阮光平父子领导的西山起义虽然夺得了政权，但是其地位并不稳固，南方阮福映在法国人的支持下，对西山政权展开了反攻，庞大的战争消

①　魏源：《圣武记》卷八"嘉庆东南靖海记"，韩锡铎、孙文良点校，中华书局，1984，第 354 页。
②　〔美〕穆黛安：《华南海盗，1790–1810》，刘平译，中国社会科学出版社，1997。

耗使西山政权急需取得财政收入，在耗尽了本国资源以后，他们便将目标对准了中国，招募中国海盗加入西山军，向他们提供官职、武器，并且训练他们掌握高超的军事技术。[1] 海盗获得了西山政权的支持，而清政府此时却有其他的事情需要处理，这便是发生在湖南、广东、四川、陕西的白莲教起义。为了镇压起义，清朝调动了16 省的兵马，并且耗费国库白银 2 亿两。[2] 在调集人力物力镇压内地起义的同时，自然无力顾及沿海的海盗问题，时任两广总督的吉庆于嘉庆五年（1800 年）曾向皇帝奏请加强海防，允许他从盐款中提取 28.6 万两白银打造 80 艘战船，但是嘉庆帝告诉他要考虑镇压白莲教的庞大开支，只允许他提取 8.6 万两白银，并将其余所有税款全部交往朝廷。[3] 外部的支持加上清政府的忽视，造成了嘉庆年间广东海盗的活跃。

　　本书并不打算否认这一点，只是提醒读者应当注意另外一个重要的原因，即中国商人的海外贸易在此时恰好刚刚衰落。从现有的材料来看，蔡牵、朱渍几乎与越南西山政权没有任何关系，西山政权覆灭后，与其有关系的部分海盗虽然投奔了蔡牵，使蔡牵集团的实力有所增加，但是在此前，蔡牵已经单独发展成了一个海盗集团，在嘉庆五年（1800 年）进攻浙江海域的一次行动中，他动用了 70 余艘船只。[4] 从蔡牵集团的组成成分来看，无论是其组织成员还是领导核心，都主要是出身贫苦的渔民以及破产失业者，蔡牵本人则自小父母双亡，以帮工为生，同样属于中下等阶级，这与明末清初海盗领导人大多出身于大商人或者经商致富有很大差别。所以福建海盗既没有得到外力的支持，自身也不是社会精英人物，他们

①　刘平：《乾嘉之交广东海盗与西山政权的关系》，《江海学刊》1997 年第 6 期。
②　张玉芬编《清朝通史·嘉庆卷》，紫禁城出版社，2003，第 214 页。
③　《宫中档》005244，嘉庆五年二月十一日，转引自〔美〕穆黛安《华南海盗：1790～1810》，刘平译，中国社会科学出版社，1997，第 44 页。
④　松浦章：《清代帆船东亚航运与中国海商海盗研究》，上海辞书出版社，2009，第 302页。

明清海盗（海商）的兴衰：基于全球经济发展的视角

能够组织起来，完全是对外贸易衰落以后的失业贫困所致。

如上节所述，由于缺乏强有力的武装贸易集团，在与西方商人的竞争过程中，中国商人终于完全落败了，东南亚地区已经完全被西方商人牢牢控制住，中国商船已经很难驶出中国沿海地区，大量的茶叶已经直接由西方商人运至欧洲，这就造成了大量从事海外贸易的商人以及雇佣劳动者失业。以厦门港为例，在海外贸易兴旺的清朝前中期，约拥有四五十艘从事海外贸易的洋船以及千余艘从事国内贸易的商船；但是到乾隆中后期，厦门洋船和商船的数目已经出现了明显的下降；至嘉庆年间，厦门已经很难再有洋船出海贸易，从事洋船业务的洋行也仅剩一家，并且无事可做。① 如果每条商船直接雇用的人数平均达到 100 人，那么海外贸易的衰落将直接造成数十万人口失业，大量与海外贸易相关的行业也会衰败。同时，福建的粮食输入也有一部分依赖海外贸易。这些失业人口大部分无法在传统行业中就业，因而很大一部分人不得不沦为海盗，以此谋生。

二　嘉庆年间海盗的性质

嘉庆年间海盗活动的性质在学者之间引起了激烈的争论，孔立（1981）、叶志如（1986）、季士家（1992）认为嘉庆年间海盗具有反抗清政府压迫的起义性质，是正义的斗争；穆黛安并不将海盗视为叛乱者，而是将他们看作争取最高经济收益的集团；刘平（1998）则将海盗视为纯粹意义上的叛乱者，李金明（1995）则更倾向于将海盗视为与明朝王直等一样的亦盗亦商的武装贩运集团。显然，为了弄清楚嘉庆年间海盗的性质，搞清海盗的行为起着至关重要的作用，而且我们最好采用对比的方法，将他们的行为与明末清初的海盗进行比较。

---

① 陈国栋：《东亚海域一千年》，山东画报出版社，2006，第 358 页。

首先，明末清初的海盗虽然也从事劫掠活动，但是他们主要是商人，而清朝嘉庆年间的海盗，则主要是盗匪而不是商人。明朝中叶有名的海盗王直，其出身是一个商人，主要从事对东南亚和日本的贸易活动，另外如许栋、李光头、曾一本、林道乾等，虽然从事劫掠活动的程度不同，但是他们都以贸易为主要收入来源，经商是他们的主要工作。明末的大海盗郑芝龙同样是商人出身，在澳门跟随舅父学习经商多年，到日本以后跟随李旦从事走私贸易，李旦死后，其继承李旦家业，仍然从事走私贸易，为了获得更多的利润，郑芝龙才向明朝发动进攻，迫使明朝将其招安，获得了合法进行海外贸易的权利。郑氏集团在台湾大力发展贸易，以此作为与清朝对抗的根本。与这些海盗对照，清代海盗更多从事的是劫掠活动而不是贸易。无论是蔡牵、郑一、张保仔、郭婆带还是乌石二等人，在成为海盗前，他们都仅是贫苦的渔民和失业者，而不是商人，完全没有经商的经验。实力壮大以后，他们的行为方式发生了一些改变，蔡牵集团实行了"打单"的制度，"出洋商船，买取蔡牵执照一张，盖有该匪图记，随船携带，遇盗给验，即不劫夺，名曰'打单'"；[①] "凡商船出洋者，勒税番银四百元，回船倍之，乃免劫"。[②]广东海盗也向他们控制区域的商船，尤其是盐船和鸦片船征收保护费，那些拒不缴纳保护费的船只受到了无情的打击，每一艘前往广州的商船最终认识到不缴纳保护费就难以成行。[③] 依靠这种强制性手段，海盗与商人建立了紧密的联系，但是海盗自身仍然没有直接从事商业，他们也没有转化成商人，更没有像明末清初的商人那样提出开放海外贸易或者恢复中国在海外贸易中的地位。

---

① 中国第一历史档案馆藏《军机处全宗》录副奏折"农民运动类·其他项"，嘉庆八年三月。三十日闽浙总督玉德折。

② 魏源：《圣武记》卷八"嘉庆东南靖海记"，韩锡铎、孙文良点校，中华书局，1984，第355页。

③ 〔美〕穆黛安：《华南海盗：1790－1810》，刘平译，中国社会科学出版社，1997，第89页。

虽然他们也进行交易活动，但仅仅是为了自身生存的必要交易。蔡牵曾经要求内地商人为他建造大型霆船，并且出高价购买。[1]为了获得必要的粮食、帆布、绳索、火药等，蔡牵也往往不惜重金。[2]嘉庆十一年（1806 年）蔡牵自鹿耳门败退以后，船上的帆布、绳索大多破烂，火药也奇缺，但是回到大陆沿海以后，立刻得到补充。[3]为了得到这些必需品，蔡牵甚至前往越南贸易。[4]这些史料表明为了获得生存的必需品，他们与大陆人民、商人进行交易甚至前往海外交易，但是几乎没有史料表明除此之外，他们努力发展其他贸易，这与明末清初海盗努力控制丝绸、生丝、糖等的贸易而积极组织货源、航运与销售活动有很大的区别。所以，他们的活动并不是明末清初那种亦盗亦商的武装贩运集团，尽管他们与商人结成了某种联盟。

其次，在与明清政府的关系上，所有的海盗都没有推翻现有政府的打算，仅仅是为了获得更高收益。王直虽然组织了强大的商人武装，但是其目的是保护其海上贸易，而不是与政府对抗，相反，他希望与政府实现合作，为此他曾与浙江海道副使丁湛达成协议，以帮助政府剿灭海盗换取自由贸易的权利。[5]只是在遭到政府打击后，才逃往日本五岛地区，并且自称徽王，但是其一刻也未停止期望明王朝放开贸易的愿望，胡宗宪也正是准确地洞察到他的这种心理，才成功地实施了诱骗他回国的计策。郑芝龙与王直一样，主动向明王朝提出接受招安，并且为明王朝镇守海疆，当明王朝不再能够行使在全国的统治能力时，郑芝龙又毫不犹豫地投降清王朝以期达成与清王朝的合作。郑成功虽然举起了"反清复明"的大旗，但

---

① 魏源：《圣武记》卷八"嘉庆东南靖海记"，韩锡铎、孙文良点校，中华书局，1984，第 355 页。

② 《清仁宗实录》卷一六〇，嘉庆十一年五月己未，中华书局，1985，第 14 页。

③ 《清仁宗实录》卷一六一，嘉庆十一年五月癸酉，中华书局，1985，第 25 页。

④ 《明清史料》戊编第六本：闽浙总督汪志伊题本。

⑤ 郑舜功：《日本一鉴》卷六，民国二十八年影印本。

是这更多的是一种政治手腕，他的实际行动表明了他忠于自己家族所代表的商业利益。[①] 在清嘉庆年间的海盗中，唯有蔡牵明确提出了反抗清朝、甚至恢复明朝的口号，但是这并不代表他真的有这样的打算。实际上，当蔡牵的组织发展壮大以后，他急需一个基地稳定地获取各种必需品，"屡被内地兵船追赶，自思在洋东奔西窜，终无了局，因台湾海外偏僻，且多产米谷，倘占此地方，可以安身"。[②] 一百余年前，郑成功出兵台湾的目的也是因为台湾"田园万顷，沃野千里，税饷数十万，造船制器，吾民鳞集，所优为者"，所以才可"以为根本之地，安顿将领家眷，然后东征西讨，无内顾之忧，并可生聚教训也"。[③] 同为获得稳定的后方，两者可谓如出一辙，然而抗清名将张名振已经批评郑成功此举是放弃抗清斗争，那么我们也就很难认为实力要远弱于郑成功的蔡牵是为了在台湾推翻清王朝的统治。同样，广东海盗虽然向沿海商船以及村庄收取保护费，严重影响了清王朝行使其权力，但是他们仅仅是在经济上涉足了官方的特权，而无意去挑战清王朝的政治权威。因此当在对抗和投降之间进行选择的时候，他们选择了投降，清王朝为他们的投降准备了丰厚的礼品，所以他们便不打算再对抗下去，这一点，连嘉庆帝都能够感觉到，因此将投降称作海盗的另一项"谋食"计划。[④]

因此，清嘉庆年间活跃的海盗集团，并不属于亦盗亦商的武装贩运集团，也不是反抗清王朝的起义，只是沿海无以为生的贫民的"劫商自救"行为，完全是为了自身的生存，当他们自身组织化以后，虽然有了更高一步的追求，但是求生存仍是他们的首要目标。

① 杨锦麟：《论郑成功与南明宗室的关系》，载郑成功研究学术讨论会学术组编《郑成功研究论文选续集》，福建人民出版社，1984，第290~302页。
② 季士家：《蔡牵研究九题》，《历史档案》1992年第1期。
③ 杨英：《先王实录》，陈碧笙校注，福建人民出版社，1981，第244页。
④ 《清仁宗实录》卷二二七，嘉庆十五年三月二十三日，中华书局，1985，第21~23页。

第三节　明清时代没有海外贸易的海防体系

　　明朝建立初期，为了消灭敌对势力，建立了一个庞大的海防体系。但是这个海防体系只能用庞大而不能用强大来形容，当嘉靖时期倭患与明末海盗盛行之时，这个海防体系几乎毫无作用。清王朝几乎完全继承了明王朝的海防体系，甚至还有所发展，但是这完全不能解决其制度的目的以及制度设计带来的问题，连面对嘉庆时期的海盗都束手无策，更不要说面对强大的西方舰队了。在这个问题上，很多学者认为明清王朝海防衰败是政治腐败的结果，本节则试图通过与西方的对比表明明清海防的衰败是在压制海外贸易的情况下的必然结果。海外贸易与海上力量的增长有着密切的联系，一个国家如果没有发达的海上贸易，则很难建立起真正强大的海防体系，即使国内的海盗叛乱也无法镇压。

一　明清王朝停滞的海防体系

（一）明清的海防体系建设

　　如前所述，朱元璋建立明朝以后，面临着外部倭寇的威胁，但是更巨大的问题是在沿海地方仍然有方国珍、张士诚的很多余部不肯投降，他们占据海岛，不时向明王朝发动进攻。朱元璋起家于内陆，因此在水师战斗力上不如这些盘踞海岛的方、张余部，为了保证沿海地区的安全，朱元璋建立了一个规模庞大而且极具层次性的海防体系。

"自洪武初，将夏侯周德兴经略海彻，备倭卫所、巡检司筑城数十，防其内侵，又于外洋设立水寨。"① 洪武元年（1368 年），朱元璋的军队刚刚入闽时开始建立泉州、漳州、兴化三卫，经过其不懈的努力，至洪武末年，已经建立起包括卫所、巡检司、墩台烽火楼、水寨在内的完备的沿海防御设施。据不完全统计，洪武一朝在沿海各地设立了 58 卫、89 所。这些卫所大都筑有城池。除了上述卫所以外，城寨、墩堡、烽堠、巡检司等设施还有 100 余处，大小相间，绵延分布在 18000 余公里的海岸线上。另外，在沿海岛屿上还设置了数十个水寨。② 此后，朱棣在此基础上加强了北方地区的海防建设，又增设了一些卫所和水寨，完善了朱元璋建立的海防设施。这样，在海防的基础设施上，明朝形成了包括海岛、海岸和内陆的有纵深的防御体系。

在沿海设立了一系列卫所以及水寨之后，朱元璋又为这些水寨和卫所配备了大量的船只。洪武三年（1370 年），朱元璋"置水军等二十四卫，每卫船五十艘，军士三百十人缮理，遇征调则益兵操之"。③ 这支拥有 13 万余人、1200 艘战船的队伍可以被看作明朝水军的中央直属部队，担负着沿海地区机动作战的任务。洪武二十三年（1390 年），为了进一步完善沿海地区的防御，朱元璋命令"滨海卫所每百户置船两艘，巡逻海上盗贼。巡检司亦如之"。④ 这支拥有 3500 余艘船只的队伍则可以被看作明朝水军的地方部队，他们负责近海地区的巡逻与防御，而中央直属部队则负责机动作战以及深海地区的巡逻与作战。

清王朝在海防体系的建设上基本继承了明王朝的制度。在沿海

① 顾炎武：《天下郡国利病书》卷九十一"福建一"，稿本，中国基本古籍库，第 1705 页。

② 范中义、仝晰纲：《明代倭寇史略》，中华书局，2004，第 60 页。

③ 《明太祖实录》卷五四，洪武三年七月壬辰，史语所本，第 1061 页。

④ 《明太祖实录》卷二〇一，洪武二十三年四月丁酉，史语所本，第 3007 页。

的布防上，仍然强调沿海岛屿、海岸与内陆的纵深配置，只是加强了沿海岛屿的驻守，尤其是收复台湾以后，在台湾的驻守使清王朝的海防体系大大向海洋延伸；而且从人数上来说，清王朝用于守卫沿海的人数也比明王朝大为增加。

（二）明清海防体系的效果

明清王朝虽然建立了庞大的海防体系，但是其效果如何呢？是否真正起到了消除外寇与内患的作用呢？那么答案应该是否定的，明清王朝的海防体系，既无力应对大规模海盗的爆发，也无力应对外国的入侵，因而从总体上来讲，其建设是失败的。

明初朱元璋建立了庞大的海防体系，并且为这个海防体系配备了大量的人员和船只。但是不久以后，人员和船只都已经缺损极为严重了。明朝实行的卫所制在正统以后遇到了困难，一些将官往往克扣士兵的军粮，造成士兵逃亡，一些军官甚至放任士兵逃亡以获取士兵留下的军粮。这个问题在沿海地区更为严重，因此造成了沿海地区大量的卫所士兵缺额严重。到嘉靖年间，情况进一步严重，据统计，在山东沿海 10 卫，卫所缺额 54.4%；广东的廉州、雷州、神电、广海、南海、碣石、潮阳 7 卫，缺额达到 76.1%。福建漳州九龙镇等 13 个卫所缺额达到 60.4%，泉州沿海 17 个巡检司缺额也达到 56.9%。[①] 战船比之人员更是破损不堪，难有战斗能力。朱纨前往福建、浙江实行海禁之时，发现当地的海防体系已经基本处于瘫痪状态。福建铜山北寨应有战船 20 只，当时仅剩 1 只；玄钟澳应有战船 20 只，当时仅剩下 4 只；浯屿寨应有 40 只，当时则仅剩 13 只。[②] 由于人员、战船缺损严重，因此在此海防体系下的官兵根本毫无作战能力，面对海商集团的进攻，丝毫不能抵挡。而郑芝龙刚刚兴起之时，船只不过数十艘，但是即使如此，明王朝的水师已

---

① 范中义、仝晰纲：《明代倭寇史略》，中华书局，2004，第 201 页。

② 陈子龙等编《明经世文编》卷二〇五"阅视海防事"，中华书局，1962，第 2157 页。

经完全无法应对，在经过数次交锋之后，明王朝终于放弃了剿灭郑芝龙的初衷，转而与郑芝龙合作，借助郑芝龙的海上力量剿灭沿海其他地方的海盗。清王朝刚刚建立时，其水师与郑氏集团更是无法相比。李率泰曾经对当时郑氏集团与清王朝的水师力量做过对比，福建闽安镇可用来作为战舰的大船仅有 45 只、小船 55 只；泉州有大船 25 只、小船 45 只；漳州有八桨船 100 只，总计仅仅 270 只，而可出洋远征的船只仅有 170 只。[①] 而当时郑氏集团则拥有大小船只 7000 余艘。即使郑成功远走台湾以后，驻守在金门与厦门的力量削弱，清王朝依然无法进攻。为了获得荷兰人的帮助，康熙帝不得不给予荷兰人更加优惠的贸易条件，特同意"二年贸易一次"。[②] 荷兰人在获得了这样的贸易条件以后，出动了 16 艘军舰帮助清军攻取了厦门和金门。由于荷兰并未取得在中国建立商馆的权利，因此荷兰希望继续帮助清王朝攻取台湾以换取建立商馆的权利。康熙三年（1664 年）十二月，清朝联合荷兰舰队，准备向台湾发起进攻。但是中途，清朝的水师突然撤回，双方的合作就此终止了。难以获得荷兰帮助的清王朝与郑氏集团陷入了对峙局面。当清朝嘉庆年间海盗爆发时，清王朝在消灭郑氏集团过程中建立起来的海防体系早已经腐朽不堪。在广东，"查现在米艇共百二十号……匪船不下三百余号"。海盗船上的大炮重达四五千斤，"我师之炮大者不过两三千斤，势不如贼"。[③] 由于无法与海盗船只作战，广东地方政府不得不求助葡萄牙和英国，为此不得不答应他们提出的苛刻条件，给他们提供更多的贸易利益。

由于无法立刻通过战争手段消灭海盗，每当大规模海盗爆发之时，明清政府总是不得不利用海禁措施首先削弱海盗与内地的经济

明清海盗（海商）的兴衰：基于全球经济发展的视角

---

① "中央"研究院历史语言研究所编《明清史料》甲编第 5 本。

② 《清圣祖实录》卷八，康熙二年三月，中华书局，1985，第 138 页。

③ 程含章：《岭南集》江右集，转引自王宏斌《清代前期海防：思想与制度》，社会科学文献出版社，2002，第 138 页。

联系，同时不计成本建造战船，充实舰队。当海盗的经济力量削弱，无力维持一支强大的舰队的时候，明清政府的水师队伍则不断壮大，最终完成消灭海盗的任务。为了加强水师力量，朱纨将没收的违禁帆船转做战船，还从广东订制铁梨木制造的乌尾船作为旗舰，这种船板厚7寸、长10丈、阔3丈，"其硬如铁，触之无不碎，冲之无不破，远可支六七十年，近亦可耐五十年"。[①] 为了解决战船的保养问题，朱纨将这些船只购买之后，仍交由原来的船户，责令他们保养船只，一旦遇到战争等情况，要听从官府调遣。清朝政府为了消灭郑氏集团，一方面极力限制木材的输出，另一方面则开始建造战船。由于木材长期被砍伐，福建沿海地区已经出现了很多荒山，致使建造战船的木材不足，清王朝便从内地不计成本地将木材运至沿海地区建造战船，虽然人民怨声载道也全然不顾。但是这样庞大的水师终于无法长久保持，至嘉庆年间福建、广东海盗再次爆发的时候，清王朝的战船已经腐朽不堪，难以应对海盗，不得不临时拨出巨款建造新的船只。在广东，地方政府自筹15万两白银，建造了93艘米艇。经试用效果良好以后，再将关盐盈余14万两全部留作建造、改造船只之用，嘉靖皇帝仍然担心经费不足，谕令两广总督那彦成："不必稍存惜费之见，致有窒碍废弛。"[②] 经过改造、新建之后，广东战船总数由324艘增加至367艘，主要战船由131艘增加至160艘，而且战船性能有了较大提高。[③] 而在浙江，由于米艇对付蔡牵不力，浙江各级官吏捐款五万余两，外加该省储存闲款五万余两，建造了"巨艇"，为消灭蔡牵起到了良好的作用。[④]

但是这样的舰队仍然无法长期保持下去，清王朝在剿灭了海盗

---

① 陈子龙等编《明经世文编》卷二零六"阅视海防事"，中华书局，1962，第2170页。
② 佚名：《粤海关志》卷十六"经费"，清道光广东刻本，中国基本古籍库，第207页。
③ 王宏斌：《清代前期海防：思想与制度》，社会科学文献出版社，2002，第129页。
④ 王宏斌：《清代前期海防：思想与制度》，社会科学文献出版社，2002，第133页。

以后，海防很快就陷入衰败的境地。对这一点，清王朝中一些官员有着清醒的认识，道光十八年（1838年），御史寻步月即奏报说："沿海各省战船，每届修造年分，承办官员通同舞弊，不能如式制造，甚或以旧代新。又不勤加操驾，任搁沙滩，朽腐堪虞，破烂滋甚。"① 马嘎尔尼访华时，已经注意到中国的海防腐朽不堪。19世纪30年代，为了准备战争，英国东印度公司职员曾经前往沿海地区考察，也报告说中国的沿海贸易虽然十分发达，但是海防体系极其脆弱，不堪一击。英国在得到这个情报以后，对发动一场战争变得更有信心。清王朝这种脆弱的海防体系，连海盗都无法应对，就更不用提船坚炮利的英国舰队了。1840年鸦片战争时，中国的水师既无法与英国的舰队抗衡，其岸防体系也无法阻止英国闯入内河。当时清王朝仍然希望使用旧有的方法，在鸦片战争中吃了败仗的牛鉴却认为英国船坚炮利，因此"断不可与之水上交锋，坠其诡计，惟有变通坚壁清野之法，宣谕滨海居民，悉迁入据海二十里之内，我之大炮、台炮、鸟炮亦退设于深港较远七八里之处，肃队严整，以待陆战"。② 殊不知当时大英帝国的舰队绝非中国的海盗或者海商集团所能比拟的，他们能从广大的殖民地获得补给，海禁已经完全失去了效力。

由上述历史事实，我们可以看到，明清王朝虽然建立了庞大的海防体系，但是这个海防体系只是防御性的，而且总是在刚刚建立之初保持有短暂的战斗力，此后便逐渐衰败，连沿海地区的海盗活动也无法应付，只能以严厉的海禁手段配合不计成本地增加沿海力量。但是这种措施由于经济、财政上的承受力问题并不能持久，在剿灭海盗以后，海防很快就又会陷入衰败的境地。陷入停滞局面的明清海防终于无力抵御西方国家的进攻，被迫按照西方国家的要求

明清海盗（海商）的兴衰：基于全球经济发展的视角

① 刘锦藻：《清朝续文献通考》卷二百三十二"兵考"，民国景十通本，中国基本古籍库，第3850页。
② 文庆等：《筹办夷务始末（道光朝）》卷五十一，中华书局，1979，第40页。

打开了国门。

二　英国海上力量的不断发展

中世纪的英国只不过是欧洲大陆边缘一个封闭的岛国。尽管四面环海，但是英国的航海业并不发达，造船水平也极其落后。随着英国逐渐由一个羊毛出口国转变为一个毛纺织品出口国，其对待航海贸易的态度也随之发生了改变。这种改变在很大程度上归因于原料的出口容易获得稳定的市场，而毛纺织品的出口则需要面临更大的竞争。航海贸易的发展也促使英国不断发展其海上力量。都铎王朝建立以后，英国的航海贸易与海军都取得了突飞猛进的发展。

1485 年，当亨利一世成为英格兰国王的时候，他所拥有的不过是 4 只供平时海岸巡逻的小船，但是随着一系列航海法案的实行以及英国商船的不断增加，英格兰越来越需要保护本国商船以及领土不受外国侵略，因此对战船的投资增加了。亨利七世在位期间，一共建造了 4 艘大船，其中最大的"复仇号"在甲板和首尾楼装备了220 门小炮。在建造王家军舰的同时，亨利七世还鼓励英国商人按照王家军舰的样式设计商船，并且对建造 120 吨以上大型商船者给予奖励。亨利八世即位以后，在亨利七世对待航海贸易和海上安全的战略上更进一步，不但进一步扩展了航海条例的范围和商品数量，而且将增加海上力量作为保护商人运输货物和王国防卫与安全需要的战略任务。在这样的思想指导下，亨利八世对海军建设极其狂热。早在当太子时，亨利八世即出任英国王家海军舰队司令，对海军战术、造船、造炮都极有研究。中世纪的海战原则是利用冲撞击毁敌船，或者用船钩钩住敌船后双方步兵进行格斗，战船实际上是运载步兵的载体和步兵作战的战场。虽然已经开始在船上配备大炮，但是大炮效率极低，主要是消灭敌船上有生力量而难以对敌船本身造成致命威胁。亨利八世则对这种方法进行了大胆改革，他将陆军用的重型大炮安装在船上，为了解决大炮安装位置过高容易使船只倾覆的问题，他和他的工匠借鉴法国商船的方法，在船的侧舷开出炮眼，将大炮安装在船身下部，有效地解决了大炮的安放问题。这对传统的海军作战原则不啻一场革命。除了关心技术问题之外，他还建立了海军部，负责管理海军建设，不管此后英国的政坛如何改变，这个部门一直存在了三百余年，对英国海军的建设起到了举足轻重的作用。在亨利八世统治期间，由于他的努力，英国皇家海军取得了长足的发展，其海军总吨位达到了 11268 吨，包括 53 艘战舰，其中 500 吨以上的 6 艘，200～500 吨的 19 艘，这支舰队战时配备人员 7780 人，大炮 2087 门。① 当时英格兰舰队初具规模，当然还算不上一支强大的舰队，无法与西班牙的舰队相比，也许与同时代的明朝舰队也无法相比。但是这支舰队完全能够完成历史赋予它的使命了，在英吉利海峡航行的英国商船得到了一定程度的保护，而且作为武装商船也常常前往黎凡特等地参与长途贸易，而这是当时一般英国商船难以完成的任务。

16 世纪中叶，随着伊丽莎白成为英国女王，英国海上力量的发展进入一个新阶段。这个阶段主要的特征是随着英国需要进一步扩大市场，与西班牙、葡萄牙的贸易垄断产生冲突，为了战胜西班牙、葡萄牙的贸易垄断，英国需要发展更加强大的海军，按照塞西尔在伊丽莎白女王的加冕典礼上所说的话来讲就是"考虑海上事务是政府必须执行的要务之一"，② 而且要重点放在"考虑海军力量的最终源泉"③ 上，包括造船材料的获得、水手的培训以及发展造船技术、武器技术等，为了取得上述成果，伊丽莎白时代制定了一系列政策。

在木制帆船时代，造船严重依赖各种材料和产品，因此为了加

---

① J. A. Williamson, *A Short History of British Expansion*, Vol. 1 (London, 1930), p. 80.

② W. Cunningham, *The Growth of English Industry and Commerce*, Vol. 2 (Cambridge, 1925), p. 63.

③ W. Cunningham, *The Growth of English Industry and Commerce*, Vol. 2 (Cambridge, 1925), p. 64.

强海上力量，英国采取了一系列措施保证造船材料来源的充足。伊丽莎白时代的法令，严格禁止砍伐海岸或者河流两岸 14 英里以内的树木，而且规定不允许出口桶板。为了获得船用帆布，伊丽莎白还鼓励种植大麻和亚麻，规定每 60 英亩土地必须有 1/4 种植大麻或者亚麻。同时从德国等国家引进掌握先进亚麻纺织技术的工匠，发展帆布、绳索制造工业。但是即使如此，英国国内生产的木材、大麻、亚麻等产品仍然难以满足需求，这就促使英国与俄国、瑞典等国家建立了密切的联系，从这些国家进口造船急需的木材、铁、大麻和亚麻等产品。

除了保障充足的造船材料以外，充足的人力资源也是航海发展的必要条件。风帆时代的航海并不是一项令人惬意的事情，卫生条件差、营养状况不良、海上的风浪都使航海活动中海员的死亡率极高，使人产生恐惧的心理。作为最早到达东方的国家，葡萄牙始终受到海员缺乏之苦，因此不得不从其他国家招募了大量海员。作为一个传统的农牧业国家，英国也面临这样的问题。为了提高英国海员的数量，英国十分注重渔业的发展，一方面禁止鳕鱼、咸鱼的进口，另一方面从需求角度着手，扩大本国各种鱼类的消费量。为此，英国煞费苦心地设立了"食鱼日"。1563 年，在国会通过的关于加强海上舰队的法令中，英国规定每个星期三为"食鱼日"，在这天不能够吃肉而必须吃鱼，违者要被处罚 3 英镑或者被判监禁 3 个月。英国实行这项法令的目的是非常明确的，"任何人都不得误解这项限制性的命令吃鱼和节制吃肉的法令的目的，即为了增加渔民和水手，恢复港口城市和航海的政治上的目的，而不是为了维持选择肉食的迷信"。[①] 此后，英国颁布了一系列法令促进"食鱼日"的执行。这项政策的实行促进了英格兰鱼类的消费，从而间接地促

---

① 《都铎王朝经济史料》第 2 卷，第 116 页，转引自高作钢《英国都铎王朝海上政策初探》，载吴于廑编《十五十六世纪东西方历史初学集》，武汉大学出版社，2005，第 218 页。

进了渔业的发展。虽然无法判断这项政策是否起到了关键性的作用，但是它表明英国对海上力量建设的重视。

当然，伊丽莎白时期取得的最令人瞩目的成就则是霍金斯、德雷克等人抢劫美洲的成功以及英国击败西班牙无敌舰队，这表明英国海上力量的成长已经达到了一个更高的阶段，而这种成就的取得无疑是战船、武器技术改进的结果。霍金斯自从第三次美洲之行失败以后，便被任命为海军部的财政官，当时海军部并没有部长，这个职务是事实上的海军部部长。在这个职务上，霍金斯将他航行的经验转换成了对战船技术的改进。他敏锐地认识到大炮在今后海战中的重要作用，因此极力主张在战船上增加甲板数量以配置更多的火炮，同时火炮还应该都是长炮身、远射程的大炮。在火炮重要性上升的同时，对撞击战和接舷战的要求也就下降了，因此霍金斯不主张建造大型的战船，而是主张发展各种适应不同气候条件的中型战船，同时取消战船上高大的船首楼与船尾楼，这些船首楼与船尾楼虽然高大威武，但是其提高了船只的重心，使船只的机动性和稳定性受到了很大影响，不利于机动作战。在强调了炮战的重要性之后，造炮成为英国重点发展的技术。为了能够提高造炮技术，伊丽莎白颁发了很多特许状，吸引其他国家的铸炮工匠前来英格兰，同时对发明、改进或者引进技术的工匠颁发专利。这使英国的造炮技术很快便领先于欧洲了。当 1587 年西班牙准备无敌舰队出征时，本国无法提供足够数量的大炮，便向国外订购，但是发现此时最好的铸炮工匠几乎全在英国。①

伊丽莎白时期的努力使英国从一个封闭的岛国转向一个海洋国家，它使英国海军跃出了英吉利海峡的狭小范围，开始在大西洋上向西班牙的海洋垄断地位提出挑战，最重要的是它培养了一个与海外贸易和掠夺密切相关的阶层，这个阶层已经充分地认识到海洋贸

① 〔日〕石岛晴夫：《西班牙无敌舰队》，简光沂译，海洋出版社，1992，第 88 页。

易与海上力量之间的关系，与霍金斯、德雷克同为德文郡人的伊丽莎白的宠臣沃尔特·罗利爵士的名言"谁控制了海洋，谁就控制了世界贸易，而谁控制了世界贸易，谁就控制了地球的财富和地球本身"便是这种认识最清楚的表达。正是这个阶层渴望发展海外贸易，才使伊丽莎白去世后，英国海上力量的发展不至于中断。斯图亚特王朝的詹姆斯一世继承了英格兰王位以后，与西班牙实现了和解，获得了西班牙以及西班牙在欧洲的所有市场，但是也承认了西班牙对美洲、非洲和亚洲的垄断权，不去触碰西班牙在这些地方的利益。这使伊丽莎白时期形成的前往美洲、非洲和亚洲获得财富的英国人极其不满，发动了反对王权的斗争，最终驱逐了斯图亚特王朝，革命后的政府与斯图亚特王朝巨大的区别不在于实行了民主，而在于重新确立了向海外扩张的方针，只不过这次他们斗争的目标已经不再是西班牙，而是新近成为海上霸主的荷兰，稍后则又是与其争夺海上霸权的法国。持续的竞争促进了英国不断革新其战船制造技术以及海战战术，最终战胜了它的邻国，取得了海上霸权地位。如前所述，这种霸权地位给英国带来了巨大的利益，广大的西属美洲殖民地成为英国商人的市场，而没有取得海上霸权地位的法国则仍然只能通过西班牙商人前往美洲，这使英、法两国商人的获利情况出现了重大差别，英国商人获得了本国与美洲贸易的全部利润，而法国商人则只能获得本国与西班牙贸易的利润，西班牙与美洲贸易的利润只能由西班牙商人获得。

当然，在这种竞争中，英国的海军不论是技术还是战术上，都早已超过了清王朝的水师。如果1368年朱元璋见到英国甚至西方海军的时候，他可能完全是不屑一顾的态度，然而在经过了400余年后，中国的水师虽然不能说处于停滞状态，但是其进步微乎其微，与英国乃至西方的技术进步比较起来，就显得微不足道了。因此，19世纪当英国终于决定用武力打开中国国门，迫使中国接受英国工业品的时候，中国实际上已经毫无还手之力了。

三 中西方海上力量发展的对比与启示

将中国与西方海上力量的发展进行对比，可以得到什么样的结论呢？主要是中西方对待海外贸易的态度差异导致了海上力量的发展出现了重大差异。明清政府对待海外贸易的态度总是怀疑、限制而不是鼓励，这种态度反映在海防上就是海防的目的并不是保护本国商船出海贸易，而是禁止或者限制海外贸易的发展，尤其是阻止海商武装集团的产生。而西方国家的目的则是鼓励本国发展海外贸易，并尽一切可能垄断海外贸易。要垄断海外贸易，就必须建立一支强大的海上武装力量。对待海外贸易的不同态度决定了海上力量建设的方向，也就决定了中国与西方海上力量发展的不同方向。

明王朝在开国之初建立了一支强大的海防力量，如果从全世界范围来看，这可能是当时世界上最强大的海军，这支强大的海防力量恰恰是宋元以来海外贸易发展的结果。宋朝由于丢失了北方的领土，面临的来自北方的压力增大，因此暂时放松了对本国商人从事海外贸易的管制，使中国商人的海外贸易空前繁荣，并且排挤了阿拉伯商人，第一次获得了东南亚航海贸易的主导权。元朝建立后，由于大运河的堵塞，不得不依赖海运将南方粮食运至京师，故而培养了一支庞大的海上运输船队。加之元朝建立了一个空前庞大的帝国，使元朝的统治者在对外贸易上采取了开放的态度，也刺激了海外贸易的发展。元朝曾经组建了庞大的海军远征爪哇和日本，便充分体现了元朝海军的强盛。明朝正是在继承这样庞大的水师和海外贸易的基础上建立了自己强大的海防体系。

然而明朝建立海防的目的并非大力发展海外贸易，而是禁止海外贸易，那么随着海外贸易的衰落，海防自身也必然出现退化，这正是从前面的叙述中可以看到的结果。海外贸易衰落以后，明朝不仅海防衰败，甚至连海船都出现了退化的迹象。明初战船分为700料、500料、400料（容积单位，约相当于1石）等规格，但是至嘉靖年间胡宗宪的报告则显示："向因贼舟不大，700 料停造久矣。"① 清王朝同样如此。有鉴于郑氏集团建造的大型船只使清王朝吃尽了苦头，施琅在平定台湾后不久即报告说："沿海新造贸捕之船，皆轻快牢固，炮械全备，倍于水师战舰，倘或奸徒窃发，籍其舟楫，攘其资本，恐至蔓延。"② 这使清王朝的统治者深感忧虑，因此清王朝在平定郑氏集团以后，虽然允许开海贸易，但是对商船的规格加以严格限制，只允许载重 500 料以下的船只出海贸易，并且严格禁止建造双桅帆船。③ 这是一个相互矛盾的规定，不允许建造双桅帆船，实际上使海外贸易无法进行，因此民间屡屡突破这个规定，私自打造双桅帆船出海贸易。为了能够进一步加强管理效果，康熙四十二年（1703 年），清王朝制定了更加详细的规定，将渔船和商船分开管理，渔船只允许用单桅，并且梁头不得超过一丈，舵工水手不得超过 20 名，并且不允许出本省范围捕鱼；从事海外贸易的商船可以使用双桅，但是梁头不得超过一丈八尺，舵工水手不得超过 28 名。④ 为了加强监督，清王朝规定造船之前要申报，造船结束之后要派人查验。这个管理规定在当时得到了有效的执行，因此中国民间造船技术不但几乎没有进步，而且退化得严重，明清王朝派往琉球出使的使者乘坐的船只情况（见表 6 - 2）可从一个侧面证实这种变化。

表 6 - 2　　出使琉球使者乘坐船只情况

年份	长（丈）	宽（丈）	深（丈）
1663	18	2.2	2.3
1684	15	2.6	—

① 胡宗宪编《筹海图编》卷十二，清文渊阁四库全书本，中国基本古籍库，第 254 页。
② 施琅：《靖海纪事》卷下，清康熙刻本，中国基本古籍库，第 51 页。
③ 《官修光绪大清会典事例》卷四十八"户部"，清文渊阁四库全书本，中国基本古籍库，第 765 页。
④ 《官修光绪大清会典事例》卷二十四"吏部"，清文渊阁四库全书本，中国基本古籍库，第 297 页。

年份	长（丈）	宽（丈）	深（丈）
1719	10	2.8	1.5
1756	11.5	2.75	1.4
1800	7	2.2	1.3

资料来源：王宏斌：《清代前期海防：思想与制度》，社会科学文献出版社，2002，第163～164页。

从表6－2可以看出船只尺寸一直缩小的情况，当嘉庆五年（1800年）的出使者赵文凯问及船只为何如此之小时，负责筹办的官员则回答"闽县海船但有此等"。[①] 显然，如果从政策实施的角度来看，清王朝取得了很大的成功，但是民间造船业的停滞甚至倒退是显而易见的，而在帆船时代，民间造船业是国家海上力量的重要组成部分，没有了民间造船业，战船的制造也就完全失去了基础。

与明清王朝限制海外贸易与造船业的发展不同，英国等西方国家通过鼓励海外贸易与争夺海外贸易控制权，不断地发展了战船制造技术以及海军战术，战船无论是在机动性上还是在大型化方向上，都已经超出清王朝的战船很多。王宏斌对18世纪中国与英国的战船做了比较，当时广东最大的战船大米艇一共有17只，每艘长95尺，宽20.6尺（约合104英尺长、22.6英尺宽），载重量为2500料（约合150吨），造价为白银4386两，约折合1100英镑。而英国此时仅用于通信联络的第六级战舰的长度即达到125英尺，每艘造价1万多英镑。[②] 因此其时清王朝的军舰已经根本无力与西方海军抗衡，就连一般的武装商船也比不上。

明清王朝与西方国家对待海外贸易的态度还决定了海防成本的不同负担状况。对西方国家来说，正如罗利所言，谁控制了海洋，

---

① 李鼎元：《使琉球记》卷1，载台湾文献丛刊，第292种。
② 王宏斌：《清代前期海防：思想与制度》，社会科学文献出版社，2002，第166页。

谁就控制了世界贸易，但是他没有表达进一步的关系则是：谁控制了世界贸易，谁就为建设更强大的海军提供了财政支持。以英国东印度公司为例，这是一家集贸易与殖民为一身的代表国家的武装海商集团，它的资本不是来自财政拨款而是由股东募集，国家并不曾为其武装实力的增长投资，只是赋予它垄断英国与东印度贸易的权利。这项权利使它在与亚洲的贸易中获得了巨额利润，其中一部分利润则投资于军事力量的增强，使其不断地排挤其他竞争者，并最终为英国在东方建立了庞大的殖民地。

对明清政府来说，情况则正相反，由于海防的目的是禁止与防范海外贸易，因此其便不大可能从海外贸易的利润中支出海防经费，每次海防的加强都会给民众带来沉重的负担。洪武五年（1372年），朱元璋因为沿海地区局势动荡，官兵往往缺乏船只追捕，因此命令浙江、福建沿海地方造船。他也注意到造船会增加百姓负担："自兵兴以来，百姓供给颇烦，今复有兴作，乃重劳之。然所以为此者，为百姓残害，保父母、妻子也。朕恐有司因此重科吾民，反致怨愤。"臣下则回答说："倭寇所至，人民一空。较之造船之费，何翅千百，若舟成，备御有具，滨海之民，可以乐业，所谓因民之所利而利之，又何怨？但有司之禁，不得不严。"① 朱元璋显然意识到了海防的加强给民众带来了沉重的负担，但是为了自身利益，还是不得不如此行事。嘉靖时期剿灭倭寇以后，为了加强海防，俞大猷曾经提出有效地歼灭倭寇的方法是建造大型海船，将倭寇歼灭于海上而不让他们登陆，为此他甚至提出应该将军费的一半用于水师，使闽广水师配备数百艘大船和数万名士兵，但是这个计划被当权者否定了。黄仁宇认为俞大猷的建议被否定的原因是一旦实行，"有关各省的财政就要求从原来小单位之间的收支而被集中管理"，这在政治上是不可行的。② 然而更真实的原因则应该是明王

---

① 《明太祖实录》卷七五，洪武五年八月甲申，史语所本，第 1390～1391 页。
② 黄仁宇：《万历十五年》，中华书局，2007，第 165 页。

朝无法负担如此庞大的开支，明政府认为海防的建设总是一项不能够提供任何收益的负担，因此，除非遇到紧急情况，或者是中央政府下很大的决心，否则海防很快就会陷入衰败的境地。

通过这种对比，可以清楚地看出海外贸易与海上力量之间的重要关系，控制了海洋有助于海外贸易的发展，反过来海外贸易不但为海防提供了重要的资本支持，而且也为海防提供了技术支持，两者是相互加强的关系。一个压制与打击海外贸易的国家，不大可能建立起强大的海上力量，甚至连一个强大的海防体系也无法建成。而没有强大的海上力量，又无法使本国商人在海外贸易中居于主导地位。海洋贸易在很大程度上是一个整体，控制了海洋交通要道便可以控制整个海洋贸易。因此丧失贸易主导权的结果便是一个国家的海外贸易完全被国外控制，致使海防更加衰败，以至于最后完全无法抵御外国在海上发动的进攻。当 1840 年鸦片战争以后，中国被迫放弃朝贡体系而向以西方为主导的条约体系让步，只不过是先前中国在海外贸易竞争中的失败在政治领域的延伸。

第四节 明清出口贸易产品的变化

伴随着欧洲与中国直接贸易关系的建立，中国的产品出口出现了大幅度扩张，带来了中国出口贸易的繁荣，但是这种贸易不是在中国商人控制之下的贸易，生产者与消费者之间的中介是欧洲商人，这使中国产品无法完全占据欧洲市场，只能被动地适应欧洲需求的变化，最终带来中国出口产品不断由资本、技术密集型产品向土地、劳动密集型产品蜕变，在全球产品分工中逐步低端化，面临越来越严酷的国际竞争。

中国与欧洲建立直接贸易关系之后，丝绸首先成为中国的大宗出口商品，葡萄牙、西班牙、荷兰和英国都将大量丝织品和生丝运往欧洲销售。丝绸对欧洲来说并不陌生，中国的丝绸很早就通过中亚传播到了欧洲，罗马曾经为了丝绸寻找直接到达中国的通路。虽然这种努力并没有取得成功，但是欧洲各国普遍都建立了自己的丝织工业，尤其是意大利的佛罗伦萨和卢卡，更是以丝织工业的发达闻名全欧洲。虽然世界各地的丝织品都没有中国的丝织品精美，但是他们的确建立了自己的丝织工业，满足了本地相当大的需求。中国丝织品大量出口到欧洲国家，使欧洲产品必须面对中国产品的竞争。当然，在竞争中中国产品拥有极强的竞争力。17 世纪初期，即使中国丝织品经过美洲再输出到欧洲，其价格仍然低于欧洲同类产品。中国产品的竞争力不仅造成了欧洲丝织工业的萧条，而且造成了大量丝织工人的失业，还使经营欧洲与其殖民地贸易的商人无钱可赚，这使欧洲相关各利益团体不断向本国国王施压，终于限制了中国丝织品向欧洲的出口。在限制中国丝织品出口的同时，欧洲商人与手工业者并未限制中国生丝的进口，因为那是欧洲丝织工业的重要原料来源，而欧洲本土无法生产大量的生丝。在欧洲国家有限制、有鼓励的政策下，中国向欧洲出口生丝与丝织品出现了极大的差异。在中国与马尼拉建立贸易关系后，中国丝织品曾大量流入美洲和欧洲本土，但在西班牙本土商人的抗议下，中国丝织品在17世纪初期即已经不能进入西班牙本土，向美洲的出口也受到了限制，马尼拉商人不得不缩减中国丝织品的进口，规避来自本国的压力。这使中国出口到美洲的丝织品所占比例严重下降。中国与英国建立直接贸易关系时间稍晚，而且英国的丝织工业并不发达，这使直到18世纪中国出口到英国的丝织品仍然占有很大比例。如1701年出口至英国的生丝为200担，价值39000西班牙银元，丝织品7350匹，价值163800西班牙银元；1722年出口至英国生丝200担，价值30000西班牙银元，丝织品10500匹，价值53700西班牙银元。[①] 但随着英国工业化进程的加快，英国也限制了中国丝织品的进口，这使在一口通商之后，中国向英国出口的丝织品数量急剧下跌，同时生丝由于没有受到限制，出口数量继续大幅度增长。

更明显的变化出现在瓷器出口上。中国瓷器的高质量很早就赢得了周边国家的赞誉，一直是中国出口的畅销品。但是由于瓷器陆路运输中的高破损率，因此在中国与欧洲的直接海路联系没有建立以前，中国的瓷器并没有大量出现在欧洲市场上，只是一些皇室、贵族将瓷器作为收藏品，以为风雅。到中国与欧洲建立了直接海路联系以后，中国瓷器出口欧洲的数量才出现了急剧上涨。据估计，1600～1800年，仅销往欧洲有记录的瓷器数量大约为1.2亿件，如

① 马士：《东印度公司对华贸易编年史》，中国海关史研究中心组译，卷一，中山大学出版社，1991，第242页。

明清海盗（海商）的兴衰：基于全球经济发展的视角

果再加上出口到其他地方的市场，数量至少在 2 亿件。① 中国瓷器的出口数量激增直接促进了瓷器生产的发展。由于景德镇的瓷器在数量上难以满足要求，在沿海对外贸易发达的广东与福建出现了很多仿制的景瓷工厂。② 而且这些瓷器主要是针对西方人的口味设计与生产的，由于融合了西方的绘画技巧，虽然中国人并不喜欢，但是受到了西方人的追捧。③

瓷器巨大的需求量造成了欧洲白银的大量流失，促使欧洲人来到中国窃取瓷器生产技术。1712 年 9 月 1 日，法国传教士昂特雷科莱（中文名殷弘绪）窃取了景德镇制瓷的原料和制作过程，从而将景德镇的制瓷技术传到西方。④ 从此以后，欧洲掌握了中国的制瓷技术，并且在此基础上开发了各种瓷器，如德国麦森的硬质彩绘瓷器、法国的软质彩绘瓷器，以及英国的骨质瓷器。这些瓷器在质量上未必立刻超过了中国的瓷器，但是由于其在本土生产，不必经过长途运输，价格便宜，而且更加符合欧洲人的品位，因此，除了高档瓷器以外，欧洲人开始减少从中国购买瓷器的数量。按照惯例，欧洲船只在回程时，往往采购中国瓷器作为压仓物，这样既可以得到利润，也有利于船只平稳航行。但是 18 世纪后期，英国东印度公司已经下令，如果能够进口铜，则不要购买中国瓷器做压仓物。1801 年东印度公司完全停止进口中国瓷器。1792 年广州总共输出价值 7490524 两货物，而其中瓷器价值 44230 两，只占 0.59%。⑤

如果说瓷器与丝绸是制造业产品，与欧洲产品形成竞争后衰落，那么茶叶作为初级产品，西方国家也通过培养竞争对手使中国

---

① 刘强：《中国制瓷业的兴衰（1500 – 1900）》，硕士学位论文，南开大学，2008。

② 王新天、吴春明：《论明清青花瓷业海洋性的成长》，《厦门大学学报》（哲学社会科学版）2006 年第 6 期，第 61 ~ 68 页。

③ 袁胜根、钟学军：《论清代广彩瓷与中西文化交流的关系》，《中国陶瓷》2004 年第 40（6）期，第 79 ~ 80 页。

④ 颜石麟：《殷弘绪和景德镇瓷器》，《景德镇陶瓷》1986 年第 4 期，第 63 页。

⑤ 马士：《东印度公司对华贸易编年史》，中国海关史研究中心组译，卷二，中山大学出版社，1991，第 520 ~ 523 页。

的茶叶出口经历了迅速的衰落。欧洲的饮茶之风是由荷兰引发的。1610 年，荷兰东印度公司将第一箱茶叶引进了欧洲，直到 1657 年，第一批茶叶才被荷兰人介绍到英国，当时的售价高达 6 ~ 10 英镑，是纯粹的奢侈品。然而饮茶很快在英国形成风尚，18 世纪末期，最贫困的英国人每年都能够消费 5 ~ 6 磅的茶叶，[①] "人皆视如宝珠，出高价以购得之"。消费增加带来茶叶贸易的急剧增长。1664 年，运到英国的茶叶只有 2 磅 2 盎司，[②] 1760 ~ 1764 年，中国出口茶叶达到平均每年 8000 担；1800 ~ 1804 年，平均每年 4.42 万担，1867 年是 131 万担，1880 年是 209 万担，1886 年创造了最高纪录——221 万担。[③] 茶叶贸易给英国商人带来了巨额利润，给欧洲各国政府带来了大量财政收入，因而引起了各国对茶叶贸易的激烈争夺。在这场争夺中，英国赢得了最终的胜利，一方面这是由于英国强大的海军实力和航运能力，另一方面则是由于英国巨大的茶叶消费量。法国至多消费了船队运载茶叶的 1/10，德国人偏爱咖啡，西班牙人对茶叶则更少兴趣。[④] 因此各国将茶叶运输至欧洲，本国消费剩余只能够通过走私销往英国，为了杜绝走私，1784 年，英国出台折抵法案。这个法案将英国茶叶进口税的税率由 120% 降低到 12.5%。进口税收的降低使走私无利可图，东印度公司的茶叶销售量迅速增长。1783 年，其销售量为 308 万磅，法案实施的当年，销售量已经迅速增长到 860 万磅，1785 年则达到了 1316 万磅。[⑤] 与此同时，欧洲各国的茶叶进口量则不断衰落，1784 年，除英国之外的欧洲各国进口了 1907 万磅茶叶，1787 年这个数字降低到 1016 万

① 〔法〕费尔南·布罗代尔：《15 至 18 世纪的物质文明、经济和资本主义》第一卷，生活·读书·新知三联书店，2002，第 295 页。
② 格林堡：《鸦片战争前中英通商史》，商务印书馆，1961，第 2 页。
③ 姚贤镐编《中国近代对外贸易史资料》第一册，中华书局，1962，第 275 ~ 276 页。
④ 〔法〕费尔南·布罗代尔：《15 至 18 世纪的物质文明、经济和资本主义》第一卷，2002，第 295 页。
⑤ 刘章才：《十八世纪中英茶叶贸易及其对英国社会的影响》，博士学位论文，首都师范大学，2008，第 114 页。

国茶叶市场之外。进口税收的降低还降低了茶叶价格，更加有利于
扩大茶叶消费。

　　垄断了中欧茶叶贸易的英国虽然赚取了巨额利润，但是不得不
面临巨额白银的来源问题。中国大量出口茶叶，却对英国工业品不
感兴趣，英国为了平衡这种贸易只能持续输入白银。然而 1790 年
以后，美洲白银产量开始下降，1811 年美洲发生的革命进一步降低
了白银产量，英国的白银来源受到很大的影响，只能向中国输入鸦
片平衡茶叶贸易，茶叶贸易时时有中断的危险。更加让英国人难以
忍受的是中国作为世界茶叶市场的垄断者，英国市场的茶叶价格完
全取决于中国，一旦中国茶叶收成不好或者中国与英国的关系出现
紧张状态，英国人就要面临无茶可喝或者茶价高昂的窘境。为了打
破中国对世界茶叶市场的垄断，保证英国茶叶消费，英国开始寻找
新的茶源，并开始在印度试种茶叶。1838 年，印度向英国出口了第
一批茶叶，虽然只有 350 磅，却是打破中国对世界茶叶市场垄断的
开始，标志着在其他地方也能够生产茶叶。而且从一开始，英国人
就对印度生产的茶叶抱有很大的期望，1838 年运抵英国的印度茶叶
最终以每磅 16 ~ 34 先令的高价成交，而同期出口到英国的中国优
质茶叶也不过平均每磅 2 先令 2 便士。② 这并非是印度茶叶质量高
于中国茶叶，而完全是因为买主皮丁（Pidding）"为一种爱国思想
所驱使，而欲以此鼓励英属阿萨姆一种有价值之生产品而已"。③ 在
这样的思想驱使下，印度茶叶的生产与销售得到了巨大的扶持。我
们不妨将清政府与英国政府对中国和印度的茶叶销售政策进行
比较。

---

　① 刘章才：《十八世纪中英茶叶贸易及其对英国社会的影响》，博士学位论文，首都师
　　范大学，2008，第 115 页。
　② 〔美〕威廉·乌克斯：《茶叶全书》下册，中国茶叶研究社，1949，第 66 页。
　③ 〔美〕威廉·乌克斯：《茶叶全书》上册，中国茶叶研究社，1949，第 80 页。

为了提高印度茶叶的销售量，英国政府极力帮助商人推销印度茶叶，同时贬低中国茶叶。为了争夺英国市场，英国茶叶种植园主"在其国内广登告白，誉扬印度锡兰茶叶"①，甚至采用欺骗、造谣等不正当竞争手段提高印度茶叶的美誉度。如初期的印度茶叶，制造不精，其味道远不如中国茶叶，甚至不如日本茶叶，但是英国宣传其"为地球之美品"。② 为了改变英国人的消费口味，提高印度茶叶的品质，英国商人将中国高档红茶祁红混入印度、锡兰的高档茶中，或者就干脆将中国茶叶标为印度茶叶出售。与此同时，他们不断攻击中国绿茶营养价值低，含有鞣酸，损坏肠胃等，甚至故意在商店中出售过期的中国茶叶，借以败坏中国茶叶的名声。为了改变消费者的口味，英国政府不惜投入巨资，1907 年英印政府用于欧洲的广告费为 21553 卢比，美国市场费为 264700 余卢比，与锡兰合登广告 84226 卢比。③ 强大的广告宣传攻势终于使英国人逐渐改变了口味，接受了印度茶叶，"英人嗜之者乃日见增多"。

　　与英国政府在广告宣传方面的积极主动相比，清政府则无所作为。清政府既不知道外国市场上发生的一切，对这些也不感兴趣，甚至在中国的茶叶出口数量下降之后，仍然缺乏积极应战的姿态，反倒有些幸灾乐祸，认为这恰是一个劝导人民弃末务本的好机会。闽浙总督卞宝第便是其中的代表人物，"至于武夷北苑，夙著茶名，饥不可食，寒不可衣，末业所存，易荒本务。现在种茶之区，市疲山败，民心颇知改悔，乘势利导，董劝并施，尤属刻不容缓"。④ 缺乏了政府的组织，中国的茶叶销售只停留在"由个体茶农采制小量

明清海盗（海商）的兴衰：基于全球经济发展的视角

---

① 《申报》，1918 年 12 月 6 日。
② 转引自陶德臣《19 世纪 30 年代至 20 世纪 30 年代中印茶叶比较研究》，《中国农史》1999 年第 1 期，第 66 页。
③ 陶德臣：《19 世纪 30 年代至 20 世纪 30 年代中印茶叶比较研究》，《中国农史》1999 年第 1 期，第 65 页。
④ 卞宝第：《札福建藩司延建邵道》，载李文治编《中国近代农业史资料》第 1 辑，生活·读书·新知三联书店，1957，第 447 页。

茶叶，然后运往各处叫卖几天"① 的阶段。

正是双方政府对待茶叶销售的不同态度，英国政府积极扶持与清政府的无为甚至盘剥茶农与茶商，造成中国茶叶销售始终是分散与个体的，不能形成强大的集团，多年以来垄断国际市场的中国茶叶在短时间内即被印度茶叶击败。伴随着印度茶叶的兴起，中国也完全丧失了茶叶在国际市场上的定价权。虽然我们不能完全将中国茶叶的失败归因于海外贸易被控制，但是两者仍然存在一定的联系。如果中国商人控制了茶叶的贸易网络，那么中国商人的行为多少也会像 17 世纪荷兰在香料群岛的情况一样，由于茶叶的种植难度远远高于香料，因此英国便很难从容地培育起一个新的茶叶生产基地。正是中国与英国之间的茶叶贸易完全由英国垄断，才使中国商人和中国政府完全没有认识到英国的扶持政策，以至于英国从容地培养了一个中国的竞争对手，使中国在茶叶贸易中的垄断地位彻底消失，而贸易垄断权的丧失也就意味着生产控制权的最终消失。

中国从开始就放弃了对贸易的控制，于是欧洲国家可以根据自己的需要进口商品。商人为了追逐利润，向本土输出各种可能赢利的产品，然而当商人输入的产品与本国产品形成冲突时，便会激起本国手工业者与商人的强烈反对。尽管从事中欧贸易的商人势力很大，也往往不得不向本国的手工业者和商人低头，转而寻求新的贸易产品。相反，中国没有一个商人集团能够控制这种跨国贸易，这直接导致了中国在出口产品时只能被动地适应西方的需求，结果便是中国出口的产品由丝织品和瓷器转变成了茶叶和生丝，即从资本、技术密集型产品转变为土地、劳动密集型产品，完成了从一个制造业中心国家向边缘性的提供原材料的国家的转变。中国出口产品的转变与兴衰也印证了比较优势并非一成不变。

---

① 姚贤镐编《中国近代对外贸易史资料》第一册，中华书局，1962，第 1206 页。

第五节　中国内陆商帮的衰败

中国海商的失败不仅仅是中国海商的失败，而且是西方商人在全球贸易中确立主导权的胜利。西方商人在控制了中国的海外贸易之后，进一步向中国沿海与内陆延伸。中国的沿海贸易与内陆从事与海外贸易相关的商帮也纷纷衰落了。

英国通过《南京条约》取得五口通商的权利以后，上海等口岸向西方国家开放，导致了西方国家渗透到中国的沿海贸易中。此时，西方国家不但拥有先进的造船技术，同时更是依靠海盗行为夺取中国沿海贸易的份额。这些国家的商人在沿海不断地拦截中国船只，同时控制了中国沿海的保险，这些保险公司并不向中国商船提供保险，这就使中国商船在与外商的竞争中处于不利地位。由于外国商人的海盗行为以及他们的竞争，中国从事沿海贸易的帆船数量锐减。英国人哈特在他题为《来自中国》的报告中写道："五十年前经营牛庄和华南各埠沿海航运的中国帆船，已经摧毁殆尽，华南的大部分贸易也同样转由外国船只运载，扬子江上不断增长的国内贸易也正吸引着越来越多的外国帆船。"据统计，到辛亥革命前夕，中国帆船总数不及鸦片战争前的1/4。①

在海商和沿海商帮衰落以后，内地商帮因为受到外商的挤压，

---

① 吴申元、童丽：《中国近代经济史》，上海人民出版社，2003，第131页。

也纷纷衰落了。关于清代商帮的衰落，很多学者从制度等角度进行过探讨，却忽略了中国商人在与外国商人的竞争中缺乏保护。清政府严格防止从事海外贸易的商人形成集团，造成海外贸易衰落，进而被迫打开国门，使国内商人也不得不面临西方商人的竞争，而此时清政府并没有对本国商人实行及时的保护，造成本国商人的利润继续被外国商人侵夺，经营茶叶贸易的徽商就是一个典型的代表。

徽商的兴起可以追溯到宋朝，而徽商成为国内有影响力的商帮则是明朝实行开中法以后，徽商由于垄断了盐业贸易而成为国内首屈一指的商帮。清朝继承了明朝的盐业垄断制度，票盐法使徽商继续了其在盐业中的垄断地位。然而随着茶叶对外贸易额的不断增加，茶叶贸易在徽商经营的比重也持续升高。至鸦片战争前，徽商在盐业上平均利润总额达到 100 万～120 万两白银，而茶叶出口的年均利润总额则达到了 200 万两。① 正是茶叶贸易的丰厚利润促进了徽商的进一步发展壮大。由于徽商很少直接从事海外贸易，只是通过广东的十三行和福建海商出口茶叶，因此当海商衰落时，并未对徽商形成直接的冲击。但是这已经使中国茶叶贸易的利润出现了缺失，徽商茶叶贸易的衰落正是开始于其茶叶贸易的利润不断被外商剥夺。中国茶商贸易的完整利润链为：茶叶产地—县镇市场—港口—巴达维亚。② 当外商直接来到中国从事贸易时，中国海商的利润首先被剥夺。鸦片战争以后，英国等西方国家在中国沿海设立了很多商馆，获得了前往内地采购茶叶的权利。由于西方商人在运输茶叶过程中享有很多优惠，而中国本国商人仍要缴纳很多厘金，这使中国茶叶商人在内陆茶叶贸易中也无法与西方商人竞争，因而徽商在茶叶贸易中的垄断地位被打破，其利润受到了很大的冲击。在

---

① 骆昭东：《从全球经济发展的视角看明清对外贸易政策的成败》，博士学位论文，南开大学，2010，第 203 页。

② 赵亚楠：《近代西方海外扩张与华茶生产贸易的兴衰》，硕士学位论文，南开大学，2007，第 11 页。

不断深入中国内陆贸易的过程中，如前文所述，英国也在积极扶持印度、锡兰的茶叶生产，并在 19 世纪 30 年代成功地实现了向英国的出口，此后，印度、锡兰茶叶出口数量不断增长，其速度超过了中国茶叶出口数量的增长速度。而当印度、锡兰茶叶满足了西方的要求之后，西方国家便逐渐减少了从中国进口茶叶的数量。1886 年中国茶叶出口达到了历史最高峰 221 万担，1887 年国外市场的急剧萎缩便造成了茶叶价格的急剧跌落，该年茶叶价格仅为 1864～1866 年的 31.75%～42.75%。[①] 至 1900 年，中国茶叶出口仅为 138 万担，占国际茶叶出口量的 30%，位列印度之后。[②] 茶叶贸易衰落之后，徽商的利润额大幅度下降，再也没有资本支持其他商品的长途贩运了，徽商的影响力便越来越小了。此后，清王朝废除了票盐法，更使徽商丧失了最后一根救命稻草，彻底衰落了。

与徽商同执中国明清商帮之牛耳的晋商的衰落，同样与海外贸易丧失后与西方商人直接竞争关系密切。与徽商一样，晋商在清代最辉煌时期的成就，不是依靠其盐业的垄断，而是依靠茶叶贸易的发展取得的。19 世纪 40 年代，晋商出口的茶叶金额年均达到了 500 万～600 万两白银，而盐业贸易额则仅为 500 万两白银左右。[③] 同时，晋商票号的发展也与海外贸易关系密切。正是在道光时期，晋商茶叶贸易额激增，单纯依靠镖局已经很难应付日益巨大的资金周转需求，票号才应运而生。但是好景不长，随着俄罗斯商人可以直接深入中国内地贸易，晋商遇到了强大的竞争对手。俄罗斯商人通过不平等条约获得了在天津比全国低 1/3 税率的特别通商权，同时俄罗斯商人还可以不用缴纳厘金，从汉口沿长江将茶叶运至上海后，走海路到达天津，再走陆路到达恰克图，回到莫斯科。这些便

① 陶德臣：《论中国近代外销茶价的下跌》，《农业考古》1997 年第 2 期。
② 林齐模：《近代中国茶叶国际贸易的衰减——以对英国出口为中心》，《历史研究》2003 年第 6 期。
③ 骆昭东：《从全球经济发展的视角看明清对外贸易政策的成败》，博士学位论文，南开大学，2010 年，第 204 页。

明清海盗（海商）的兴衰：基于全球经济发展的视角

利条件都是晋商所不具备的，故而俄罗斯商人贩运茶叶的成本大幅度降低，晋商终于被排挤出了中俄茶叶贸易。与茶叶贸易受到排挤的同时，晋商经营的票号也遇到了外国银行业的竞争。由于公款汇兑只占票号总汇兑额的 4% 左右，其余主要是针对工商业的，[①] 中国商帮的衰落自然影响到晋商的存款，而银行业本身存在网络效应，其萎缩必然带来进一步的萎缩。20 世纪初北京的挤兑风波使山西票号彻底退出了历史舞台。据对当时山西主要的十四家票号账务的统计，除了大德川票号贷款比存款仅多一万两外，其他票号收回贷款支付存款是绰绰有余的。[②] 这说明晋商票号的经营没有问题，因此是商帮的衰落导致票号因无法收回贷款而倒闭。因此，伴随着其他商帮的衰败，晋商的票号也衰败了。

---

① 黄鉴晖：《山西票号史》，山西经济出版社，2002，第 531 页。
② 张海鹏、张海瀛：《中国十大商帮》，黄山书社，1993，第 51 页。

第　七　章

海盗时代的终结

17世纪末18世纪初，猖獗的、大规模的海盗活动突然衰落了。为什么会出现这种情况呢？是利益关系发生了变化。当大航海时代开启之后，印度洋和太平洋上的统治者是亚洲人，大西洋则被西班牙和葡萄牙瓜分。但在两个世纪以后，海洋的统治者已经变成了以英国为代表的西北欧国家。这些国家以海盗开始它们争夺海上霸权的历程。但当它们取得海上霸权之后，便不希望其他国家以同样的方式挑战它们的海上霸权，于是这些曾经的海盗联合在一起制定规则，宣布海盗为非法并受到严厉打击。这就使海盗衰落下去。海盗虽然衰落下去，但是海上霸权的争夺远没有结束，强大的军事实力仍然是垄断贸易的后盾，耗费更高、规模更大的海军成了大规模海盗活动结束以后进行海上争霸的主要工具，这是那些贸易利润低微的国家难以负担的工具。

第一节 海盗的没落与终结

一 倒霉的基德船长

当英国、法国与荷兰在西印度群岛占领的殖民地获得西班牙承认并开始与美洲进行合法与不合法的贸易之后，这些国家开始约束本国的海盗活动。这使海盗们或者转行从事政府许可的贸易，或者转移他们活动的地域，印度洋就是他们新的活动地域。1692 年，一个名叫托马斯·图的来自北美罗得岛的海盗获得了罗得岛总督颁发的私掠许可证，允许他进攻敌对的法国商船。但是他显然认为法国商船没有什么油水，离港以后并没有前往西印度群岛，而是径直来到印度洋，捕获了一艘印度商船，获得了大量财富。当他回到罗得岛的时候，他受到了英雄一般的欢迎，罗得岛的总督也没有追究他违反命令的责任，相反，不但亲自接见了他，还将他推荐给了纽约总督。在纽约总督那里，图依然受到了热情的接待。这件事情立刻对美洲的海盗们起到了示范作用，尽管图在他的第二次亚洲之行时便不幸身亡，但是这也没有阻止美洲海盗蜂拥来到这个新的生财之地。当然，这些几乎全部来自英国及其北美殖民地的海盗熟知英国法律，他们小心避免不去触碰英国东印度公司的船只，因此起初英国东印度公司对他们也不闻不问，任凭他们劫掠亚洲商船。但是一次抢劫改变了东印度公司的态度。

1695 年，一艘来自北美殖民地的海盗船抢劫了一艘印度商船，将船上的财宝抢劫一空，并杀死了船上所有的人。但是这艘船并不是一艘普通的商船，而是印度莫卧儿皇帝派往麦加朝圣的船只，船上所有的财宝都属于莫卧儿皇帝。这激怒了莫卧儿皇帝，虽然他对英国东印度公司在海上抢劫的行为时有耳闻，但是他并不关心本国商人的利益，故而并未深究。但当抢劫损害了自己的切身利益时，他便不会再袖手旁观。尽管英国东印度公司一再强调海盗事件不是他们所为，但是莫卧儿皇帝并不想区分这些，他要求公司必须查办凶手，并威胁说如果不能查办凶手便要终止与公司的合作，禁止公司在印度贸易。

　　莫卧儿皇帝的威胁对英国东印度公司产生了极大的震慑力，尽管它已经十分强大，但仍然无法以武力征服莫卧儿帝国，一旦莫卧儿皇帝兑现他的诺言，对英国东印度公司不啻灭顶之灾，它辛苦得来的与印度贸易的特权将一朝被废。于是这个曾经并且当时依然是一个海盗组织的公司向英国国王报告："如果不采取行动镇压海盗，陛下在东印度的贸易将会完全丧失。"[①] 它向英国政府提出了两个方案：或者派遣一支舰队来到印度洋缉拿海盗，或者授权东印度公司组建军队缉拿海盗。英国政府采取了后一种方案，授权东印度公司组建军队打击海盗，与此同时，英国政府也在限制北美殖民地的海盗活动，制定了更严格的法令，禁止单独的船只随意前往印度。1696 年，贝洛蒙特伯爵被任命为北美殖民地的纽约总督，他是一个打击海盗的积极派，决心采用武力打击海盗。但是从刚刚开始发展的北美殖民地派遣一支舰队前往印度洋显然成本过高，于是他向国王申请了私掠许可证，与几个同为辉格党成员的合伙人共同出资准备了一艘装备 34 门火炮的武装民船，准备前往印度洋打击海盗以及与英国竞争的法国商船。私掠证和船只准备好之后，贝洛蒙特伯爵需要找到一个经验丰富的船长执行这项任务，基德正是在这样的

---

① 〔美〕D. L. 斯帕：《从海盗船到黑色直升机》，倪正东译，中信出版社，2003，第 32 页。

背景下进入了贝洛蒙特伯爵的视线。

威廉·基德出生于 1654 年，早年生活贫困，年轻时凭借自己的努力成为一名私掠船船长。1690 年，他退役后迁居纽约，成为一名富商，娶了当地富有的寡妇。当他被推荐给贝洛蒙特伯爵时，已经 40 多岁，生活安逸而富裕的他本不应该接受这样的任务，但也许是渴望成为一名正式的皇家海军之心的驱使，基德接受了这项任务，并与贝洛蒙特伯爵签订了合约，合约规定投资者获得一半的战利品，国王按照传统得到 10%，基德本人得到 15%，船员得到剩余的 25%。[1] 基德欣然接受了这个合约而没有考虑到他正在陷入一个精心编织的阴谋中。

1696 年 9 月，在纽约招募到足够的人手之后，基德起航前往印度洋了。也许只是在到达印度洋之后，基德才意识到自己任务的艰巨性。1697 年 1 月，当他们的"冒险号"在马达加斯加靠岸，准备进攻盘踞在那里的海盗时，才发现自己的力量过于单薄。基德只好放弃了自己的进攻计划，准备继续向东行驶。但是事情的进展并不顺利，船只在印度洋上一连游荡数月，人员由于疾病，损失越来越多，携带的钱财与食物也即将耗尽，却还毫无所获。此时不要说投资人的利润和船员的工资，就是他们的生存都成了一个大问题，于是暴动的情绪在船员们中间蔓延开来。在越来越大的压力面前，基德终于做出了艰难的决定：将自己变成一个海盗。他懂得变成海盗的危险，但是仍然存在侥幸心理，认为只要不去劫掠英国商船，再加上国王的私掠证和伯爵的担保，他一定可以得到原谅。

一旦变成海盗，基德的日子就变得好过多了，印度洋上的商船都成了他们劫掠的对象。但是不可避免的是，他会遇到英国船只，当时英国东印度公司已经成了印度洋上的霸主，为了避免再次发生莫卧儿帝国皇家船只被劫的事情，东印度公司的战舰开始负责莫卧

---

[1] 〔民主德国〕诺伊基尔亨：《海盗》，赵敏善、段永龙译，长江文艺出版社，1988，第135 页。

儿皇帝船只的护航工作。1697 年 8 月的一天，当基德发现一艘印度商船并向这个猎物发动进攻的时候，他发现那艘商船是由英国东印度公司的战舰护航。当对方升起英国国旗准备战斗的时候，基德慌忙逃走了。但是基德还是被认出来了，从此之后，他便在英国被贴上了"海盗"的标签，成了政府的通缉犯。

基德继续在海上游荡，他需要足够的战利品给他的投资人和船员。经过一年多的时间，基德才好不容易截获了几艘印度商船，获得了一些战利品，并且准备返航。他深知自己进攻本国船只所犯下的罪行，于是他决定首先向贝洛蒙特伯爵求救，希望能够得到贝洛蒙特伯爵的谅解并且帮助他逃脱惩罚。但是他的希望落空了，当时在英国打击海盗的主张正占据上风，尤其是在东方海域，东印度公司已经对随意进入给它带来麻烦的海盗深恶痛绝，由其支持的托利党作为朝野中的反对派，对此也大声疾呼。辉格党也不得不注意此类问题，作为辉格党成员的贝洛蒙特伯爵此时只好尽量避免与基德的任何瓜葛，以免影响自己的政治前途。于是，当基德在 1699 年 7 月回到波士顿的时候，他立刻被逮捕，并且经过初步审问就被押往了伦敦。

1701 年 3 月，当基德被押往伦敦以后，他立刻成为政治关注的焦点。基德侵犯了东印度公司的利益，所以东印度公司及其支持的托利党要求严惩基德，并将基德的行为看作向辉格党发起政治攻势的重要砝码，寻找基德背后的支持者，这使贝洛蒙特伯爵及其他投资人销毁了与基德交往的证据，基德完全陷入了孤立无援的境地。当开庭审判之时，基德被指控参与了五项海盗活动以及一项谋杀活动。由于东印度公司的极力推动，基德毫无为自己辩白的可能性。于是在经过三天的审判之后，基德被以海盗罪和谋杀罪判处绞刑，并在两星期内执行。5 月 23 日，基德连同其他几个海盗被押往泰晤士河北岸的行刑场所。当他被推上绞刑架的时候，周围挤满了嘲弄他的看客。但是事情远未以基德的死亡为结束，他和其他海盗的尸

体被装在笼子里，高高地悬挂在泰晤士河岸边，被飞鸟啄食，被风吹干，最后只剩下可怕的骷髅，让在泰晤士河上行驶的大大小小的船只上的船员远远地都能看到基德这种令人恐怖的下场，以此告诉这些海员与本国政府作对的下场。

基德事件在整个海盗史上都具有里程碑式的意义。海盗在英国的立法上几乎从来没有获得过承认，1413 年海盗即被定为叛国罪，然而在海盗最猖獗的 1558～1578 年，只有 106 个海盗被处以绞刑。1578 年，虽然英国政府判决了 900 名海盗，但是真正被送上绞架的只有 3 个人。[①] 原因很简单，只有那些抢掠本国商船的海盗才会被处以绞刑，劫掠别国的商船不仅不会被定义为海盗，甚至还会受到英雄般的欢迎。当英国作为一个挑战者的时候，海盗们劫掠的都是外国船只，当然不会受到惩罚；但当英国成为海上统治者的时候，海盗们劫掠本国商船便不可避免了，此时海盗就只能成为受打击的对象了。无论是抢掠的财物数量还是凶狠程度，基德都无法与他的前辈媲美，但是因为他抢劫了本国商船，所以他必须为此付出生命的代价。正如国王曾经大张旗鼓地表扬德雷克和摩根这样为国家做出贡献的海盗一样，基德是另一个反面的典型。基德事件正是英国政府传递出来的信号，倒霉的基德可能就是一场精心设计的政治阴谋的牺牲品，当他被选择出来做这件事情的时候，他的命运也许就注定了。

二　西印度群岛海盗的没落

受到嘉奖的亨利·摩根并没有在英国度过余生，1676 年，他再次回到了牙买加。但是此时他的身份与任务都发生了巨大的变化，他成了牙买加副总督，任务不再是进攻西班牙的美洲殖民地，而是劝告其以前的同伙停止海盗活动，如果有必要，便采取强制手段制

---

① 〔美〕D. L. 斯帕：《从海盗船到黑色直升机》，倪正东译，中信出版社，2003，第 22 页。

止海盗的活动。摩根此次同样出色地完成了他的任务，牙买加不再是海盗的天堂，大庄园、榨糖厂和走私贸易迅速发展起来。

摩根身份与任务的改变标志着英国在西印度群岛地区的战略转型，英国得到了它希望得到的东西，海盗作为争取这种权利的工具已经完成了它的历史使命。不过此时英国以外的国家仍然没有制止海盗活动，尤其是法国仍然在以海盗活动获取财富，很多从前在牙买加的海盗跑到了法国在西印度群岛的殖民地圣多明各和托尔图加，壮大了法国海盗的实力，甚至摩根本人都投资了法国海盗的活动。但是随着法国获得了与英国一样的权利后，海盗在法国殖民地也变得不受欢迎了。海盗要么变换自己的职业成为种植园主、商人、海员、水手或者农民，要么前往未经开发的岛屿继续从事海盗活动。大部分海盗选择了转换职业，1713 年，西班牙王位继承战争结束以后，便有大约 6000 名从事私掠的海员放弃了海盗职业。西印度群岛大规模海盗活动的时代结束了。

但仍然有一部分海盗不愿意改变自己的职业，他们便转而前往古巴东北方的巴哈马群岛，将那里变成了一个海盗基地，袭击过往商船。这些海盗不再受到伦敦的欢迎，原因很简单，此时的加勒比海与印度洋一样，不再是西班牙的海洋，而是英国的海洋了。1717年 9 月 5 日，英国国王乔治一世签署了《镇压海盗的声明》，对巴哈马群岛海盗在公海上进行的各种各样的抢劫行为进行谴责，并且敦促他们在 1718 年 9 月 5 日之前向国王投降，那么他们在此之前的海盗行为都会得到赦免，对那些拒不投降者则要给予严厉打击。为了约束海盗活动，英国还向岛上派遣了一名总督，这位总督的名字叫伍兹·罗杰斯。

颇具讽刺意味的是，这位英国皇家海军军官与亨利·摩根一样，也是海盗出身。1708 年 8 月，还是在西班牙王位继承战争期间，罗杰斯组织了一次私掠远征活动，从布里斯托尔出发，横跨大西洋，绕过合恩角之后，在美洲太平洋沿岸劫掠，并在 1709 年 12 月成功地截

明清海盗（海商）的兴衰：基于全球经济发展的视角

明清海盗（海商）的兴衰：基于全球经济发展的视角

278

获了一艘从马尼拉来到墨西哥的大帆船，一下子发了大财。与当年的德雷克一样，罗杰斯劫掠了足够的财富之后，也绕道亚洲返回了英国。这场同样耗时三年的海盗活动一共得到了 160 万西班牙银币的战利品。① 虽然没有像德雷克当年那样受到热烈的欢迎，但是劫掠的财富仍然是惊人的，摩根一生在美洲沿岸的劫掠可能也没有获得如此之多的财富。利用劫掠到的财富，罗杰斯回到英国以后投入到了横跨大西洋的奴隶贸易。当英国决定打击巴哈马群岛海盗的时候，这位前私掠船长一半是出于为国家服务的目的，一半是出于开发一个有利可图的殖民地的目的，变成了打击海盗的皇家海军军官。

1718 年 7 月，当罗杰斯带领由 7 艘战舰组成的海军中队到达新普罗维登斯岛的时候，岛上的大部分海盗立刻投降了，只有一小部分海盗拒绝特赦，离开了这个小岛，继续与皇家海军对抗。但是这些海盗丧失了良好的补给基地之后，已经没有了往日持续作战的能力，虽然像"白棉布"杰克、"黑胡子"蒂奇、"黑色准男爵"巴塞洛缪·罗伯茨这样的海盗给人留下了凶残、恐怖的印象，但是他们已经远远不能跟前辈的命运相提并论，没有了固定的基地，无法获得良好的补给，他们不过是在海洋上毫无根基的浮萍，为了躲避皇家海军的追捕四处逃窜，逃脱不了很快就被消灭的命运。"白棉布"杰克 1718 年 8 月逃离新普罗维登斯岛，1719 年 11 月被皇家海军抓获，并在 11 月 16 日被处以绞刑；"黑胡子"蒂奇 1717 年 3 月才首次因为海盗活动出现在官方记录中，1718 年 11 月便被追捕他的皇家海军击毙，其余海盗也都被送上了绞刑架；1719 年 5 月，"黑色准男爵"巴塞洛缪·罗伯茨还是一艘运奴船上的二副，因为运奴船被劫变成了一个海盗，在加勒比海纵横劫掠之后，为了躲避皇家海军的追捕，准备离开这个危险之地前往西非。但是他还是没有能够离开，皇家海军的战舰就追上了他，1722 年 2 月 10 日，他

---

① 〔英〕安格斯·康斯塔姆：《世界海盗全史》，杨宇杰等译，解放军出版社，2010，第 139 页。

死在了皇家海军的第一波舰炮齐射中，其他的海盗们则被抓获，判处了绞刑或者变成了奴隶。其他规模更小一些的海盗也遭到了大体相似的命运。在躲避皇家海军追击的过程中，他们劫掠的物品也完全无法与他们的前辈相比，相比于德雷克、摩根动辄获得数十万金银币的战利品，此时的海盗获得的不过是糖和朗姆酒之类的低价物品。所以这个时期的海盗无论在规模还是破坏性上都无法与他们的前辈相提并论，很多学者将这个时期称为海盗的黄金时代名不副实，如果非要说这个时代是海盗的黄金时代，那也只能说是一个受到国家打击的"自由海盗"的"黄金时代"。

随着"黑色准男爵"巴塞洛缪·罗伯茨被消灭，加勒比海地区有组织的大规模海盗活动彻底消失了，加勒比海地区似乎完全恢复了地理大发现之前的平静，只不过现在海面上充斥着繁忙往来的商船，其中英国商船又占了绝大部分份额。

三 《巴黎宣言》宣布海盗非法

基德被绞死以及加勒比海盗被消灭标志着自大航海时代以来开启的海盗"黄金时代"的结束。此后，海盗虽然仍然活跃于海洋之上，但是其规模已经大为减小，只是在战争期间，海盗们才会获得各国政府颁发的私掠许可证，海盗活动才会再次猖獗。不过随着战争的结束，私掠许可证便会被收回，海盗活动便趋于减少。

海盗活动的减少并非各国政府或者海盗的良心发现，而是此时各国政府利益的改变。当德雷克前往美洲劫掠之时，大西洋上还没有一艘英国商船，尽管西班牙强烈要求惩处德雷克，英国却将他视作挑战西班牙垄断贸易的强大力量。正是借助海盗的力量，英国才打开了通往美洲和亚洲的道路，取得了在海洋上的垄断地位。当基德和加勒比海盗开始他们海盗生涯的时候，英国的商船已经行驶在全世界的海洋上，他们攻击的目标便不可能没有英国商船，因此他们已经从为英国获取利益变成了使英国受害，其受到打击也就是很正常的事情了。对英国如此，对其他欧洲国家也同样如此。法国、荷兰、西班牙与葡萄牙等国家，虽然在与英国争夺海洋霸权的斗争中失败了，但他们仍然占领着广大的殖民地，并且在海洋贸易中占据着庞大的份额，也不希望受到海盗的威胁与袭击。

从总体上说，此时欧洲国家已经控制了全球海洋，虽然他们之间仍然争斗不断，但是海盗已然不再是取得胜利的良好手段。在历次战争中总有一些国家试图放弃昂贵的海军而代之以私掠船活动，但是事实证明，这些海盗活动除了能够在战争初期截获敌方的几艘商船之外，对战争起不到决定性作用。^① 这就使欧洲各国普遍大力发展海军谋求海上霸权，海盗活动逐渐被放弃，并且成了抑制其他国家发展海上力量的手段，尤其是英国，更是不遗余力地打击海盗活动，同时推动废除私掠船制度。

在英国的极力推动以及欧洲各国逐渐达成共识的情况下，1856年克里米亚战争结束后，终于签订了旨在废除海盗活动的《巴黎海战宣言》（以下简称《宣言》）。《宣言》宣布从此以后永远取缔私掠船制度，海盗活动正式被宣布为非法，并且受到各国的打击。《宣言》发布后的两年内，欧洲大部分国家在《宣言》上签了字，放弃了雇用武装民船的权利。大规模的海盗活动不但从事实上终结了，而且被曾经的海盗宣布为非法，一个新的国际条约框架体系建立起来了，欧洲成为这个条约的主导，随意攻击航行在世界各地的欧洲商船将被视为海盗行为，受到各国的严厉打击。但是具有讽刺意味的是，美国拒绝在这个宣言上签字，并策动了此后加勒比海地区的很多海盗活动。直到1898年美西战争期间，美国才宣布自己遵守并实际执行了《宣言》的规定。^②

---

① 对此问题，马汉在《海权对历史的影响》（解放军出版社，1998）一书中多有论述。

② 邢广梅：《国际海上武装冲突法形成的标志——1856年〈巴黎海战宣言〉》，《军事历史》2007年第1期，第39~42页。

第二节　海军时代的海上争霸

　　海盗被宣布为非法并不意味着海上力量发展的终结，相反，这只是欧洲打击后来者利用海盗挑战其霸权的工具。只有海盗是非法的，才必须建立一支海军，但是没有丰厚的贸易利润，便很难供养一支花费高昂的海军，这也就保证了海上霸权国家对海洋贸易的垄断。马汉曾经着重强调一支正规海军对海洋的控制力，如果没有一支强大的海军力量，单纯依靠私掠船与海盗活动，无法使一个国家控制海洋，进而保证全球贸易的垄断地位。马汉的理论没有错误，正是全球贸易的扩张带动了海军的发展。但马汉也许并没有认识到海军的发展正是从海盗开始的。专门化海军的建立是随着海洋贸易的扩张出现的，但是很晚之后的事情，无论是中世纪威尼斯的商船队还是大航海时代葡萄牙的商船队，都没有专门的海军护航，所以每一艘船既是商船也是军舰，商人为自己提供保护。由于法国海盗在大西洋对运宝船队的袭击，西班牙在16世纪40年代建立了海军护航制度，保护穿越大西洋的运宝船队。但是西班牙并未因此加快海军建设。1571年，虽然西班牙与威尼斯的联合舰队取得了胜利，但是其舰队仍然主要以征召商船作战为主。1587年，西班牙筹备无敌舰队进攻英国时，这种情况并没有得到改变，虽然有一些专门战舰，但是大部分作战船只仍然是商船与渔船改造的。英国方面也大同小异，作战船只除了几艘皇家战舰之外，主要是商船与私掠船。

但是可以说随着英国逐渐向海洋国家转变，其海军建设才取得了长足的发展。

英国的海军建设直到都铎王朝时期也没有取得多大进展。亨利七世即位时，只有四艘海岸巡逻船归王室所有。在其统治期间，建造了四艘大船，并且鼓励民间以这四艘大船为原型建造船只，对建造120吨以上的船只发给津贴。亨利八世显然对海军建设更加热心，投资建立了航海学校，并且亲自参加船只和大炮的设计，在其统治结束时，皇家海军的总吨位为11268吨，包括53艘战舰，其中500吨以上的有6艘，200～500吨的有19艘。① 伊丽莎白为了增强海上实力，实施了一系列战略性的举措，但是即使如此，伊丽莎白时代海军的发展并不十分令人瞩目，1588年，其海军舰船总吨位为12590吨，与亨利八世时期相差无几，1603年，也不过只增加到17055吨。② 没有能力建设海军正是伊丽莎白女王利用海盗向西班牙的贸易垄断发起挑战的主要原因。

直到光荣革命成功以后，英国恢复了都铎王朝时期的海外扩张政策，海洋贸易对英国具有越来越重要的意义，才使英国海军迅速发展起来。但是此时英国仍然无力建设一支全球海军，其海外扩张明显分化成两种战略：在欧洲海域，正规海军已经取代了伊丽莎白时期的海盗，力图控制英吉利海峡，取代荷兰成为欧洲的海上霸主；在遥远的亚洲和西印度群岛，在战争期间则继续利用海盗向敌船发动进攻。

英国克伦威尔政府在1651年颁布了《航海条例》，该条例规定凡与大不列颠居留地或与其殖民地通商或在大不列颠沿岸经商的船舶，其船主、船长以及3/4船员，必须为英国籍臣民，违者没收船只以及所载货物。对于英国不能生产的产品，则要由英国船舶或者

---

① J. A. Williamson, *A short history of British Expansion*, Vol.1 (London, 1930), p. 80.

② 贺恩肖：《海上实力与帝国》，伦敦，1940，第96页，转引自吴于廑编《十五六世纪东西方历史初学集》，武汉大学出版社，2005，第219页。

出产该产品国家的船舶运载，对于违反规定者，则要没收货物或者征收高额关税。这个条例的目标相当明确，就是排挤荷兰在英国及其殖民地的海运。《航海条例》引起了荷兰的极端不满，引发了两个国家之间的战争。英国为这场战争进行了充分的准备，其快速、具有协同作战能力的海军战舰编队击败了荷兰的武装商船，取得了第一次英荷战争的胜利，强迫荷兰接受了《航海条例》，海军第一次在海洋霸权的争夺中发挥了重要作用。但是具有强大实力的荷兰并不甘心失败，1664年，因为两个东印度公司的冲突，两国再起战争。在这场战争中，英国复辟王朝以优良的海军战斗能力取得了战争起始阶段的胜利，但是随着战争的进行，海军费用高昂的问题在国内受到了越来越多的抨击，查理二世遂放弃了海军政策，代之以私掠船袭击荷兰商船。但是私掠船战术很快就被证明是一种错误的选择，虽然捕获了一些荷兰商船，但是英国的私掠船很快就被荷兰海军消灭殆尽。随后荷兰海军长驱直入，进入泰晤士河逼近伦敦，英国遭到了彻底的失败。1667年7月31日，双方签订了《布列达和约》，让英国感到少许安慰的是，和约对英国并没有多少不利，英国只是承认荷兰在东印度群岛的权利，被迫修改了《航海条例》，但是作为交换，英国也得到了纽约和新泽西，其在北美的殖民地从此连成一片。从短期看，这场战争是荷兰获得了胜利，但是从长期看，英国得到了更多的利益。这场战争带来的深刻教训是：当海盗面对的只是赤手空拳的亚洲商人或者实力稍弱的武装商船的时候，他们可以取得成果，但是在强大的海军面前则不堪一击，未来的海上争夺更应该依靠海军而不是海盗。当第三次英荷战争爆发的时候，双方的海军之间爆发了激烈的战争，但是由于法国的陆军加入到这场战争中，荷兰为了避免受到两面夹击，选择了与英国和解，同时也将海上霸权拱手让给了英国。

就在英国与荷兰在海上激烈争夺的时候，法国的主要目标仍然放在欧洲大陆，其在海外的殖民地和贸易地远远落在两个海洋大国后面。但是随着柯尔贝尔成为路易十四的财政大臣和海军大臣，法国的情况得到了极大的改观。柯尔贝尔深刻地意识到海洋的重要性，因此他不但大力发展法国的手工工场，而且极力推动法国的海外殖民地扩张和海军建设。为了扩张法国的海外贸易和殖民地，柯尔贝尔利用国家的力量建立起一支强大的海军，这支海军的军舰数量庞大，相当于英、荷军舰数量的总和，而且技术先进，军官训练有素。但是法国有其自身的弱点，即既面向大陆，又面向海洋，而且面向两个海洋，这使舰队必然要分配在两个海洋上，削弱了与英、荷在大西洋上的竞争能力。更为严重的是法国要面对比英国和荷兰强大得多的陆上派，时时将注意力转移到欧洲大陆的霸权争夺上。但是法国海军面临的最严重的问题还是它在大西洋上需要保护的利益没有英国那样多。沃勒斯坦就认为在 17 世纪英国与法国的差异是微乎其微的，如果说有，那就是在大西洋贸易上的差别。英国跨大西洋贸易的数量比法国大得多，而且在此期间成功地开辟了大量殖民地。17 世纪时，英国在西半球建立了 17 个殖民地而法国只建立了 8 个。到 1700 年时，英国的殖民地有 35 万～40 万人口，而法国仅有 7 万人口。① 既然没有巨大的利益需要保护，那么其海军投入必然难以持续。柯尔贝尔去世后，法国的海军便因为缺乏一个强大的领导者衰落了。

法国海军的衰落反过来又影响了法国在海洋上的竞争能力，当海洋对经济发展起到的作用越来越大的时候，法国不得不又投入到对海洋的争夺中。18 世纪初发生的西班牙王位继承战争在某种程度上可以说是对世界贸易控制权的争夺。经历了 16 世纪的辉煌以后，17 世纪的西班牙已经退出了欧洲中心国家的行列。但是西班牙仍旧十分强大，它不仅在欧洲拥有广阔的领土，而且控制着庞大的美洲大陆以及由此而来的大西洋贸易的机会。法国如果能够成功继承西

---

① 〔美〕伊曼纽尔·沃勒斯坦：《现代世界体系》第二卷，吕丹等译，高等教育出版社，1998，第 117 页。

班牙王位，那么它不仅可以继承西班牙在欧洲大陆的利益，而且可以继承西属美洲，并将英国排挤出去，从而一举扭转法国在大西洋贸易中的不利地位。但是英国绝对不会让法国轻易得逞，于是它也加入了对西班牙王位的争夺。这场争夺对英国和法国来说就是海军的直接对抗。法国虽然联合了西班牙舰队共同对抗英国，但是其低下的战斗力无法阻挡英国获得战争的胜利。1713 年，参战的双方签订了《乌特勒支条约》。法国唯一通过战争得到的就是西班牙王位的继承权，但是这个继承权是空的，西班牙既不能与法国合并，其美洲的殖民地也不属于法国，法国已经得到的与美洲的贸易还被转让给了英国。没有强大的海军使法国丧失了扭转局面的机会，不能阻止两国在大西洋上的贸易差距越来越大的事实。

随后，法国再次错过了与英国争夺海上霸权的机会。1747 年，因为西班牙检查英国走私商船并割掉了其船长詹金斯的耳朵，引发了两国之间的战争。这场战争不久之后就卷入了一场更大的战争，即奥地利王位继承战争当中，法国再次被卷入到陆上的争夺，英国趁机在海洋上进一步扩大了自己的领先地位。这场战争结束后不久，法国就彻底意识到海洋贸易的重要性，也意识到自己的落后，将重点转移到海洋上来，大力发展自己的海军，并在全世界建立自己的海军基地。奥地利王位继承战争结束仅仅十年，一场在英法之间的正面冲突就开始了。与历次的欧洲战争和英法战争不同，这是一场真正的世界大战和海上大战，海军成了交战双方取胜的关键。英国与法国几乎完全放弃了私掠战，在全世界范围内不断调动自己的海军，在海上进行了多次关键性的较量。当然，法国发动这场战争多少有点孤注一掷的味道，在全球贸易中已经远远落后于英国的法国，如果不能够通过一场战争扭转这种局面，那它将会落得更远。但是法国缺乏打赢这场战争的基础，从殖民地数量、人口以及海军力量上说，英国经过长期准备，占据绝对优势，所以结果很自然，尽管法国经过了长时间的精心准备，但是其海军实力还是无法与英国抗衡。法国失败了，1763 年签订的《巴黎和约》使英国成为一时间无人能敌的海上霸主，法国只能在英国允许的范围内进行贸易。

从 1588 年英西战争中主要利用海盗作战，到 17 世纪三次英荷战争中在欧洲使用海军，在其他地区动用私掠船，再到 18 世纪中期英国与法国在全世界范围内开展海军编队作战，海军显然已经逐渐取代海盗成为控制海洋贸易、获取和维护海上霸权的最重要力量。既然海盗已经完成了它的历史使命，那么宣布它为非法并且诋毁它的作用，也就非常符合这些海上霸权国家的利益了。就在英国成为海上霸主的时代，工业革命也恰在英国启动了，这究竟是巧合还是必然？

结　语

　　中世纪的东西方都是海上贸易稳定发展的时期。在欧洲，古罗马帝国崩溃以后，地中海贸易一度处于萧条的境地。随着经济的发展、东西方贸易的扩张，地中海再次变得繁忙起来，尤其是十字军东征开始以后，意大利地中海沿岸各城邦获得了巨大的收益，威尼斯、热那亚等各城邦繁荣起来。而在中国，汉王朝的崩溃并没有使海外贸易受到多大冲击，沿海地区反而可以不受深处内陆的中央政权的干涉而发展海外贸易；南北朝时期经历了中国海上贸易的第一次大发展；五代宋元时期，中国的海外贸易更是取得了令人瞩目的扩张。

　　虽然欧洲与中国的海上贸易在此时期都在稳步扩张，但是海上贸易的模式极不相同，地中海作为东西方贸易的桥梁，成了地中海沿岸各城邦激烈争夺的对象。从这些城邦兴起之日起，它们就非常清楚自身的生存与发展取决于海上贸易的扩张，排挤对手也是自身取得发展的重要途径，因而各城邦发展之初便陷入了激烈的争夺之中。而对中国而言，沿海地区从事海外贸易的大族与商人虽然也极力追求对贸易的垄断与控制，但是中国作为一个统一的国家，中央政权对海外贸易始终保持了强有力的控制，使海外贸易在政府的管理之下发展而不至于演变为沿海大族与商人为争夺贸易利益而展开海上斗争。两种不同的发展模式对大航海来临之后海上贸易的发展产生了深远的影响。

对欧洲国家来说，为了争夺海洋利益，就必须争夺海洋控制权，因此贸易与武装争夺密切相关。当欧洲地中海沿岸各城邦尤其是意大利地中海沿岸城邦刚刚勃兴之时，各城邦之间便陷入了激烈争夺之中，阿马尔菲是第一个崛起的城邦，但是被比萨击败以后一蹶不振，而比萨又被热那亚击败。随着十字军东征而来的东西方贸易扩张也使威尼斯和热那亚的斗争达到了地中海斗争的顶峰，两个城邦互相劫掠对方的商船，封锁对方的贸易通道。这种争斗在某种意义上导致了海上扩张，使斗争在更广阔的空间更激烈地展开。

葡萄牙对新航路的探险在某种程度上可以被看作这种扩张的继续。当葡萄牙经过长时间探险来到东方以后，它立刻将欧洲的武装贸易模式带到了规模更加庞大的亚洲海洋贸易中。葡萄牙人劫掠他们在海洋中看到的每一艘非本国的商船，并且武力进攻和占领亚洲海上贸易枢纽霍尔木兹、索科特拉岛、果阿和马六甲等地方。西班牙也不甘落后，1492 年派遣哥伦布向西航行试图到达东方，却意外地发现了美洲。如何分配海洋立刻成了焦点问题，葡萄牙和西班牙为此剑拔弩张，不过在教皇的协调下，两国先后通过《托尔德西拉斯条约》和《萨拉戈萨条约》平息了纷争，瓜分了世界的海洋。

西班牙与葡萄牙之间的斗争暂时平息，但并未平息其他欧洲国家对两国垄断海洋的不满，虽然法国海盗早就在大西洋上对西班牙构成了威胁，但是英国才是第一个真正试图对两国的垄断权发起挑战的国家。在试图绕过西班牙和葡萄牙的垄断、寻求新的前往亚洲和美洲的航道失败以后，英国即转而支持针对西班牙和葡萄牙的走私贸易和海盗活动，霍金斯与德雷克便是伊丽莎白时期这种战略的两个代表人物，而伊丽莎白本人甚至还被称作"海盗女王"。

17 世纪，随着海洋贸易规模的扩张和利益的增大，更多国家来到海洋上争夺权利，其中以英国、法国和荷兰为最。与西班牙和葡萄牙的海上事业属于王室垄断不同，英国、法国和荷兰成立了特许公司，这是由国王或者政府授权，国王、贵族和商人共同出资形成的垄断组织，它在国内最大限度地整合了各阶层的利益，将更强大的力量投入海外竞争。这些公司的武装商船在海上到处劫掠非本国商船，不断发动对海岸城市的袭击，持续不断的海盗行为终于使荷兰与英国先后取代了葡萄牙在亚洲的地位，也使西班牙放弃了对美洲大陆的贸易垄断。

虽然西班牙与葡萄牙衰落了，但是海洋上的竞争仍然没有结束，英国、法国与荷兰等国家仍在为了海上贸易展开激烈的争夺。但是与此前稍有不同的是纯粹的海盗被海军取代，斗争不再是随意的偷袭和仅仅获得战利品，而是规模更加庞大的有组织的舰队之间的战争，获胜者控制海洋和殖民地，失败者只能够服从。最后，英国在这场旷日持久的海洋争夺战中取得了胜利，英国的商船与殖民地遍布全世界，英国的战舰也在全世界范围内保护其商人的利益，英国成为全球贸易中心和工业革命的发源地。此时，海盗作为破坏者，显然不再符合英国的利益，于是海盗成了被打击的对象，基德和加勒比海盗就是此时期的牺牲品。然而真正让海盗成为非法的则是在 1856 年签订的《巴黎海战宣言》，在这个宣言中，武装民船被永远地废止了。两年之内，大部分欧洲国家都在这个宣言上签字，放弃了雇用武装民船的权利。很显然，欧洲国家不再需要海盗为它们的海洋利益开疆拓土了，真正的海军已经取代了海盗的位置，才使它们能够签订这样的条约，但是这也完全不能抹杀他们曾经使用海盗手段获得海洋利益的事实。

与西方激烈的海上斗争以及咄咄逼人的态势不同，中国的统治者并不关心对海洋的控制，相反，他们更多的是将海洋作为屏障，并且以怀柔的手段阻挡可能的外来入侵，对本国商民出海贸易始终加以严格管理。这种管理制度初步形成于汉朝，并为后代继承。

为了解除匈奴对汉朝的威胁，汉初曾经采取和亲政策，汉朝每年向匈奴进献一定数量的礼品，而且还要将一位汉室公主嫁与单于。这是与匈奴武力对抗失败的结果。但是随着汉朝经济的恢复与发展，这种政策受到了越来越多的批评，而且匈奴不断地增加索要礼品的数量使汉朝忍无可忍。汉武帝即位以后，在朝廷中经过激烈的争论，终于决定向匈奴发动进攻，以改变汉朝的被动局面。在经过一系列进攻之后，汉武帝消灭了匈奴的主力，对匈奴的经济造成了致命的影响。得不到汉朝的谷物、盐、铁等日用品，匈奴部落的生活变得极其悲惨，这促使了匈奴发生分裂，汉宣帝时期，南匈奴终于决定加入汉朝的朝贡体系，向汉朝称臣纳贡。

如果单从政治方面来说，从和亲体制到朝贡体制对汉朝来说是重大的胜利。在和亲体制下，汉朝与匈奴是近乎平等的关系，但是在朝贡体制下，匈奴已经变成了汉朝的臣属，汉朝也不必再将公主许配给匈奴单于了，相反，匈奴必须将一位王子送往汉朝作为人质以表示他们的臣服，匈奴单于或代表匈奴单于的使者必须到长安觐见汉朝皇帝，并且送上本国的贡品。但是如果从经济上说，汉朝的胜利成果就显得微不足道了。虽然从理论上说，汉朝不必再每年向匈奴进献礼物，而且也不必向匈奴提供多少赏赐，但是汉朝将匈奴纳入朝贡体制的目的是保证匈奴不对汉朝边境造成威胁，如果不能够得到足够的汉朝产品，匈奴就会越过边境劫掠汉朝，因而总体上说汉朝回赐匈奴礼品的价值远远超过匈奴进贡产品的价值。进入汉朝朝贡体制的南匈奴呼韩邪单于很快就认识到与汉朝建立朝贡关系的益处，因此频繁前来朝贡，并且每次都亲自前来，以获得更多回赐的礼品。匈奴频繁的朝贡很快引起了汉朝内部的争论，但是杨雄认为必须坚持目前的朝贡体制，虽然这耗费了国家财政，但是以此换取了匈奴的不进攻，总体上还是得益大于经济损失。[①] 杨雄的坚持也许是正确的，南匈奴进入了汉朝的朝贡体制，得到了大量的生活必需品，而北匈奴则因无法得到日常急需的产品而陷入衰落，最

---

① 班固：《汉书》卷九十四下"匈奴传下"，颜师古注，中华书局，1962，第3812页。

后不得不西迁寻求新的生存基地。由于汉朝削弱了强大的竞争对手，周边大部分游牧民族也被汉朝纳入了朝贡体系，以至于朝贡赏赐支出构成了汉朝财政的一项主要支出。据余英时的统计，东汉王朝用于赏赐的支出每年约为 7.5 亿钱，当时的财政收入约为每年 100 亿钱，用于朝贡的支出约占财政收入的 7.5%。[1] 但是即使如此，朝贡体制仍然是必须的，为了得到有价值的赏赐物，周边游牧民族必须在臣服与对抗之间做出选择，如果选择对抗，那么不但不能得到有价值的回赐礼品，而且就连交易日常产品的边境互市也要一并停止，这必然使他们的生活受到严重的影响。所以，如果赏赐付出的代价小于引起战争所付出的代价，那么朝贡体制就达到了它的目标。因此如果单从经济角度考察，朝贡体制与和亲体制差别不大，它们的目的均是以收买手段获得边境地区的安宁，差别只是在于一个是被动收买，一个是主动收买。理论上朝贡体制汉朝具有更大的控制力，如果周边国家对中国造成威胁，那么便可以通过禁止朝贡和互市的办法减弱周边国家的威胁，迫使周边国家就范。

由于汉朝提供的很多产品与国家的安全密切相关，因此产品便不能随意输出，汉朝主要禁止输出的产品是军器、铁和马匹等具有战略意义的产品。为了保证禁止商品的法令得到很好的执行，汉朝在边关地区一般设有关、津等检查机构，检查商人贩卖与交易有无违禁货物。对于违反规定的商人往往给予严厉打击。汉武帝时期，曾经发生了一次事件，商人因为未按照汉武帝要求，私自与前来朝贡的呼韩邪单于贸易而被处死了五百人。虽然不知道当时商人与单于交易的具体货物是什么，但是汲黯说："愚民安知市买长安中物而文吏绳以为阑出财物于边关乎？"[2] 从这里可以推知商人贸易的是违禁物品，很可能就是铁器或军器等产品。由于对外贸易成了处理对外关系的重要手段，贸易就不再完全是赚取利润的手段，而与国

---

① 余英时：《汉代的贸易与扩张》，上海古籍出版社，2005，第 59 页。
② 司马迁：《史记》卷一百二十 "汲郑列传第六十"，中华书局，1959，第 3109 页。

家的安全紧密联系在一起，很多产品不能自由输出，尤其是涉及国家安全的产品。因此中国的商人与其他国家的商人并无不同，都是为了追求尽可能多的利润，但是中国商人与西方商人也有不同，不同之处在于中国商人在追求利润的同时，必然更多地受到政府的制约，中国商人必须将自己对利润的计算置于国家对政治利益的计算之下，否则商人便会被看作威胁国家安全的因素。在这样的制度下，显然商人的重要任务不是去占领更多的国外市场，而是必须服从国家的安排。

汉朝创立的这种制度被历代继承，而且当海上贸易发展起来以后，这种与陆地国家之间的关系也被应用于海上，宋朝虽然是一个海上贸易极其发达的时代，但是仍然禁止兵器、铜钱、书籍和马匹等战略性产品通过海上贸易流入周边国家，市舶司与汉朝的关、津所起作用也相仿，完全是为了盘查商人出海贸易是否携带违禁物品并且向商人抽税。

明朝建立以后，更是将这种制度发展到了极致，不但建立了朝贡制度，而且严格禁止一切出海贸易的行为，否则便处以严厉的惩罚。但是明朝面临的环境与汉唐时期已经大为不同，经过了宋元时期相对开放的贸易管理体制，海外贸易已经大为发展，对海外产品的消费习惯已经形成。这使严厉的海禁措施很难长久维持。当明初的高压政策结束之后，海外贸易暗中迅速发展起来。然而商人并不希望挑战政府的权威，他们更多的是通过贿赂政府官员的方式出海贸易。虽然也有部分商人暗中出海贸易被抓获的记录，但是总体上海外贸易是蓬勃发展的，至明中期在东南沿海地区已经形成了若干对外贸易中心。

随着葡萄牙人来到亚洲，中国商品因在欧洲市场上热销，而此时也恰逢日本发现大量白银，为贸易提供了交换手段，因而中国的海外贸易进一步扩张。然而葡萄牙人来到东方之后，不仅带来了贸易扩张，更带来了贸易模式的改变，即用武装贸易模式取代和平贸易模式。贸易模式的改变对中国海商产生了重大冲击，对葡萄牙的武装贸易模式，中国海商也像亚洲地区的其他商人一样采取了应对措施，一部分中国商人开辟了新的贸易路线以避开葡萄牙人的袭击，另外一部分商人则武装起来，与葡萄牙人展开了对抗。海商的武装化虽然是对葡萄牙人的武装贸易的反应，但是引起了明朝统治者的担心，担心武装海商会对其统治不利，尤其担心这些海商与外国人联合起来，因此对海商采取了严厉的打击政策。海外贸易经过多年的发展，与沿海地区的经济与人民生活已经息息相关，贸然地采取严厉的打击政策引起了一系列的反应，以至于引发了社会动荡，经过二十余年才将这场社会动荡平息下去。

当朝统治者也深知这场社会动荡的原因源自海外贸易政策已经不适应迅速发展的海外贸易格局，因此有限地放开了海外贸易；但是为了防止武装海商集团的再次出现，设立了管理部门对出海商人进行严格盘查，既防止他们携带武器，也防止他们在海外聚集。但是明朝统治者在对待这场动荡的另一个罪魁祸首葡萄牙人的时候表现出了不同的态度，虽然没有将葡萄牙人纳入朝贡体制，但是默许了葡萄牙人在澳门居住，并且将利润最大的中日贸易交给了他们。总体上说，明朝统治者认为遥远的异族比本国的平民威胁更小，这使中国商人在海外贸易中面临极其不利的局面。虽然如此，中国商人仍然利用葡萄牙的控制能力有限以及西班牙与葡萄牙之间的矛盾获得了发展，在明朝统治者、中国商人与葡萄牙人之间形成了新的脆弱的平衡。

但是，这种平衡随着荷兰人的到来再度被打破。荷兰人到亚洲的目的与葡萄牙人并无多大区别，不但武力进攻澳门，拦截葡萄牙商船，更对中国商人展开了武装劫掠，中国海商的生存再次受到了极大的威胁，这使中国海商形成武装集团对抗荷兰人的武力竞争。在某种程度上，正是荷兰人的到来促成了郑芝龙集团的崛起。与此前的王直等海商集团相同，郑芝龙同样受到了明王朝的严厉打击。

不过，幸运的是，此时明王朝已经日薄西山，不得不面对北方的农民起义和满族入侵，因此暂时与郑芝龙达成了和解。与明朝的和解使郑芝龙获得了发展机会，并在与荷兰人的竞争中占据了优势。但是海商集团无法左右内陆的发展局势，明王朝不久便在农民起义和满族入侵的夹击下灭亡了，新建立的清王朝虽然仍需要平定各地的叛乱，但是它已经显示了比明王朝强大得多的实力。郑芝龙虽然试图与清王朝达成和解，但是以失败告终，其本人也遭到了不测，这几乎与百年前的王直完全一样。郑成功在其父与清王朝谈判破裂以后继续领导了这个庞大的海商集团，并与其他抗清团体保持了合作。虽然郑成功领导的这个团体极其强大，驱逐了荷兰殖民者，在中西贸易竞争中取得了胜利，但是它首先要面对的仍然是强大的清王朝而不是继续扩张其贸易范围。清王朝自知缺乏强大的水师，难以与郑氏集团抗衡，便以消极的海禁和迁海政策围剿郑氏集团。海外贸易是郑氏集团赖以生存的基础，断绝了与内陆的联系，就使郑氏集团的海外贸易成了无源之水、无根之木，不但出口的产品如丝绸、瓷器根本得不到保障，就是生存所需的粮食与军器等都受到了严重影响，郑氏集团被持续的海禁政策所削弱并最终被消灭。而此时，距离英国在第三次英荷战争中击败荷兰取得海上霸权也只有几年时间了，海盗也很快将被正式海军取代。

在这场由贸易扩张引发的全球海盗的兴起与衰落的过程中，由于本国政府对待海盗的态度完全不同，中西方海盗表现出不同的特征，综合起来，主要表现在三个方面。

首先，海盗组成人员的差别。无论是明清海盗还是西方海盗，其组成主体并无多大差别。英国自 15 世纪以来的圈地运动造成了大量贫民流离失所，只好前往海外谋生，或者到船上从事海盗和走私贸易；法国在 16 ~ 17 世纪不断发生的宗教冲突与战争也使大量受迫害者流亡海外，成为海盗的主要来源。中国海盗的主体与此大同小异，时人对此多有记载，其中以长时间身处剿倭一线的胡宗宪幕僚郑若曾记录得最为详细具体："海寇之聚，其初来未必同情。有冤抑难理，因愤而流于为寇者；有凭籍门户，因势而利用寇者；有货殖失计，因困而营于寇者；有功名沦落，因傲而放于寇者；有拥赁作息，因贫而食于寇者；有知识风水，因能而诱于寇者；有亲属被拘，因爱而牵于寇者；有抢掠人口，因壮而役于寇者。而尤其军兴之后，需索征敛，长吏贪蠹，猾胥掊克，官军淫掠，民不聊生，故多入伙铤险。"① 这些贫民因为生活遇到了困难，不得不流落为盗。但是海盗的领导集团绝不是这些贫民百姓，明清时期的中国海盗与西方海盗在领导阶层上也存在着巨大差异。对中国来说，成为海盗集团领导人物的是我们今天已经颇为熟悉的王直、徐海以及郑芝龙等人，他们的出身虽有所不同，但是在从事海盗活动之前主要是从事海外贸易活动的大商人，除此之外，这个集团中就再没有其他领导人物。西方的海盗集团，不论是英国、法国、荷兰还是西班牙与葡萄牙，他们的参与群体都更加广泛，其领导成员的组成也更加复杂。葡萄牙对亚洲商船和港口的攻击是由国王直接授意的，达·伽马、阿尔布克尔克这些军事进攻者和海盗不过是在执行国王的命令；西班牙对美洲大陆的占领也是王室行为，当这群来自海上的进攻者掠夺和占领了美洲的大陆和财富之后，最大受益人是西班牙国王；荷兰东印度、西印度公司直接由政府授权，英国、法国的私掠船也都得到了国王的授权，霍金斯、德雷克等人的海盗行为更有国王和政府高官的直接投资。

其次，海盗活动范围的差异。中西方的海盗活动，有着完全不同的目的和任务，这也造成了其活动范围的差异。对西方海盗来说，其目的是袭击对手的殖民地和取得贸易利益，进一步则是取得海洋垄断权，进而控制全球贸易，因此其活动范围是全球性的，对主要贸易通道和贸易中心展开激烈的争夺。麦哲伦第一次全球航行

① 胡宗宪编《筹海图编》卷十二，清文渊阁四库全书本，中国基本古籍库，第 258 页。

明清海盗（海商）的兴衰：基于全球经济发展的视角

的目的是寻找到达香料群岛的更近的通道，为西班牙打开香料贸易的大门；德雷克所做的第二次环球航行的目的是劫掠西班牙的美洲殖民地，并且为英国前往亚洲贸易搜集资料；荷兰、英国与法国不但在亚洲成立贸易公司激烈地争夺亚欧贸易以及亚洲内部贸易的垄断权，而且将西印度群岛作为劫掠美洲的基地。而对中国海盗来说，其产生本身即是对抗西方殖民者武力竞争的产物，但是为了应对西方商人的竞争，就必须应对来自本国统治者的打击。这使中国海商不得不一方面抗衡西方商人的武力竞争，另一方面将主要力量对抗本国统治者，结果造成了中国海商与西方商人的竞争往往被有意无意地忽略。不过由于本国统治者的镇压，中国海商也不得不为了洗刷海盗的罪名与本国统治者抗争，结果就是所谓的中国海盗的主要活动范围集中在中国东南沿海区域，其大多聚集于海岛，以海岛为依托，与大陆统治者展开周旋，即使是十分强大的郑氏集团，也没有躲开这个宿命。

最后则是海盗与海洋力量关系的差异。对西方国家来说，海盗的最终目的并不仅仅是抢劫商船和袭击沿海城市，而是与贸易争夺密切相关。这导致海盗的规模随着贸易规模的扩大而不断扩大，其军事技术也不断发展。达·伽马对亚洲发动的进攻不过是数艘武装商船携带近千名士兵和水手，德雷克对美洲发动进攻时已经能够组织数十艘军舰、几千名士兵。军事技术的发展更是显而易见，英国与荷兰在 17 世纪对西班牙和葡萄牙提出挑战时，其武装船只的机动性及配备的火炮数量和火力已经远远优于西班牙和葡萄牙，这也是英国与荷兰战胜西班牙和葡萄牙的重要原因。在海洋上不断的交锋过程中，海盗力量的发展壮大也终于导致了它的消亡，海盗终于演化成各国的海军，拥有更强大的组织和力量，保护本国的海洋贸易并打击其他国家的海洋贸易。实际上，英国的海军在很长时间内就被其他国家认为是海盗，在战争期间对中立国的船只也毫不留情地加以拘捕，这促使俄国、瑞典、丹麦等国家联合发表了《武装中立宣言》，联合对抗英国海军。在西方国家发生这种演变的过程中，中国却在向相反的方向演化。明初朱元璋建立了强大的海防力量，但正如"海防"这个词所表明的，明清统治者的目的在于近海防御、保卫陆地而不在于控制海洋。当不受到海洋上强大的威胁时，海防就会处在衰败的状态。只有为了打击海盗（海商），海防才会再度得到强化。但是这种强化也不过是一时而已，当海洋上的威胁解除之后，海防便会再次衰败。这使中国的海防力量始终无法取得持续的发展，结果就是在面对面对西方不断竞争中发展起来的强大的海洋力量时一败涂地。

当郑氏集团被消灭以后，中国海商形成大规模武装集团的条件实际上已经消失。中国海商在西方商人来到中国沿海之后，与其竞争最激烈的领域便是对中日贸易的控制。但是如表1所示，日本白银产量在17世纪后期出现严重下滑，致使西方丧失了垄断日本白银的兴趣，转而依靠美洲白银购买中国商品。由于美洲白银被欧洲控制，中国商人与西方商人的激烈竞争便不复存在，中国海商又不被本国统治者允许携带武器出国贸易，中国海商形成武装集团的土壤实际上也就不复存在了。

表1 1550～1700年中国白银进口量及来源

单位：吨

年份	1550～1600	1601～1640	1641～1685	1685～1700	合计
日本	1280	1968	1586	41	4875
菲律宾	584	719	108	137	1548
葡萄牙贩至澳门	380	148	0	0	528
合计	2244	2835	1694	178	6951

资料来源：麦迪逊：《世界经济千年史》，北京大学出版社，2003，第55页。

在一个已经进入全球竞争的时代，如果一个国家的商人没有强大的武装作为后盾，那么在贸易中只能仰人鼻息。中国商人经营的海外贸易虽然在欧洲商人来到之后仍然有所繁荣，但这是由于这些欧洲国家无力撼动明清政权在大陆的统治地位，难以与中国展开直接贸易，不得不继续以中国商人作为中介。但海洋此时已经全部被西方商人控制，中国海外贸易的繁荣只是毫无主导权的繁荣。一旦西方国家需要占领中国商人经营的贸易，中国商人便毫无还手之力，巴达维亚的"红溪事件"、马尼拉的西班牙殖民者多次屠杀中国商人事件以及中国海商在日本的遭遇都是这种结果最好的诠释。在欧洲商人终于取得与中国直接贸易的权利后（这与欧洲可以获得美洲白银而日本白银生产已经枯竭密切相关），中国海商的生存空间就被彻底挤压了。海商衰落之后，中国虽然再一次爆发了大规模的海盗活动，但此次海盗活动已与海外贸易关系不大，而且其爆发恰在于中国海商全面衰落以后沿海平民无以为生。

随着海商的衰败，对中国在全球生产与贸易体系中的作用也产生了巨大影响。一个国家无法控制自己的海外贸易，便割断了市场与生产之间的联系，只能够接受他人对资源配置的安排，中国明清时期出口商品的变化鲜明地体现了这种趋势。西方商人刚刚来到中国之时，中国出口的主要商品是丝织品、瓷器和铜钱等，这些都是典型的技术密集型的制造业产品。但随着中国海外贸易主导权的丧失，西方国家为了减少本国金银的输出，纷纷大力发展本国的制造业，结果导致中国的出口产品逐渐变成了生丝和茶叶这些资源、土地密集型产品。这些产品带来的利润远远不能与制造业产品相比，而且加剧了中国的资源与生态压力。即使是初级产品出口，西方国家也在力图打破中国的垄断，英国在印度种植茶叶的成功导致了中国茶叶的垄断地位丧失，茶叶出口贸易衰败。

随着海商的衰败，海防也就成了一句空话，清王朝甚至连沿海的海盗都无力追剿，更不要说对付实力上升的西方国家的海上力量了。如果说16世纪初期明朝海防力量还能够依靠人数优势战胜葡萄牙，17世纪初期还能够以贸易威胁逼退荷兰的话，到19世纪中期，清王朝已经完全没有了这样的能力，只能被迫同意英国提出的条件，使西方商人进一步渗透到中国内陆，直接控制中国出口产品，这使中国与出口贸易相关的各大商帮也都相继衰落了。

　　因此，如果将明清海盗放到更广阔的空间与更长的时段考察，就会发现其兴衰完全与全球经济密切联系在一起。全球经济在此时期因为新航线与新大陆的发现日渐繁荣，这也刺激了明清海外贸易的扩张。但由于西方的武力竞争和明清统治者的限制，中国海外贸易的扩张始终是没有主导权的扩张，最终使中国在这场全球化浪潮中成为一个彻底的失败者，并从此走入弱国之列。

参考文献

中文文献

[1] 〔德〕安德烈·贡德·弗兰克:《白银资本:重视经济全球化中的东方》,刘北成译,中央编译出版社,2000。

[2] 〔英〕安格斯·康斯塔姆:《世界海盗全史》,杨宇杰等译,解放军出版社,2010。

[3] 〔英〕安格斯·麦迪逊:《世界经济千年史》,北京大学出版社,2003。

[4] 〔美〕安乐博:《中国海盗的黄金时代(1520-1810)》,《东南学术》2002年第1期。

[5] 〔荷〕包乐史:《中荷交往史》,庄国土、程绍刚译,(香港)路口店出版社,1989。

[6] 〔荷〕包乐史:《看得见的城市——东亚三商港的盛衰浮沉录》,赖钰匀、彭昉译,浙江大学出版社,2010。

[7] 〔荷〕包乐史:《明代海禁与海外贸易》,人民出版社,2005。

[8] 〔日〕滨下武志:《近代中国的国际契机》,中国社会科学出版社,1999。

[9] 〔美〕维克多·李·伯克:《文明的冲突:战争与欧洲国家体制的形成》,王晋新译,生活·读书·新知三联出版社,2006。

[10] 程绍刚译《荷兰人在福尔摩萨》，（台北）联经出版事业公司，2000。

[11] 〔美〕D. C. 诺斯、〔美〕R. 托马斯：《西方世界的兴起》，厉以平、蔡磊译，华夏出版社，1999。

[12] 〔美〕D. L. 斯帕：《从海盗船到黑色直升机》，倪正东译，中信出版社，2003。

[13] 〔法〕费尔南·布罗代尔：《15 至 18 世纪的物质文明、经济和资本主义》第三卷，顾良、施康强译，生活·读书·新知三联书店，2002。

[14] 〔美〕菲利普、〔美〕肯尼迪·P.：《大国兴衰：1500 - 2000 年的经济变迁与军事冲突》，中国经济出版社，1989。

[15] 〔德〕菲利普·D. 柯丁：《世界历史上的跨文化贸易》，鲍晨译，山东画报出版社，2009。

[16] 〔日〕黑田平申：《货币制度的世界史》，中国人民大学出版社，2007。

[17] 〔美〕J. W. 汤普逊：《中世纪晚期欧洲经济社会史》，商务印书馆，1996。

[18] 〔荷〕伽士特拉：《荷兰东印度公司》，倪文君译，东方出版中心，2011。

[19] 〔澳〕杰克·特纳：《香料传奇：一部由诱惑衍生的历史》，周子平译，生活·读书·新知三联书店，2007。

[20] 〔日〕木官泰彦：《日中文化交流史》，胡锡年译，商务印书馆，1980。

[21] 〔美〕穆黛安：《华南海盗：1790 - 1810》，刘平译，中国社会科学出版社，1997。

[22] 〔民主德国〕诺伊基尔亨：《海盗》，赵敏善、段永龙译，长江文艺出版社，1988。

[23] 〔苏联〕施托克马尔：《十六世纪英国简史》，上海人民出版

社，1959。

[24]〔美〕斯塔夫里阿诺斯：《全球通史》下册，北京大学出版社，2005。

[25]〔日〕石岛晴夫：《西班牙无敌舰队》，简光沂译，海洋出版社，1992。

[26]〔葡〕桑贾伊·苏拉马尼亚姆：《葡萄牙帝国在亚洲1500－1700：政治和经济史》，何吉贤译，纪念葡萄牙发现事业澳门地区委员会，1997。

[27]〔美〕苏珊·罗纳德：《海盗女王：伊丽莎白一世和大英帝国的崛起》，张万伟、张文亭译，中信出版社，2009。

[28]〔日〕速水融、宫本又郎：《日本经济史》第一卷，生活·读书·新知三联书店，1997。

[29]〔日〕田中健夫：《倭寇——海上历史》，武汉大学出版社，1987。

[30]〔英〕亚当·斯密：《国民财富的性质和原因的研究》下卷，郭大力、王亚南译，商务印书馆，1983。

[31]〔日〕岩生成一：《下港（万丹）唐人街盛衰变迁考》，《南洋问题资料译丛》1957年第2期。

[32]〔美〕伊曼纽尔·沃勒斯坦：《现代世界体系》第一、二卷，吕丹等译，高等教育出版社，1998。

[33]〔美〕威廉·伯恩斯坦：《贸易改变世界》，海南出版社，2010。

[34]〔澳〕雪珥：《大国海盗》，山西人民出版社，2011。

[35]白蒂：《远东国际舞台上的风云人物——郑成功》，广西人民出版社，1997。

[36]白蒂：《中国、东亚与全球经济——区域和历史的视角》，社会科学文献出版社，2009。

[37]陈碧笙：《台湾地方史》，中国社会科学出版社，1990。

[38]陈东有：《走向海洋贸易带——近代世界市场互动中的中国东南商人行为》，江西高校出版社，1998。

[39] 陈国栋：《东亚海域一千年》，山东画报出版社，2006。

[40] 陈希育：《中国帆船与海外贸易》，厦门大学出版社，1991。

[41] 陈希育：《"怀夷"与"抑商"：明代海洋力量兴衰研究》，山东人民出版社，1997。

[42] 陈学文：《明代的海禁与倭寇》，《中国社会经济史研究》1983年第1期。

[43] 陈学文：《论嘉靖时的倭寇问题》，《文史哲》1983年第5期。

[44] 陈学文：《朱纨抗倭卫国的历史功绩》，《福建论坛》1983年第6期。

[45] 陈子龙等编《明经世文编》，中华书局，1962。

[46] 戴裔煊：《明代嘉隆间的倭寇海盗与中国资本主义的萌芽》，中国社会科学出版社，1982。

[47] 范中义、仝晰纲：《明代倭寇史略》，中华书局，2004。

[48] 傅衣凌：《明清时代商人及商业资本》，人民出版社，1956。

[49] 高淑娟，冯斌：《中日对外经济政策比较史纲——以封建末期贸易政策为中心》，清华大学出版社，2003。

[50] 顾炎武：《天下郡国利病书》，稿本，中国基本古籍库。

[51] 谷应泰：《明史纪事本末》，中华书局，1977。

[52] 胡宗宪编《筹海图编》，清文渊阁四库全书，中国基本古籍库。

[53] 黄庆华：《中葡关系史》，黄山书社，2006。

[54] 黄仁宇：《十六世纪明代中国之财政税收》，生活·读书·新知三联书店，2001。

[55] 黄仁宇：《万历十五年》，中华书局，2007。

[56] 计六奇：《明季北略》，中华书局，1984。

[57] 江日升：《台湾外记》，福建人民出版社，1983。

[58] 江树声译《热兰遮城日记》（第1册），（台北）台湾文献委员会，2000。

[59] 金应熙主编《菲律宾史》，河南大学出版社，1990。

明清海盗（海商）的兴衰：基于全球经济发展的视角

［60］《康熙起居注》，中华书局，影印版。

［61］李金明：《明代海外贸易史》，社会科学文献出版社，1990。

［62］李庆新：《明代海外贸易制度》，社会科学文献出版社，2007。

［63］李斯特：《政治经济学的国民体系》，商务印书馆，1997。

［64］李一平、李洛荣、龚连娣：《世界海军史》，海潮出版社，2000。

［65］李云泉：《朝贡制度史论：中国古代对外关系体制研究》，新华出版社，2004。

［66］连横：《台湾通史》，广西人民出版社，2005。

［67］梁启超：《祖国大航海家郑和传》，载王天有编《郑和研究百年论文选》，北京大学出版社，2004。

［68］林仁川：《明末清初私人海上贸易》，华东师范大学出版社，1987。

［69］《大陆与台湾的历史渊源》，文汇出版社，1991。

［70］刘惟谦编《大明律》，日本景明刻本，中国基本古籍库。

［71］龙思泰：《早期澳门史》，东方出版社，1997。

［72］罗翠芳：《商人资本与西欧近代转型》，中国社会科学出版社，2007。

［73］马汉：《海权对历史的影响》，解放军出版社，1998。

［74］马士：《中华帝国对外关系史》，商务印书馆，1963。

［75］门多萨：《中华大帝国史》，中华书局，1998。

［76］《明实录》，台湾“中央”研究院历史语言研究所，1962。

［77］彭慕兰：《大分流》，江苏人民出版社，2004。

［78］全汉升：《中国经济史论丛》一，香港中文大学新亚书院，1972。

［79］阮旻锡：《海上见闻录》，福建人民出版社，1982。

［80］《清实录》，中华书局，1985～1987。

［81］尚钺：《中国资本主义生产因素的萌芽及其增长》，载田居俭、宋元强编《中国资本主义萌芽》上册，巴蜀书社，1987。

［82］邵廷采：《东南纪事》，台湾文献丛刊本。

［83］施琅：《靖海纪事》，台湾文献史料丛刊第六辑，台湾大通书

局，1987。

[84] 司徒琳：《南明史（1644-1662）》，上海书店出版社，2007。

[85] 松浦章：《清代帆船东南亚航运与中国海商海盗研究》，上海辞书出版社，2009。

[86] 松浦章：《明清时代东亚海域的文化交流》，江苏人民出版社，2009。

[87] 台湾"中央"研究院编《中国海洋发展史论文集》（一），台湾"中央"研究院，1984。

[88] 台湾"中央"研究院历史语言研究所编《明清史料》，中华书局，1987。

[89] 汤开建：《澳门开埠初期史研究》，中华书局，1999。

[90] 田汝康：《中国帆船贸易与对外关系史论集》，浙江人民出版社，1987。

[91] 万明：《中国融入世界的步履：明与清前期海外政策比较研究》，社会科学文献出版社，2000。

[92] 王国斌：《转变的中国》，江苏人民出版社，1998。

[93] 王宏斌：《清代前期海防：思想与制度》，社会科学文献出版社，2002。

[94] 王加丰：《西班牙和葡萄牙帝国的兴衰》，三秦出版社，2005。

[95] 王天有编《郑和研究百年论文选》，北京大学出版社，2004。

[96] 王杰：《中国古代对外航海贸易管理史》，大连海事大学出版社，1994。

[97] 王之春：《国朝柔远记》，（台北）广文书局，1978。

[98] 汪熙：《约翰公司：东印度公司》，上海人民出版社，2007。

[99] 魏源：《圣武记》，韩锡铎、孙文良点校，中华书局，1984。

[100] 温睿临：《南疆逸史》，中华书局，1959。

[101] 吴晗：《关于中国资本主义萌芽的一些问题——在北京大学历史系所作的报告》，《光明日报》，1955年12月22日，又

明清海盗（海商）的兴衰：基于全球经济发展的视角

载田居俭、宋元强主编《中国资本主义萌芽》上册，巴蜀书社，1987，第 243~245 页。

[102] 吴于廑编《十五十六世纪东西方历史初学集》，武汉大学出版社，2005。

[103] 吴于廑编《十五十六世纪东西方历史初学集续编》，武汉大学出版社，2005。

[104] 厦门大学历史系编《郑成功研究论文选》，福建人民出版社，1982。

[105] 厦门大学郑成功历史调查研究组编《郑成功收复台湾史料选编》，福建人民出版社，1982。

[106] 厦门大学台湾研究所历史研究室编《郑成功研究国际学术会议论文集》，福建人民出版社，1989。

[107] 厦门大学台湾研究所、中国第一历史档案馆编辑部编《郑成功档案史料选辑》，福建人民出版社，1985。

[108] 厦门大学台湾研究所、中国第一历史档案馆编辑部编《康熙统一台湾档案史料选辑》，福建人民出版社，1983。

[109] 徐鼒：《小腆纪年附考》，中华书局，1957。

[110] 徐萨斯：《历史上的澳门》，澳门基金会，2000。

[111] 徐晓望：《福建通史·明清卷》，福建人民出版社，2006。

[112] 徐晓望：《早期台湾海峡史研究》，海风出版社，2006。

[113] 严从简：《殊域周咨录》，余思黎点校，中华书局，2000。

[114] 杨英：《先王实录》，陈碧笙校注，福建人民出版社，1981。

[115] 姚贤镐主编《中国近代对外贸易史资料》（第一册），中华书局，1962。

[116] 余英时：《汉代贸易与扩张——汉胡经济关系结构研究》，上海古籍出版社，2004。

[117] 张丽：《两次世界经济全球化》，中国经济史论坛，参见 http:/economy. guoxue. com/article. php/10483/1。

[118] 张丽：《非平衡化与不平衡——从无锡近代农村经济发展看中国近代农村经济的转型（1840－1949）》，中华书局，2010。

[119] 张乃和：《贸易、文化与世界区域化：近代早期中国与世界的互动与比较》：吉林人民出版社，2007。

[120] 张声振：《中日关系史》，吉林文史出版社，1996。

[121] 张声振、郭洪茂编《中日关系史》第一卷，社会科学文献出版社，2006。

[122] 张廷玉等撰《明史》，中华书局，1974。

[123] 张天泽：《中葡早期通商史》，香港：中华书局，1988。

[124] 张维华：《明代海外贸易简史》，上海人民出版社，1956。

[125] 张文木：《论中国海权》，海洋出版社，2009。

[126] 张燮：《东西洋考》，中华书局，2000。

[127] 张玉芬编著《清朝通史·嘉庆卷》，紫禁城出版社，2003。

[128] 郑成功研究学术讨论会学术组编《台湾郑成功研究论文选》，福建人民出版社，1982。

[129] 郑成功研究学术讨论会学术组编《郑成功研究论文选续集》，福建人民出版社，1984。

[130] 郑广南：《中国海盗史》，华东理工大学出版社，1998。

[131] 郑舜功：《日本一鉴》，民国二十八年影印本。

[132] 朱纨：《甓余杂集》，四库全书存目丛书集部第078册，齐鲁书社，1997。

[133] 中国海洋学会编《中国海洋学会2007年学术年会论文集》下册，中国海洋学会，2007。

[134] 中国历史研究社编《倭变事略》，中国历史研究资料丛书，上海书店，1982。

[135] 中国明代研究学会编《全球化下明史研究之新视野论文集》（一），（台北/埔里）东吴大学/暨南国际大学，2005。

[136] 中国明代研究学会编《全球化下明史研究之新视野论文集》

（二），（台北/埔里）东吴大学/暨南国际大学，2007。

[137] 中外关系史学会编《中外关系史论丛》第三辑，世界知识
出版社，1991。

[138] 中外关系史学会编《中外关系史译丛》第一至五辑，上海
译文出版社，1984~1991。

[139] 晁中辰：《王直评议》，《安徽史学》1989 年第 1 期。

[140] 陈抗生：《嘉靖倭患探实》，《江海论坛》，1980 年第 3 期。

[141] 陈尚胜：《也论清前期的海外贸易——与黄启臣先生商榷》，
《中国经济史研究》1993 年第 4 期。

[142] 陈希育：《"闭关"或"开放"类型分析的局限性》，《文史
哲》2002 年第 6 期。

[143] 陈玮：《英国女王伊丽莎白一世和海盗德雷克——试述英国
早期殖民活动与海盗行径》，《内蒙古大学学报》（哲学社会
科学版）1983 年第 2 期。

[144] 樊树志：《"倭寇"新论——以"嘉靖大倭寇"为中心》，
《复旦学报》（社会科学版）2000 年第 1 期。

[145] 古鸿廷：《论明清的海寇》，《海交史研究》2002 年第 1 期。

[146] 韩琦：《拉丁美洲殖民地时期的海盗和走私》，《拉丁美洲研
究》，1999 年第 5 期。

[147] 黄鹏：《论伊丽莎白一世时期的英国私掠船活动》，硕士学
位论文，湖南师范大学历史学院，2007。

[148] 黄启臣：《明末在菲律宾的华人经济》，《华人华侨历史研
究》1998 年第 1 期。

[149] 黄秀蓉：《16 世纪中英海盗群体性格比较研究》，硕士学位
论文，西南大学历史文化学院，2006。

[150] 黄增强：《拿破仑大陆封锁政策及其影响》，《云南社会科
学》1998 年第 1 期。

[151] 基亚松：《1570－1770 年中菲帆船贸易》，《东南亚研究》

1987 年第 1、2 期。

[152] 荆晓燕：《明清之际中日贸易研究》，博士学位论文，山东大学历史学院，2008。

[153] 李金明：《清嘉庆年间的海盗及其性质试析》，《南洋问题研究》1995 年第 2 期。

[154] 李一蠡：《重新评析明清海盗》（上），《炎黄春秋》1997 年第 11 期。

[155] 李一蠡：《重新评析明清海盗》（下），《炎黄春秋》1997 年第 12 期。

[156] 林齐模：《近代中国茶叶国际贸易的衰减——以对英国出口为中心》，《历史研究》2003 年第 6 期

[157] 刘平：《乾嘉之交广东海盗与西山政权的关系》，《江海学刊》1997 年第 6 期。

[158] 刘平：《清中叶广东海盗问题探索》，《清史研究》1998 年第 1 期。

[159] 刘强：《中国制瓷业的兴衰（1500～1900）》，硕士学位论文，南开大学经济学院，2008。

[160] 刘章才：《十八世纪中英茶叶贸易及其对英国社会的影响》，硕士学位论文，首都师范大学，2008。

[161] 骆昭东：《从全球经济发展的视角看明清对外贸易政策的成败》，博士学位论文，南开大学经济学院，2010。

[162] 廖大珂：《朱纨事件与东亚海上贸易体系的形成》，《文史哲》2009 年第 2 期。

[163] 史志宏：《明及清前期保守主义的海外贸易政策》，《中国经济史研究》2004 年第 2 期。

[164] 史志宏：《明及清前期保守主义的海外贸易政策形成的原因及历史后果》，《中国经济史研究》2004 年第 4 期。

[165] 唐力行：《论明代徽州海商与中国资本主义萌芽》，《中国经

明清海盗（海商）的兴衰：基于全球经济发展的视角

济史研究》1990 年第 3 期

［166］陶德臣：《19 世纪 30 年代至 20 世纪 30 年代中印茶叶比较研究》，《中国农史》1999 年第 1 期。

［167］王恩重：《17 世纪郑氏海商集团地位论》，《学术月刊》2005年第 8 期。

［168］王慕民：《明代宁波在中日经济交往中的地位——兼论官、民贸易方式的转变与嘉靖"大倭乱"的起因》，《宁波大学学报》（社会科学版）2004 年第 9 期。

［169］王日根：《明代东南海防中敌我力量对比的变化及其影响》，《中国社会经济史研究》2003 年第 2 期。

［170］王日根：《明代海防建设与倭寇、海贼的炽盛》，《中国海洋大学学报》（社会科学版）2004 年第 4 期。

［171］王涛：《明至清中期中国与西属美洲丝银贸易的演变及其影响因素》，《拉丁美洲研究》2011 年第 2 期。

［172］王涛、王华玲：《清代茶叶贸易衰败的政策因素探析》，《农业考古》2010 年第 5 期。

［173］王涛、王华玲：《郑和下西洋与中国长期经济增长》，《生产力研究》2011 年第 1 期。

［174］王守稼：《试论明代嘉靖时期的倭患》，《北京师范学院学报》1981 年第 1 期。

［175］王裕群：《明代的倭寇》，《新史学通讯》1956 年第 2 期。

［176］吴建雍：《清前期中国与巴达维亚的帆船贸易》，《清史研究》1996 年第 3 期。

［177］夏蓓蓓：《郑芝龙——十七世纪的闽海巨商》，《学术月刊》2002 年第 4 期。

［178］夏继果：《德雷克的环球航行与伊丽莎白外交》，《历史教学问题》1998 年第 3 期。

［179］夏继果：《都铎王朝时期英国海军的创建与发展》，《齐鲁学

刊》2001 年第 6 期。

[180] 晓学：《略论嘉靖倭患——与"反海禁"论者商榷》，《贵州民族学院学报》（哲学社会科学版）1983 年第 1 期

[181] 叶志如：《试析蔡牵集团的成份及其反清斗争实质》，《学术研究》1986 年第 1 期。

[182] 叶志如：《乾嘉年间广东海上武装活动概述——兼评麦有金等七帮的"公立约单"》，《历史档案》1989 年第 2 期。

[183] 喻常森：《试论朝贡制度的演变》，《南洋问题研究》2000 年第 1 期。

[184] 云川：《明代东南沿海的倭乱》，《新史学通讯》1955 年第 6 期。

[185] 张国刚：《明清之际中欧贸易格局的演变》，《天津社会科学》2003 年第 6 期。

[186] 张丽、骆昭东：《从全球经济发展的视角看明清商帮兴衰》，《中国经济史研究》2009 年第 4 期。

[187] 张健：《论朱纨事件》，硕士论文，厦门大学历史学院，2007。

[188] 张声振：《论明嘉靖中期倭寇的性质》，《学术研究》1991 年第 4 期。

[189] 张声振：《再论嘉靖中期的倭寇性质——兼与〈嘉隆倭寇刍议〉一文商榷》，《社会科学战线》2008 年第 1 期。

[190] 赵文红：《17 世纪上半叶欧洲殖民者与东南亚的海上贸易》，博士学位论文，厦门大学，2009。

[191] 赵亚楠：《近代西方海外扩张与华茶生产贸易的兴衰》，硕士学位论文，南开大学，2007。

[192] 郑以灵：《浅论郑芝龙的海上商业活动》，《史学集刊》1996 年第 1 期。

[193] 郑有国：《明代中后期中国东南沿海与世界贸易体系——兼论月港"准贩东西洋"的意义》，《福州大学学报》（哲学社

会科学版）2009 年第 1 期。

[194] 庄国土:《论早期海外华商经贸网络的形成》,《厦门大学学报》（哲学社会科学版）1999 年第 3 期。

[195] 庄国土: 《论 15－19 世纪初海外华商经贸网络的发展》,《厦门大学学报》（哲学社会科学版）2000 年第 2 期。

英文文献

[1] Andrews, K. R., *Elizabethan Privateering* (Cambridge, 1964).

[2] Boxer, C. R., *Fidalgos in the Far East*, 1550－1770 (Oxford University Press, 1968).

[3] E. H. Blair, and J. A. Robertson, *The Philippine Island*, 1493－1898 (Cleveland: 1904).

[4] *Four Centuries of Portuguese Expansion*, 1415－1825: *A succinct Survey* (University of California Press, 1972).

[5] Glamann, Kristof, *Dutch－Asiatic Trade*, 1620－1740 (Hague: Maritinus Nijhoff, 1981).

[6] Kelsey, Harry, *Sir Francis Drake: The Queen's Pirate* (Yale University Press, 2000).

[7] Parry, J. H., *A Short History of The West Indies* (London: Macmillan, 1956).

[8] Ptak, Roderich, *China and the Asian Seas* (Singpore: Ashgate, 1998).

[9] Rodger, N. A. M., *The Command of The Ocean: A Naval History of Britain, 1649—1815* (New York: W. W. Norton, 2006).

[10] Rowse, A. L., *The Expansion of Elizabethan England* (London: Macmillan. 1981).

[11] Schurz, W. L., *The Manila Galleon* (New York: E. P. Dutton & Co, 1959).

[12] Van Leur, J. C. , *Indonesian Trade and Society*: *Essays in Asian Social and Economic History* (The Hague: W. van Hoeve, 1955) .

[13] Wake, CHH. , *The Changing Pattern of Europe's Pepper and Spice Imports*, *ca* 1400—1700, vol. 8 (Journal of European Economic History, 1979), pp. 361 – 403.

[14] Williamson, J. A. , *A short history of British Expansion*, Vol . 1 (London, 1930) .

明清海盗（海商）的兴衰：基于全球经济发展的视角

索 引

后　记

从一个工程技术人员转学经济学，继而攻读经济史的博士学位，不断的转换是一个不断尝试的过程，也是一个充满艰辛的过程，但我依然坚信自己的转换是正确的选择，它使我距离自己的兴趣越来越近。能将兴趣与工作结合在一起是人生的一件乐事。

我很庆幸自己能够跟随张丽教授攻读博士学位。张老师是一位具有宽广的学术视野和严谨的学术态度的学者，她教给我重新认识历史的方法，让我受益匪浅。张老师在选题、调整论文结构等方面给予我悉心指导和帮助，使我能够顺利地完成博士学位论文，并有机会得以出版。除了宽广的学术视野和严谨的学术态度之外，我想挑战性也是我从张老师那里学到的可以受益终生的箴言，它不但改变了我对学术的认识，而且也改变了我对人生的认识。

我的博士学位论文能够以专著的形式出版，还要感谢我的论文评阅人和答辩老师张文木教授。作为海权方面的专家，当他看完我的博士学位论文后，因为其中的内容给予他一点小小的启示，他便将这篇论文极力推荐给出版社，使我感受到他率真的性格和对后辈的激励提携，让我十分感动。

本书的出版还有许多人需要感谢，陈争平教授、魏明孔研究员、赵津教授对论文提出的意见对本书的完善颇多助益；与日本学者汪义正先生在倭寇及历史研究方法方面的多次交流使我受益匪浅；同门刘强不仅将资料无私地与我分享，在全球史方面的探讨也对我的论文写作有颇多启发；关永强、骆昭东在经济史研究方法上对我多有指导；社会科学文献出版社的陈凤玲博士在图书出版过程中给予了大力帮助，在此一并表示感谢。我还要感谢我的父母和妻子，三年的读博生活，使我无暇顾及家庭，也没有收入贡献给家庭，但是他们是那样支持我，不让我有任何分心的事情，这使我能够安心学习和写作。我还想对女儿说，写作的艰辛让爸爸没有更多的时间陪你，希望你能够原谅爸爸！这本专著也算是给你未来的一个礼物吧，但愿你将来能够看懂的时候喜欢它！

由于成书时间仓促，笔者功力有限，因此本书仍存在很多可以改进与探讨的地方，本着文责自负的原则，敬请专家和学者指正。

王涛

2016 年 3 月

于河北大学紫园

图书在版编目（CIP）数据

明清海盗（海商）的兴衰：基于全球经济发展的视
角 / 王涛著. -- 北京：社会科学文献出版社，2016.12（2023.1 重印）
（海上丝绸之路与中国海洋强国战略丛书）
ISBN 978 - 7 - 5201 - 0087 - 8

Ⅰ.①明⋯　Ⅱ.①王⋯　Ⅲ.①海洋战略 - 研究 - 中国
- 明清时代　Ⅳ.①P74

中国版本图书馆 CIP 数据核字（2016）第 300517 号

海上丝绸之路与中国海洋强国战略丛书

明清海盗（海商）的兴衰：基于全球经济发展的视角

著　　者／王　涛

出 版 人／王利民
组稿编辑／陈凤玲
责任编辑／陈凤玲　陶　璇　关少华
责任编辑／王京美

出　　版／社会科学文献出版社·经济与管理分社（010）59367226
　　　　　地址：北京市北三环中路甲 29 号院华龙大厦　邮编：100029
　　　　　网址：www. ssap. com. cn
发　　行／社会科学文献出版社（010）59367028
印　　装／北京虎彩文化传播有限公司

规　　格／开　本：787mm × 1092mm　1/16
　　　　　印　张：22　字　数：292 千字
版　　次／2016 年 12 月第 1 版　2023 年 1 月第 4 次印刷
书　　号／ISBN 978 - 7 - 5201 - 0087 - 8
定　　价／88.00 元

读者服务电话：4008918866